# 명령관계론

이만종 저

돌산 **진리탐구**

# 저자서문

　독일의 아돌프 아이히만이라는 사람은 세계 제2차 대전 때 유태인 학살을 총 지휘한 주인공이었다. 그는 전쟁이 끝난 후 아르헨티나에서 숨어 지내다 1961년 그를 추적하던 이스라엘의 비밀경찰에 체포되어 처형되었는데, 재판과정에서 아이히만은 의미 있는 말을 하였다. 그것은 자신은 그저 국가의 넝렁에 따랐을 뿐이므로 6백만 명에 달하는 유태인의 죽음에 대해서는 국가의 책임이지 자신은 전혀 책임이 없다고 주장한 것이다. 그러나 그의 항변은 거부되었고, 그는 결국 전범 재판에서 처형되었는데, 여기서 아이히만의 항변은 국가의 위법한 명령에 따른 행동이 과연 정당화 될 수 있는가 하는 문제와 관련된다 할 수 있다. 또한 5·18 광주민주화운동시의 상관 명령에 의한 진압군의 진압행위와 미군의 노근리사태 등도 위법한 상관의 명령과 관계 있는 사례로서 부하의 책임문제가 논의되는 것들이라 할 수 있겠다.

　이처럼 사회관계나 조직생활에 있어서 명령과 복종관계는 법적, 사회적 의미에서 매우 민감하고 중요한 사항이라 할 수 있겠다. 특히 위계적인 계급구조가 명확한 군대사회에서는 명령에 대한 복종 의무에 형사법적인 의무까지를 부여하여 수명자에 대한 강력한 구속성을 갖게 하고 있다. 그러나 이제는 기계적이고 권위적인 명령 복종 관계는 시대적인 변화와 함께 많이 변화되고 있고, 변화되어야 할 필요가 있다고 생각한다. 즉 객관적이고 합리적이지 못한 명령, 법률적인 근거가 없는 상태에서 행하여지는 무리한 명령들은 군의 특수한 성격을 고려하더라도 이제는 많은 저항에 부딪혀 일사불란한 복종을 기대할 수 없는 것이 현실이다. 왜냐하면 명령에 대한 복종 행위의 문제는 군인뿐만 아니라 일반국민의 권익에도 심각한 영향을 미칠 수 있기 때문이다. 그러므로 상관의 위법한 명령은 수명자로 하여금 많은 갈등으로 혼란을 가중시키게 한다. 특히 전시 사변 등 급박한 상황 하에서는 이러한 갈등은 더욱 커질 수밖에 없고 그 결과도 더 심각해질 수밖에 없게 된다.

80년대 초의 정치 혼란기에 일부 군인들의 정치참여행위는 양심과 판단에 따라 행동하기보다는 오히려 명령에 대한 복종 의무의 중압감에 따른 업무 수행으로 인해 결과적으로는 국가와 국민의 이해에 상치되는 행위를 하였다고 할 수 있다. 따라서 "부하로서 복종해야 하는 상관의 명령은 무엇이며" "과연 위법한 상관의 명령에는 복종하지 않아도 되는가", 또한 "부하가 위법한 상관의 명령에 따랐을 경우에 그 책임은 어떠한가" 등 명령과 복종을 둘러싼 이러한 딜레마적 문제점들을 검토해 보는 것도 매우 의미 있는 일이라고 생각된다.

이 책에서는 위와 같은 현실에 착안, 위법한 명령에 관하여 형법적 관점에서 이러한 것을 전통적인 형법이론으로 해결 가능한지의 이론적 문제점에 대한 연구와 함께 선진 외국의 입법례도 검토, 명령의 본질과 이념을 재정립하고 바람직한 방향을 모색하는데 의의를 찾고자 한다.

특히 상명하복이 생명처럼 취급되는 군대 조직에 있어서 상관의 위법한 명령을 불가피하게 수행하여야 하는 경우에는 대부분의 학설과 판례는 이에 대해 행위의 책임문제와 관련하여 여러 가지 관점에서 논의되고 있기 때문에, 이 문제를 진지하게 검토해야 할 필요가 절실히 요청되고 있어 이에 관한 규정을 장차 형법이나 이와 관계되는 군형법 등 법률에 명문으로 설정하는 문제도 입법론적 견지에서 검토해 볼 만한 가치가 있으리라 생각한다.

즉 명령과 복종에 관한 사례와 이론적 검토 방안을 강구하고 명령과 복종의 한계를 명확히 규정, 군의 생명이라 할 수 있는 상명하복의 위계질서에 대한 새로운 인식과 함께 명령복종관계를 재정립하는 전기가 되어 궁극적으로는 국민을 보호하고 군의 전투력 향상에도 기여할 것을 기대하여 본다.

아울러 이제 겨우 학문의 걸음마를 시작할 뿐인 천학비재(淺學菲才)한 저자가 감히 본서를 발간함에 부끄러움을 모르는 바 아니나, 아직 이러한 책자가 부족하여 이를 필요로 하는 사람들에게 교육의 교재로서, 또한 실무자를 위한 지침서로서 활용될 수 있으리라는 선후배님들의 조언에 따라 엮어보았다. 끝으로 이 책을 쓰게끔 그동안 관심을 가져주시고 아우처럼 보살피고 격려를 아끼지 않으신 장병희 선생님께 존경과 감사를 드린다. 아울러 원고정리에 애써준 후배 권영준, 이철남 군의 노고와 공군 선후배님, 사랑하는 가족들의 보살핌에 또 다시 감사한다.

저자 이 만 종

# 차례

# RELATIVISM

# 위법한 명령에 의한 행위책임

## 제1절 위법한 명령의 구속성과 이의권

4

# THE COMMAND

부
록

# RELATIVISM

# 1장 THE COMMANDRELATIVISM

## 서론

# 제1절 들어가는 말

상관의 명령에 의한 행위의 문제는 우리 형법 제20조에 의해 규율되는 바, 법령상의 근거에 의하여 적법하게 내려진 상관의 명령에 복종한 행위는 정당행위로서 위법성이 조각된다. 왜냐하면 적법한 명령은 국가기관의 정당한 의사의 실현을 의미하기 때문이다. 그러나 군조직에서는 때로는 위법한 명령의 수행이 불가피하게 발생될 소지도 없지 않은데, 이러한 경우 대부분의 학설과 판례는 명령복종의 신속성의 관점을 중시하여 부하는 명령의 내용이 범죄를 구성할 수 있을 정도로 위법성이 명백하거나, 그가 위법성의 인식이 가능한 경우에만 그 책임을 부담하여야 한다는 태도로 일관하고 있다.

본서에서는 현행법 하에서 위법한 명령에 대한 복종수행원칙을 도출하는데 목적을 두고 위법한 상관의 명령에 따른 행위의 책임문제와 관련하여 다양한 관점에서 접근, 논의를 진행하고자 한다. 이것은 일반적으로 행정법상의 책임문제와 관련하여 논의의 대상도 되지만 형법상의 책임문제와 관련하여 볼 때에도 매우 중요한 의미를 갖는다고 할 수 있다. 더욱이 군조직의 특성상 상관의 명령에는 무조건 복종하여야 한다는 분위기가 지배하고 있는 한 실제적인 문제로 발전될 가능성이 높다. 그럼에도 불구하고 이에 관한 규정이 현행법에 명확히 규율되고 있지 아니하기 때문에, 학문적으로 이 문제를 진지하게 검토해야 할 필요가 절실히 요청된다.

따라서 이에 관한 규정을 장차 형법이나 기타 관계되는 법률 (예컨대 군형법)에 명문으로 설정하는 방안도 입법론적 견지에서 검토해 볼만한 가치가 있는 것으로 본다.

또한 본서에서는 우선 군조직의 특성과 명령의 개념과 관련하여 조직기능의 유지수단으로서의 명령은 조직의 고유한 목적과 기능에 따른 합리적 범위 내에서 법률 이념의 조화로운 구현에 이바지하도록 운영되어야 함을 논증하고, 현재 명령에 대한 개념정의에 관해서는 학설은 있으나 통일된 이론이 없음에 따라 명령에 따르는 법률적 효력에 비추어 명령에 대한 정의규정의 신설 필요성을 제기하였다.

다음으로 상관의 개념에 관한 현행 군형법상의 정의를 해석하고 '상관'의 개념에 관한 여러 해석론과 문제점을 검토하고자 한다. 또한 위법명령에 대한 주요 문학작품 속의 표현과 주요국가의 이에 관한 비교법적 고찰을 통하여 위법한 행위를 실행한 부하의 책임은 어떻게 규율되어져야 할 것인가의 문제를 검토하고, 이와 관련하여 우리 현행법에 대한 정확한 이해를 토대로 이에 관한 바람직한 해결방안이 무엇인지 모색해 보았다.

그리고 명령에 대한 복종의무와 그 한계에 관련하여서는 명령을 군인의 신성한 윤리성에 입각한 차원 높은 목적과 국가방위라는 절대적 목적 이외에 사용되는 것은 엄격히 규제토록 하였다. 이것은 상관이 개인적으로나 집단적으로 자기의 이익을 위하여 명령을 남용한다면 조직을 파괴할 것이며 전투력을 약화시킬 것임은 자명한 일이기 때문이다. 나아가 상관의 위법한 명령에 관한 형법상 효과에 관련하여서는 위법한 명령의 구속성을 과연 인정하여야 하는지의 여부를 살펴 볼 것인 바, 위법한 명령의 구속성을 긍정하는 입장에서는 군에 있어서의 명령의 신속한 수행의 필요성과 군기의 확립 등을 구속성 인정의 근거로 들고 있다. 그러나 구속성을 부정한다고 해서 반드시 명령의 신속, 정확한 수행이 저해되지는 않으리라고 생각한다. 왜냐하면 실제로 위법명령이 주로 문제가 되는 것은 군의 대민 관계의 작전수행 등의 경우에 많이 발생하고 있기 때문에 이와 같은 엄격한 해석은 오히려 군의 사기진작과 대민위상 등의 제고에 도움이 될 것이라는게 개인적인 의견이다. 한편 위법명령의 구속성을 부인하는 견해는 위법한 것에 법이 조력하는 것은 허용될 수 없다는 논리이다. 따라서 구속적인 위법한 명령에 따른 행위를 한 자의 책임추궁의 제한을 위해서는 먼저 형법 제20조에 의한 정당행위 이론에 의한 구제를 검토하고 그것에 해당되지 않는다면 면책적 긴급피난, 강요된 행위, 의무의 충돌 및 기대가능성 등의 이론을 적용해서 책임을 감경히면 충분할 것이다.

또한 위법한 명령에 따른 행위를 한 자의 책임에 대하여는 여러 가지 견해가 논의되고 있으나 그 중 대표적인 것이 위법성조각설과 책임조각설이다.

위법한 명령의 구속성을 인정하지 않는 한 위법한 명령에 따른 행위의 위법성이 조각되기는 힘들다고 본다. 다만, 기대가능성이론에 의해서나 또는 위법한 명령의 수행의무가 상당성을 갖추고 있을 때는 면책적 긴급피난이론에 의해서 위법명령수행자의 책임배제는 가능하고 또 충분하다고 볼 수 있다. 다만, 현재 헌법상 무죄추정의 원칙과 형사소송법상의 피고이익우선의 원칙을 감안해 볼 때 소송상 수명자가 입증책임의 부담을 지는 것은 문제의 소지가 있을 수 있을 것이다.

이상에서 언급한 명령과 복종에 관한 사례와 이론적 검토로부터 얻어진 결론은 명령과 복종이라는 공식의 이론(doctrine)이 교조(dogma)에 빠지지 않도록 하기 위해서는 언제나 상급자는 하급자에게 정당한 명령을 내려야 하고 끊임없는 토의와 의견수렴을 장려하지 않으면 안 된다는 것이다. 이를 통해서 상하간의 상명하달이 경직된 상태에서 동맥경화의 폐해에 빠지지 않게 될 때 명실공히 생기발랄한 정예강군 육성의 요소가 될 것이다.

# 제2절 인간사회와 조직

## 1. 조직의 일반원리와 결정요인 [1]

### 1) 조직의 원리

조직은 명백한 목적 내지는 목표의 달성을 위하여 노동과 기능의 분화를 통해서, 그리고 권한과 책임의 계층을 통하여 많은 사람의 활동을 합리적으로 조정하는 인간의 집합체이다. 조직은 이와 같이 공식적·구조적이고 계획적·의도적이며, 합리적인 특성을 지니고 있는 것이다. 적어도 하나의 조직이 존재하고, 그것이 제 기능을 발휘하기 위해서는 권한과 책임의 계층이 분화되고 과업이 가 조직성원에게 할당되며, 명령·복종의 체계가 확립될 뿐만 아니라 조직 전체가 하나의 유기체로서 공통의 목표를 향하여 통합된 체제를 이루어야 한다.

조직이 그와 같이 되기 위해서는 어떤 보편적인 일반적 원리와 준거기준이 있어야 한다. 전통적인 조직이론가들, 특히 19세기 말 이후의 과학적 관리론의 영향을 받은 관리론의 연구자들

---

1) 4인공저 문제중심 행정학 (1994.박영사) p.220

은 조직의 편성과 관리에 있어서 보편적으로 적용될 원리를 탐색하는 데 몰두하여 왔다. 예컨대 Gulick · Urwick · Mooney · Gracunas · Fayol 등의 학자들이 조직원리의 정립에 공헌한 자들이다.

## 〈조직의 기본적 원리〉

① 계층제의 원리(principle of hierarchy)
대규모의 조직은 그 전체의 구조가 피라미드형의 계층제를 형성한다. 계층제의 원리란 조직내의 권한과 의무와 책임의 정도에 따라 조직에 상하의 계층을 설정하는 것을 의미한다. 예를 들면 중앙행정기관이 계장 · 과장 · 국장 · 장관으로 구성되는 것과 같다.

② 통솔범위의 원리(principle of span of control)
이것은 상관 또는 감독자가 몇 사람의 피감독자 혹은 부하를 통솔하는 것이 그의 주의력과 능력에 비추어 가장 적합한가 하는 것이다. 조직을 구성하고 부하를 감독 혹은 관리함에 있어서 이 문제가 제기되는 것은 인간의 '주의능력의 범위'(span of attention) 및 통솔력에는 일정한 지적 · 심리적 한계가 있기 때문이다. 가령 인간의 주의력의 범위가 무한대로 크다면 한사람의 조직의 장이 수백 명 혹은 수천 명의 직원을 통솔할 수 있으므로 이러한 문제가 제기되지 않을 것이다.
그런데 적정통솔범위에 대하여는 논자에 따라 그 수가 각각 다르기는 하지만, 다수보다는 소수가 좋다고 하는 것이 일반적 견해이다.

③ 명령통일의 원리(principle of the unity of command)

명령통일의 원리라 함은 조직체의 어떤 구성원이라 할지라도 오직 한 사람의 상관으로부터만 명령을 받고 그에게만 보고해야 한다는 것이다. 다시 말하면 하나의 조직에는 오직 한 명의 長이 있어야 함을 말하는 것이다. 이 한 명의 長에게 그 조직을 운영할 최종권위가 부여되어야 한다는 것이다. 이 원리는 조직 전체에 적용할 수 있을 뿐만 아니라 하부조직단위에도 똑같이 적용될 수 있다.

④ 분업의 원리(principle of division of work)

분업이란 조직을 구성하는 모든 사람에게 가능한 한 한가지의 주된 업무를 수행하도록 일을 분담시키는 것을 말하며, 분업의 원리란 조직구조를 편성하는 사람이 그와 같은 기준에 의하여 행하여야 함을 의미한다.

분업의 원리를 '전문화의 원리'라고도 하는데, 분업과 동시에 전문화가 이룩되므로 양자는 동의어로 사용될 수 있다. 이러한 분업의 원리는 조직의 하층에서 이루어지는 기계적인 업무뿐만 아니라, 조직의 상층에서 이루어지는 의사결정의 업무에도 적용된다.

⑤ 조정의 원리(principle of coordination)

조직체의 공동 목적을 달성하기 위하여 행동의 통일을 이룩하도록 집단의 노력을 질서정연하게 결합하고 배열하는 과정을 조정이라 한다. J.D.Mooney는 조정의 원리는 조직의 제1원리이며, 다른 조직원리를 내포하고 있으며, 또한 목적을 표현하는 것이라고 한다. 따라서 조정은 전면적인 조직의 원리이므로 조직책임자가 곧 조정의 책임자가 되어야 한다는 것이다.

## 2) 조직의 구조와 결정요인

조직은 단순히 우발적으로 또는 그것을 구성하는 구성원들의 감정이나 욕구에 따라서 행동하는 것이 아니라 그것들과는 따로 이미 확립되고 조직화되어 있는 일정한 양식과 관계에 따라 행동하는 하나의 실체이다. 이런 경우 우리는 조직이 구조 (structure)를 가지고 있다고 말하는 것이다.

조직의 구조란 간단히 말해서 '조직을 구성하는 부분들간에 확립된 관계의 유형'이라고 할 수 있다.[2] 그것을 다른 말로 바꾸어 말하면 조직의 일정한 기능의 수행을 위해서 확립된 역할 및 행위의 체계라고 할 수도 있고, 조직의 일정한 기능의 수행을 위해서 확립된 비교적 장기적인 반복적 행위의 유형이라고 말할 수도 있다.

조직의 구조는 조직 속의 집단과 개인들 사이에 권력이 어떻게 배분되고, 조직 내의 개개인의 행동에 대하여 누가 통제권을 행사하는가를 결정하며, 조직 내에서의 의사결정이 이루어지는 흐름과 방식을 결정한다. 또한 그것은 조직 내의 과업의 할당과 작업의 배열방식을 결정하며, 조직에 속하는 구성원들이 자신의 일에 대하여 어느 정도의 자율성과 재량권을 가질 수 있는가도 결정한다.

### 〈조직구조의 구성요소〉

조직구조를 구성하는 기본적인 요소는 복잡성(조직의 분화

---

2) Fremont E.Kast and James E. Rosenzweig,Organlization and Managenebt, N.J.:McGraw-HILL, 1974, p. 207

에 관련되는 개념)·공식화 및 집권화(혹은 분권화)이다.

① 복잡성(complexity)

조직의 복잡성이란 조직 안에 존재하는 분화의 정도(degree of differentiation)를 말한다. 분화의 정도가 높으면 조직은 복잡성이 높은 것이며, 분화의 정도가 높지 않으면 복잡성이 낮은 것이다. 분화란 하나의 체제로서의 조직이 여러 하위체제나 부분체제로 나누어지는 현상을 말한다. 분화를 통해서 조직은 권한과 과업을 할당하고 배분하게 된다.

조직의 분화현상은 세 가지 측면에서 살펴볼 수 있다. 첫째는 수평적 분화(horizontal differentiation), 둘째는 수직적 혹은 계층적 분화(vertical or hierarchical differentiation), 셋째는 공간적 분산(spatial dispersion)이다.

② 공식화(formalization)

조직을 구성하는 여러 단위나 개인의 지위·역할 및 권한이 명시적으로 성문화되고 업무수행에 관한 규칙과 절차가 공식적으로 정해지며 표준화 내지 정형화되는 현상을 공식화라 한다. 공식화는 조직의 구조와 매우 밀접한 관계를 갖는다. 공식화가 높은 경우는 일종의 기계적 조직구조를 갖게 되며, 공식화가 낮은 경우는 느슨하고 때로는 산만한 조직구조를 갖게 되기 때문이다.

③ 집권화(centralization)

이것은 조직에 영향을 미치는 의사결정권의 소재(locus)에 관련된 요소이다. 집권화란 조직의 의사결정권이 조직을 구성하는 상위층에 비교적 집중되어 있는 현상을 말한다. 반대로 조직의 의사결정권이 상대적으로 조직의 하위층에 분산되어 있는 경우는 분권화(decentralization)라고 한다. 집권화와 분권화는 역시 조직의 구조 및 권력구조를 이해하고 설명하는 중요한 변수가 되는 것이다.

## 〈조직구조의 결정에 영향을 미치는 요인들〉

위와 같이 조직의 구조는 복잡성(분화)·공식화·집권화(혹은 분권화)의 요소로서 구성된다. 그러면 그와 같은 요소들은 어떤 요인이나 힘의 영향을 받아 전체 조직구조의 특정한 유형을 형성하는가? 그러한 요인으로서는 조직의 전략(strategy), 조직의 규모(size), 조직에서 이용하는 기술(technology), 조직의 환경(environment), 그리고 권력과 정치(power and politics)를 생각할 수 있다. 여기에서는 규모, 기술, 환경, 권력과 정치를 중심으로 다음과 같이 살펴보고자 한다.

### ① 조직규모
조직의 규모는 흔히 조직을 구성하는 사람의 수로써 표현한다. 그러나 조직의 규모는 그 외의 다른 변수와도 관련되는 것으로 파악한다. 예를 들면 Aldrich는 조직이 수행하는 '과업의 크기'(scale)를, Blau는 '조직책임의 범위'를, Kimberly는 '조직의 물리적 수용능력, 조직의 성원수, 조직의 투입과 산출의 양, 그리고 조직이 이용할 수 있는 자원의 양'을 조직의 규모로 파악한다.

조직의 규모라는 개념을 어떻게 파악하든 간에 조직의 규모가 큰 경우와 작은 경우는 조직구조에 각기 다른 작용을 한다.

먼저 조직의 규모가 크면 조직의 복잡성은 증가할 것이다. 그에 따라 조직은 수평적 분화·수직적 분화 및 공간적 분산이 증대하고 공식화의 수준이 높아져야 하며, 분권화에 의한 의사결정이 이루어져야 할 것이다. 그러나 조직의 규모가 작은 경우는 그 반대의 현상을 생각할 수 있다.

② 기술

조직에 있어서 기술이란 조직의 투입을 산출로 변형시키는 방법을 말한다. 따라서 그것은 조직의 활동수단에 해당한다. 조직이 어떠한 기술을 사용하느냐에 따라 조직의 구조는 달라진다.

우리는 조직이 일상적 기술(혹은 자동적 표준화가 높은 기술)을 적용하는가, 비일상적 기술(혹은 비반복적이며 표준화가 낮은 기술)을 사용하느냐에 따라 그 구조가 달라질 수 있다고 생각한다. 즉 일상적 기술을 적용하는 조직은 공식화와 집권화가 높을 것이며, 비일상적 기술을 적용하는 조직은 공식화가 낮고 집권화보다는 분권화가 높은 조직구조를 갖게 될 것이다.

③ 환경

세상의 어떤 조직이든 진공 속에 존재하는 것은 없다. 조직은 하나의 체제이며 그것은 환경(environment)으로 둘러싸여 있다. 환경은 조직내외에 존재하며 조직의 활동에 영향을 미치는 정황적 요인들이다.

환경은 여러 요소들로 구성되며 조직의 구조와 기능에 영향을 미치지만, 조직이 직접 통제할 수 없거나 거의 통제하기 어려운 존재이다. 조직은 이러한 환경과의 상호 의존과 상호 작용 속에서 자신의 내부욕구를 충족시키고 균형을 이루며 생존하고 적응해야 하는 하나의 개방체제이다.

환경은 조직구조의 형성과 변화에 중요한 영향을 미치는 요인의 하나이다. 환경과 조직구조의 관계는 환경의 성격과 조직구조를 관련시켜 살펴보면 쉽게 이해될 수 있다.

환경이 안정되고 확실하며 단순하고 동질적인 경우의 조직구조는 높은 분화·공식화 및 집권화구조를 갖는 것이 효율적이다. Max Weber의 고전적 관료적 조직은 바로 그와 같은 구조적 특성을 갖는다. 그러나 환경이 불확실하고 불안정하며, 복잡하고 이질적인 경우는 공식화 수준을 낮추고 집권화보다는 분권화구조를 갖는 것이 효율적일 것이다. 환경의 변화가 정태적이고 일상적일 경우는 기계적 관료제 조직구조가 효율적일 것이다. 그러나 그 변화가 동태적이고 격변하는 환경에서는 유기적 조직구조(예: adhocracy)가 바람직할 것이다. 기계적 (mechanical) 조직구조는 복잡성(분화)과 공식화가 높고 집권화된 조직의 형태이며, 유기적(organic) 조직구조는 복잡성(분화)과 공식화가 낮은 반면, 분권화된 형태를 지니며 또한 융통성과 적응성이 높은 조직의 형태이다.

④ 권력과 정치

조직구조가 왜 A형태가 아니고 B형태로 이루어지는가를 설명하는데, 권력과 정치적 요인은 어느 정도 현실적인 설명력을 갖는다. 권력 혹은 정치적 입장에서 조직구조를 설명하는 논자들의 기본적 가정에 의하면 조직구조란 어떤 특정한 시점에서 서로 자신들의 이익을 촉진하기 위해 투쟁하는 조직내부의 구성요소들에 의한 권력투쟁의 결과(result of power struggle)이며, 조직구조는 어떤 특정한 행위자들 혹은 이해집단들의 의식적인 정치적 의사결정의 결과로 본다.

어떤 개인이나 집단이든 간에 조직의 권력을 장악하게 되면 그들은 자신들이 선호하는 조직구조를 결정할 수 있다. 그들은 자신들이 바라는 만큼의 복잡성(분화)과 공식화와 집권화의 형태를 갖춘 조직구조를 선택할 수 있는 지위에 있기 때문이다. 대체로 조직의 권력이 고위층의 소수인에 집중될 경우 그들이 선택하는 조직구조는 높은 수직적 분화와 공식화 및 집권화가 높은 조직구조가 되는 반면, 조직 내에서의 권력의 평등화와 의사결정이 조직 구성원에게 분산되어 있는 경우에는 수평적 분화, 느슨한 공식화 및 집권화가 낮은 분권적 조직구조를 선택하게 될 것이다.

## 2. 조직에 있어서의 의사전달 [3)]

### 1) 의의

의사전달이란 유기체로서의 개인이나 조직이 어떤 기호를 사용하여 다른 유기체인 개인이나 조직에 정보나 메시지를 전달하고, 그것을 그 개인이나 조직이 수신하여 전달자와 피전달자 간에 상호 공통된 이해에 도달하며, 상호간의 행동에 영향을 미치거나 계획적인 변화를 가져오게 하는 행동과정 및 기능이라 할 수 있다.

---

3) 4인공저 문제중심 행정학 (1994.박영사) p.320

조직은 여러 개인 및 집단으로 구성되어 있다. 조직전체의 공통의 목적을 달성하기 위해서는 이들 개인과 집단이 일상 행하고 있는 각종의 활동을 전체조직의 공통된 목적을 향하여 조정되도록 의사의 전달과 교류가 원활히 이루어져야 하는 것이다.

C.I. Barnard는 조직의 3대요소로서 '공통의 목적', '협동에의 의사', '의사전달'을 들고 있다. 그에 의하면 조직의 양극에 공통의 목적을 달성할 가능성과 조직에의 협동적 의사를 지니는 개인이 있는데, 바로 이들을 연결하여 동태적인 것으로 만드는 과정이 意思傳達이라고 한다.

## 2) 기능

○ 조정을 위한 수단

조직구성원의 노력을 조직의 전체목적달성에 공헌하도록 행동의 통일과 질서를 확보하기 위해서는 조직 내에 의사전달이 원활히 이루어짐으로써 가능한 것이다.

○ 합리적 의사결정을 위한 수단

조직의 활동은 의사결정의 연속적 과정이다. 이러한 결정을 합리화하고, 그 결정을 효율적으로 집행하기 위해서는 의사전달의 내용이 정확하고 신속하며, 그 내용이 적절해야 한다.

## 3) 유형

### 가. 공식적 의사전달

공식적 의사전달은 공식조직 내에서 공식적 통로와 수단에

의하여 공식적으로 의사가 전달되는 것을 말한다. 그러므로 이
것은 '누가', '누구에게', '무엇을', '어떻게' 전달할 것인가를
공식적으로 정하여 의사를 전달하는 것이다.

공식적 의사전달은 上意下達·下意上達·橫的 意思傳達로
나눌 수 있다.

### (1) 上意下達(downward communication)

상관이 그의 의사를 하급자에게 전달하는 것을 말하며, 이것
에는 명령과 일반정보(general information)제공이 있다. 명령
에는 지시·훈령·각서·지령·발령·규칙·규정·고시 등이
포함되며, 구두명령과 문서명령으로 나누어진다. 일반정보에는
조직과 또는 조직의 업무에 관한 지식을 직원들에게 알려 주기
위한 편람(manual)과 handbook 등이 있다.

### (2) 下意上達(upward communication)

하급자가 상급자에게 행하는 의사전달로서 정보·면접·의
견조사 및 제안제도의 운영이 이에 해당한다.

### (3) 橫的 意思傳達(lateral communication)

계층제에 있어서 동일한 수준에 있는 개인 또는 집단(조직단
위)간에 행하여지는 의사전달로서 조직목적의 조정을 확보하
는 데 매우 중요하다. 그 방법으로는,
 i ) 사전심사제도 – 어떤 문제에 대한 결정(기안)을 하기 전
     에 그 문제에 관련된 자들의 의견을 물어보고 필요한 정보
     를 얻는 것,
 ii) 사전·사후에 관계없이 이용되는 각서와 사후에 통지 또

는 주지시키는 것을 목적으로 하는 회람 및 통지,
iii) 회의 또는 위원회제도 등이다.

## 나. 비공식적 의사전달

비공식적 의사전달은 주로 비공식조직 내에서 비공식통로를 통해서 비공식적으로 행해지는 의사전달이다. 그 예로서 풍문을 들 수 있다. 비공식적 의사전달은 공식적 의사전달의 단점을 보완하는 역할을 하지만, 때로는 공식적인 권위관계를 파괴하고 조정을 한층 곤란케 하는 역작용을 나타내는 경우도 없지 않다.

## 4) 원칙

의사 전달이 효과적이기 위해서는 몇 가지 원칙이 필요하다. 즉, 명료성(clearity), 일관성(consistency), 적당성(adequacy), 적시성(timeliness), 분포성(distribution), 적응성과 통일성(adaptability and uniformity), 관심과 수용(interest and acceptance)의 원칙이 그것이다.

## 5) 장애요인

의사 전달이 상호간에 장애를 일으켜 왜곡되는 데에는 몇 가지 원인이 있다.

## 가. 전달자와 피전달자에 기인되는 요인

이에는 i) 사고 기준의 차이, ii) 지위상의 차이, iii) 전달자의 의식적 제한, iv) 전달자의 자기방어 등이 있다.

## 나. 의사전달과정 및 수단에 기인되는 요인

이에는 i) 언어의 부정확한 사용 및 지나친 전문용어 및 경어, ii) 지리적 거리, iii) 타 업무의 압축 iv) 메시지의 부적당한 표현 v) 전달과정에서 의사전달 내용의 유실 vi) 잘못된 해석과 성급한 평가 등이 있겠다.

## 6) 효과적인 전달방안

의사전달은 전달자외 피전달자간에 상호의사가 소통되어 진정한 이해가 이루어지고 그러한 이해를 토대로 상호 의미 있는 행위가 이루어지도록 해야 한다. 그 수요방법은 다음과 같다.

**첫째, 의사전달의 중요성에 대한 인식이다.** 즉 전달자는 우선 의사전달의 중요성을 인식하고, 의사전달의 내용과 방법을 개선하는데 노력해야 한다.

**둘째, 진정한 담론(談論 discussion)의 실행이다.** 의사전달은 권력과 지위에 의한 장애를 극복하고 진정한 담론의 형식으로 이루어져야 한다. 전달자와 피전달자간에 대면적이며 의식과 의식의 만남이 이루어질 수 있는 의사소통을 이루어야 한다. 그것이야말로 Habermas가 말하는 '이상적 대화'(ideal speech)의 상태인 것이다.

**셋째, 회의 및 토의를 통한 상호접촉의 장려이다.** 조직구성원간에 회의 및 토의를 통하여 상호 접촉할 기회를 수시로 마련함으로써 그들간의 사고기준과 이해관계에 따른 의견의 불일치를 해소하도록 해야 한다.

**넷째, 언어의 명료성·일관성이다.** 언어는 될 수 있는 대로 누구나 피전달자가 알 수 있는 내용을 선택해야 하며 일관성을 가져야 한다.

**다섯째, 적절한 정보관리체제의 확립이다.** 적절한 정보관리체제의 확립과 정보분석능력의 향상을 통하여 외부로부터 얻은 정보를 분류 및 분석하고, 그것을 조직내부 혹은 조직간에 적절히 전달하고 교류하는 것이 바람직하다.

# 제3절 특수조직과 명령관계

## 1. 명령관계의 의의

### 1) 일반적 의미로서의 명령관계

일반적으로 명령이라 하면 복종관계를 전제로 명령권자가 복종의무자에게 발하는 장래에 대한 일정한 행위지시를 말한다. 이러한 명령은 당해 명령이 발하여진 조직 내에서뿐만 아니라 조직외적으로도 수평적 내지 수직적으로 매우 다양한 효과를 발생하게 되고 결국 법률적 또는 비법률적으로 일정한 관계를 형성하게 된다. 즉, 발령자와 수명자의 관계에 있어 명령복종관계라는 기본적 효과뿐만 아니라 나아가 제3자 내지 조직내외에 걸쳐 파생적인 효과를 발생시킨다. 이러한 명령관계 중에서 특히 법에 의하여 규율되는 명령관계의 경우 법에 의하여 구속되어 의무를 지는 자와 법에 의하여 옹호되어 권리를 가지는 자 사이의 권리—의무관계로 현출되는 것이 보통이며 이것은 그 내용이 법의 힘에 의하여 강제적으로 실현될 수 있다는 점에서, 강제력을 갖지 못하는 다른 명령관계의 경우와 다르다.

## 2) 특수조직에 있어서의 명령관계

군, 경찰 등 국가와 사회의 안전과 안녕은 수호하고 공권력을 집행하는 조직에 있어서는 전술한 일반적 의미의 명령개념에 더불어 특수조직의 특성에 상응하는 고도의 명령복종관계를 요구한다. 즉, 일반조직에 있어서의 명령복종관계보다 의사전달의 체계에 있어 질적·양적인 면에서 몇 가지 특수성을 나타낸다. 그 이유는 조직의 존립의의와 조직이 추구하고 지향하는 목적에 따라 조직의 형태가 방향 지워짐은 당연하며 그 특수조직의 형태에 있어 주요한 것들이 바로 명령과 복종의 관계에 의해 구성되어 지기 때문이다. 예컨대 평시상황을 예정한 의사전달의 피드백(Feedback)만으로 전쟁 등의 비상상황에 효과적으로 대처하기 어려운 것은 당연하다고 할 수 있다. 따라서 특수조직의 구성원에 대한 기본권의 제한에 있어서도 기본권의 법률유보원칙(法律留保原則)이 부인되지 않는 한도 내에서 일반조직과는 상이한 의사전달의 체계가 필요함은 학자들의 제 이론을 통하여 긍정되고 있다.


## 2. 특수조직의 특징과 명령의 중요성

특수조직이라고 할 수 있는 군대조직은 국방이라는 뚜렷하고 확고부동한 목적을 갖고 있는데, 궁극적인 목표는 전쟁에서의 승리이며 이 같은 조직목표를 초점으로 모든 활동이 집중되고 통제된다. 따라서 이러한 목적의 절대성 때문에 목적달성을 저해하는 조직원의 어떠한 행동도 엄히 처벌될 수밖에 없으며, 어떠한 희생도 감수되어져야 한다.

또한 조직 효율을 높이기 위해서는 군대조직의 구성원은 개인의 욕구나 목표가 희생되는 한이 있더라도 조직 지향적인 역할수행과 조직의 관리운영에 순응하는 복무자세와 가치관의 내면화를 요구하며, 업무 또한 효율성을 높이기 위하여 전문화, 분업화 및 표준화를 요구한다. 이러한 제 조건은 인간의 자연적이고 기본적인 욕구의 최대한 억제를 필요로 하기 때문에, 조직 내에서의 행동통제를 위한 어떤 인위적인 제도장치가 필요하다. 즉 업무수행의 책임과 한계의 규정이라든지, 누가 누구를 감독·통제한다던가 하는 명확한 공식적인 한계를 규정함으로써, 유사시 일사불란한 업무수행 및 확인으로 조직의 통합된 힘을 효율적으로 발휘할 수 있도록 하고 있다.

특수조직의 구조도 전술한 일반조직과 마찬가지로 복잡성(complexity), 공식화(formalization), 그리고 집권화(centeralization)의 세 가지 측면으로 분석해 볼 수 있다.[4]

여기서 복잡성은 조직 내에서의 분화(differentiation)의 정도, 즉 전문화 또는 분업의 정도, 조직계층의 수와 조직 단위들이 지리적으로 분산되어 있는 정도를 의미하며, 공식화는 조직이 성원들의 행동을 지시하는 규칙과 절차에 의존하는 정도를 말한다. 그리고 집권화는 의사결정 권한이 얼마나 한 곳에 집중되어 있는가를 나타내는데, 특히 군대조직은 전쟁에서 승리하여야 한다는 목표의 특이성으로 인해 일반적인 조직과는 비교되는 많은 특성을 가지고 있다.

---

4)최병순, "相異한 상황에서의 效果的인 指揮行動에 관한 硏究"(博士學位論文, 延世大學校, 1988), p.57.

### ▲ 목적의 절대성

군대조직의 특성으로 목적의 절대성이 있다. 즉 군대조직의 모든 활동은 전투행위와 전쟁억제의 수단으로서 국토를 적으로부터 방위하여야 하는 절대적인 책임이 부여되어 있기 때문에 상당한 강제력이 행사되고 그 강제력은 사회의 타 조직보다 당연시되고 있다. 군의 목표인 [전쟁에서 승리]라는 목표달성을 위해서는 방대한 조직이 일사불란하게 유지되어야 한다. 따라서 전쟁에서의 승리를 목표로 하는 군대조직은 명령계통이 뚜렷하고, 상관의 명령에 복종하여야 한다. 즉 전투에서는 승리가 가장 중요한 가치이기 때문에 승리를 위해서는 가능한 모든 수단을 동원해야 한다.

### ▲ 수단의 강제성

목적달성을 위해 강제적이며 강력한 권한이 행사되는 동시에 명예와 규범, 의식행사, 계급의 존엄성 등 군인의 윤리적 가치관의 중요성이 강하게 작용한다. 또한 군대의 법과 규정은 전투근무시는 물론이고, 때로는 휴식 등 근무 외의 상황하에서도 철저히 준수되어야 하는 특성을 가지고 있다.

### ▲ 계급적 권위

셋째는 계급적 권위이다. 우리는 군대사회를 일반적으로 계급사회라고 하는데 계급과 직책에 따라 그 권한이 행사되는 특수집단이 바로 군대이기 때문이다. 즉 상·하 관계가 엄정함은 물론, 각급 제대와 개개인의 계급구조에 이르기까지 군대조직 특유의 위계질서가 정연하게 작용되며 계급에 상응한 책임과 권한이 부여되어 있다. 그러나 군대조직의 가장 독특한 특성은 무엇보다도 계급이 외부로 나타날 수 있다는 사실이다. 그러므로 하급자는 상위 계급자에게 법적, 규범적으로 절대에 가까운 복종을 강요받게 마련이며 동일계급이라 하더라도 직책에 따라 군번에 따라 서열이 정하여지는 권위적 특성을 가진다.[5][6]

일반적으로 수명자에게 명령을 내릴 수 있는 상관으로서의 권한의 근거는 직위로부터 나온다. 따라서 수명자는 권한구조상의 위계적인 지휘계통을 통해 정하여진 상급자의 명령에 절대 복종하여야 한다. 그러나 행동의 통제는 상이나 칭찬보다는 법률, 규칙에 의거하고, 위반시에는 벌로써 이루어지므로 구성원들의 행동목표는 가능한 한 명령이나 처벌을 피하려고 하거나 지시명령을 받았을 때 오로지 지시된 사항만을 수행하려는 소극성을 띠게되는 결점을 가지고 있다.

### ▲ 집단적 결속성

네 번째 특성은, 집단적 결속성에 있다. 군대사회는 집단성이라는 특징으로 인해 조직적 통합의식을 가지고 있으며 사회의 어떤 조직과도 달리 동일체 의식을 요구하고 있다. 동일체 의식은 단결심으로서 군의 전투 임무수행을 위한 효율성 때문에 오랜 전통으로 내려오는 규율과 훈련과정에서 자연스럽게 형성된 것이다.

5) 군대에서 명령이 지켜지지 않으면 안 되는 까닭을 한 例를 들어 살펴보겠다. 한국전쟁에 참전을 결정한 美 지상군중 북한군과 첫돌격을 벌인 「스미드」부대에서 있었던 실화이다. 탱크부대를 앞세운 북한군 2개 연대에 의해 포위된 「스미드」부대가 진지를 고수하며 7시간 동안 치열한 전투를 벌이고 있었다. "나의 명령없이 단 한 발자국도 진지에서 물러서면 안된다. 명령에 복종하는 것만이 사는 길이다."는 스미드 중령의 지시가 있었기 때문이다. 결국 중과부적, 후퇴를 결심한 스미드 중령의 침착한 후퇴작전 명령이 있자, 포지원이나 항공지원도 없고 통신마저 두절된 고립무원의 상황하에서 적의 강력한 포위망을 뚫고 일사불란한 행동으로 퇴각하는데 일단 성공할 수 있었다. 여기서 우리는 위급한 상황하에서 당황하지 않고 끝까지 진지를 사수하다 퇴각에 성공할 수 있었던 것은 지휘관을 믿고 명령에 절대복종한 결과임을 알 수 있다. 그러기에 예로부터 軍令如山 즉, 군대의 명령은 태산과 같다고 하여 목숨과 바꾼 것이다.
6) Robert Taylor & William Rosenbach, Military Leadership, Westview Press, 1984, p.241.

## ▲ 통일성과 획일성

군대조직에서는 무엇보다도 통일성과 획일성이 요구된다. 왜냐하면 군은 지휘관을 정점으로 한 일인체제로 운용되어 나갈 뿐만 아니라 일사불란한 행동을 필요로 하기 때문이다. 이러한 특성은 군조직으로 하여금 모든 조직에서 존재하는 다양한 이해의 상충이나 가치관의 갈등을 수용하기 어렵게 한다. 사회적 신념이나 가치, 그리고 관습 속에 내재하는 높은 정도의 획일성만으로는 순응의 충분한 기준이 되지 못한다. 반면에 순응성과 비교해서 획일성은 어떤 규범에 대한 사회적 압력과 아무런 관계없는 원천(Source)들로부터 나올 수 있다고 본다. 그러나 군조직에서 바람직한 순응성의 본질은 그것이 바로 군조직 내부에서 형성된 사회적 압력에 의해 비롯되어져야 한다는 사실이다.[7][8][9][10]

## ▲ 집단압력의 상존

군대조직은 다른 어느 조직에서보다도 조직내부의 집단압력 (group pressure)이 강하게 존재한다. 따라서 조직구성원은 집단압력이 구체적으로 존재하든 혹은 가상적 상태로 존재하건 간에 조직이 바라거나 요구하는 바에 따라 행동하거나 신념체계를 변화시켜야 한다. 왜냐하면 군대조직내의 개인은 조직내의 각종 공식 · 비공식적인 규범을 알고 있어야 하며, 개인은 이런 규범과 조화되는 행동을 해야만 조직에 대한 순응성이 높은 것으로 평가받기 때문이다. 따라서 군대조직은 군 목표의 달성

7) Krech, Crutchfield and Ballachey, Individual in Society, (Kogakusha : McGraw-Hill, 1962), p.505.
8) C. A. Kiesler and S. B. Kiesier, Conformity, (Massachusetts : Addison-Weseley Publishing Company, 1970), p.2.
9) Ibid, p.31.
10) 박재하 外, 「韓國의 軍 文化 硏究」(韓國國防 硏究院, 1989), p.104.

을 위해 조직 구성원을 주로 법이나 규범이외에도 군기라는 규제로서 통제하고 명령에 대한 복종 및 상관에 대한 존경을 최고의 선으로 교육하므로 자연히 형식적 혹은 의례적 생활태도를 유발할 가능성이 많다. 이러한 군조직의 성향은 조직구성원들의 의식구조에도 영향을 미쳐 규정이나 계급에 너무 얽매여 창의성이나 합리성을 상실하고 명령이나 규정의 본래 목적이 상실되어 형식화 경향을 지니게 하는 경우가 많다.

그러나 지금까지 살펴본 군대조직의 이러한 특징에 따르면 목적달성을 위해서는 어떠한 수단도 정당화 할 수 있기 때문에 인간의 존엄성이 무시되고 상관명령에 따라 수단화 될 수 있는 위험성이 우려되기도 한다. 특히 군대조직은 본질적인 면에서는 규범적 복종[11]~[13]에 의존하는 조직이라고 볼 수 있으나 전투와 훈련을 위해서는 강제적 복종도 필수적이다. 그러므로 군대조직의 목표와 가치는 규범적 조직의 성격으로 목표 달성을 위해 조직의 운영과 통제에 있어서는 강제적 조직의 성격을 갖는다. 또한 상관 명령의 복종 형대에 대히여는 국민개병제(國民皆兵制)에 의해 강제 징집되는 병사들은 강제적 복종 형태를 띠는 반면, 장교는 어느 정도 규범적 복종 형태가 지배적이다. 그러므로 복종형태가 다른 이러한 구성원들을 어떻게 군대조직 속에

---

11) 國防部, 「國軍精神敎育敎本」, 1993, p.193.
12) 에치오니(A. Ezioni)는 「복종의 구조」를 기준으로 하여 조직의 유형을 강제적 조직, 공리적 조직, 규범적 조직으로 분류하고 있는데, 여기서 규범적 조직이란 조직의 권력이 존경, 명예, 동료의 인정과 호의적인 반응 등 비물질적, 비폭력적인 규범적 가치에 연유하는 경우로 구성원들이 도덕적 규범에 입각하여 규범적 복종이 이루어지는 경우를 말한다. (A. Ezioni, A Comparative Analysis of Compoex Organizations, (New York : The Free Press, 1961), pp.23~67).
13) 한국군과 미군의 중요한 문화적 차이를 상급자에 대한 절대적 복종에서 찾는 경우도 있다. 즉 이러한 차이점에 대한 원인을 우리나라의 유교적 전통 때문이라고 보기도 하고, 지휘관에게 승진과 보직상에서 더 많은 권한을 부여함으로써 상관에 대한 복종을 제도화시키고 있는 데에서 찾고 있기도 한다.(李東熙, 「民軍關係論」 (一潮閣, 1990), p.320).

서 갈등 없이 일치시키고 융화시킬 것인가는 매우 중요한 일이다. 따라서 군에 있어 제도적 규범으로서의 복종은 군대조직의 중요한 요소라고 할 수 있으며 군대를 살아 움직이게 하는 활력소이기 때문에 만일 이러한 복종이 기대될 수 없다면 군대는 그 기능을 발휘할 수 없게 된다.

우리 [군인복무규율]에서는 軍紀의 중요성을 [군대의 기율이며 생명]과 같다고 강조하고 있으며, [군기를 세우는 으뜸은 법규와 명령에 대한 자발적인 준수와 복종이다]라고 규정하고 있다. 아울러 [군인은 정성을 다하여 상관에게 복종하고 법규와 명령을 지키는 습성을 길러야 한다]고 명시해 놓고 있다. 그러나 군대조직이 진정으로 강한 조직이 되기 위해서는 상관의 명령이라 하여 무조건적으로 복종하는 것보다는 마음속으로부터의 승복에 바탕한 진정한 복종이 되어야할 것이다. 왜냐하면 군에 있어 명령에 대한 복종은 중요한 사항이나, 위법한 명령에 대한 부하의 복종행위는 오히려 군대조직을 훼손시킬 수 있기 때문이다.

## 3. 특별권력관계에서의 명령의 기능

명령은 다양한 생활관계에서, 그리고 다양한 형식으로 모든 법 영역에서 포함 가능한 사실관계로서 우리와 관계를 맺고 있으며, 어떠한 개인에게 요구하는 명령 또는 금지에 대하여 타인에게 일반적인 행위양식의 구체화를 목적으로 하는 효력이 주어져 있는 곳에는 언제나 존재하고 있다.

즉, 명령은 법적으로 승인된 일정한 복종관계를 전제로 하여 한 쪽은 명령권을 가지고 또 한쪽은 복종의무를 부담하는 상하 간에 있어 일종의 의사전달의 수단이다. 이러한 명령이 기능하는 복잡하고 다양한 관계들은 공사법의 모든 영역에서 찾아볼 수 있지만 사법의 영역에서는 이러한 [지시 · 복종관계]를 특히 명령이라 칭하지 않고 있고, 또한 그 지시 · 복종관계에 주어지는 효력도 형사법적으로 문제될 만큼 그렇게 크지 않다. 그러나 개인의 일정한 공법적 제도에 대하여 더 강한 종속 및 의무관계로 이해되는 특별권력관계에서는 [지시 · 복종관계]의 존재가 그 특별권력관계 자체의 유지에 상당히 중요한 역할을 하고 있으며 명령이라는 특유한 [행위지시권]이 자체적으로 존재의의를 갖고 있는 것이다.

또한 특별권력관계에서 명령 · 복종관계는 일정한 공법상 제도에 있어서 직무능력의 유지를 가능하게 한다는데 그 의의가 있다. 즉 특별권력관계에서는 그의 직무로부터 야기되는 기능한 사태가 정형화되어있는 것이 아니라 다양한 형태와 모습으로 발생하기 때문에 추상적인 법규범으로 사전에 이를 충분하게 규율한다는 것은 거의 불가능하고 한편으로는 오히려 불합리하기까지 하다. 더구나 군사상의 영역에서는 생활관계의 규율로서의 법규범이 능력을 발휘하는데 있어 곤란성이 더욱 더 커진다. 이것은 군사적 상황의 불가예측성과 발생가능상태의 복잡 · 다양성으로 인하여 이 모든 것을 규율하는 법규의 제정 자체가 처음부터 불가능하고 오로지 군 고유의 특징에 의해 일반사회 내지 다른 특별권력관계와는 다른 질서가 군 조직에 존재하기 때문이다. 이 점에서 군에 있어서는 [지시, 감독권]을 특히 [명령]이라고 하며 그것에는 상당한 법적 효력을 부여하고 있다.

따라서 이러한 특별권력관계에 있어서 발생하는 법규범 역할의 미비한 점을 보충해 줄 수 있는 것이 바로 [명령감독권]이고, 특별권력관계의 다양성은 필연적으로 각 특별권력관계의 목적과 기능에 상응하는 다양한 지시감독권과 복종의무의 결합을 요구한다.

그런데 군은 특별권력관계의 여러 유형 중에서 가장 전형적인 특별권력관계의 영역이라 할 수 있으므로 이러한 [명령복종관계]가 가장 극명하게 존재하고 그것으로 인한 문제점 역시 가장 많이 노출되는 것이므로 군 조직의 명령을 중심으로 그것과 관계된 여러 법적인 논점들을 정리해 보는 것은 매우 중요한 일이다. [지시복종관계]의 여러 특징들을 가장 많이 내포하고 있는 것이 [군에서의 명령]이므로 이것에 대한 고찰은 [지시복종관계]의 올바른 이해를 위하여 많은 도움을 줄 것이고 현실적으로도 군에서의 명령과 관련하여 여러 문제점이 노출되고 있다. 예를 들면 위법한 명령에 따른 부하의 책임문제, 항명죄, 명령위반죄에 관련된 문제 등이 그러한 것이다. 실제로 이러한 문제들은 군에서의 개인의 권리보호와 밀접한 관계를 맺고 있고 특히 징병제를 채택하고 있는 나라에서는 더욱 그러하다.

위법한 명령에 따른 부하의 책임문제, 항명죄, 명령위반죄에 관련된 문제 등은 후에 상술하기로 하고 이하에서는 특별권력관계의 의의와 연혁, 그리고 가장 전형적인 특별권력관계라 할 수 있는 군조직에 있어서의 군사관련규정의 법적 성질 및 특별명령에 관하여 자세히 고찰해보기로 한다.

## 1) 군사관련규정의 법적 성질

군사관련규정으로서의 헌법, 법률, 법규명령의 법적 성질에 대해서는 논란의 여지가 없다. 그러나 군이라는 조직 내부에서만 적용·집행되는 행정규칙(협의의 군사관련규정)중 일부에 대해 이를 법규로 볼 것인가에 대한 긍정·부정의 견해가 대립되어 왔다. 이에 관한 학계의 논쟁은 명시적으로 군을 대상으로 한 것은 아니며 특별권력관계 전체를 대상으로 한 것이나, 군은 특별 권력관계의 여러 유형 중 가장 전형적인 특별권력의 영역이라 할 수 있으며, 이러한 문제에 대해 살펴봄으로써 군사관련규정의 효력 및 규율범위를 구체화할 수 있다.

### 가. 특별권력관계와 특별명령

특별권력관계(Besonderesgewaltverhaltnisse)가 성립된 것은 19C 후반 독일 입헌군주제의 성립을 배경으로 한다. 의회의 성립과 함께 의회는 군주의 권력을 제한하면서 그 반대급부로 군주의 조직(관·군)에 대해서는 군주의 절대적 지배권을 인정해 주었고 그 영역에 대해서는 법치주의가 인정되지 않는 것으로 하였던 바, 이러한 일반권력관계(법치주의)에 대한 예외가 순수한 의미의 특별권력관계이다. 그러나 근대국가의 발달과 민주법치국가원리의 확대·정착과 함께 특별권력관계에도 수정이 가해지게 되었으며, 특별권력관계 역시도 법치주의의 대원칙 하에서 특별권력관계를 인정하는 공법상의 목적 하에서만 인정되는 것으로 하였다.

그러나 특별권력관계가 법규에 의해 규율되는 관계로 개편된 이후에도 그 내부의 규칙에 의해 그 구성원의 권리·의무에 영향을 미치게 하는 권력적 행위가 이루어져 왔으며 이 같은 상황을 이끌어 낸 특별권력관계의 내부규칙은 행정규칙이면서도 일반행정규칙과는 다른 효력을 가지는 것이었다. 이러한 규칙은 행정규칙의 외형을 가지면서도 법률이나 법규명령처럼 그 수범자의 권리 · 의무를 규율(군의 경우에 있어서는 입대 · 전역 · 징계 · 임용 등이 이에 해당)하는 만큼, 학계 일부와 소송실무에서는 이를 법규명령 · 행정규칙과는 별도로 특별명령(Sonderverordung)-특별권력관계 내에서 법규의 효력을 가지는 특수한 행정규칙-으로 하자는 이론이 제기되게 되었다.

## 나. 특별명령의 허용성

특별명령을 인정하는 입장에 대해 그 문제점을 제시하면서 이를 인정할 수 없다는 부정론이 강하게 대두되었으며 부정론이 오늘날 학계 · 판례의 일반적인 견해이다.

국민의 기본권제한은 반드시 법률에 의하도록 한 헌법규정과 국민의 권리 · 의무에 관한 사항을 법률에 의하도록 하는 법률유보원리에 의할 때 특별권력관계 내부구성원의 권리 · 의무에 관한 사항 역시도 법률 또는 법률의 구체적 수권에 의한 법규명령으로 정해야 하는 것이며, 관습이나 특별권력(군의 명령 · 통제권)의 독자적 규율권(행정규칙 제정권)을 통해 정할 수 있는 것이 아니다. 행정규칙은 법령의 수권 없이도 제정될 수 있는 특별권력관계 내부의 자기규율이다. 따라서 국민의 권리 · 의무에 관한 법규로서의 행정규칙(특별명령)을 인정하게 되면 위와 같은 법원칙에 위배될 뿐만 아니라 의회의 입법권을 무시하고 국민의 권리 · 의무를 특별권력의 독자적 권한에 맡겨버리는 결과를 초래할 수 있다.

그러나 우리의 경우에도 입법상의 착오 등으로 인해 법령을 통해 규율해야 할 내용을 행정규칙의 형식으로 제정해 논란이 되었던 경우가 있었던 바, 대법원에 의해 그 형식(행정규칙)에도 불구하고 법규(법규명령)의 성질을 가지는 것으로 인정되었던 국세청장훈령(대판1990.7.27 90누368), 국무총리훈령(대판1994.2.8 93누111) 등과 같은 일부 규범구체화행정규칙(법령의 규정에 미흡한 점을 구체적으로 보충하는 규정을 포함한 행정규칙)이 이러한 예가 된다. 그러나 이와 같은 행정규칙은 원칙적으로 위법·무효인 것이며 변칙적으로 원칙을 무시하는 특별권력의 남용(위와 같은 예외적 경우가 주로 지가공시제, 토지초과이득세 등의 시행과 같은 정치적 사안들을 배경으로 함은 우연이 아닐 것이다)또한 제한되어야 할 것이다.

이러한 내용은 특별권력관계에 해당하는 군의 행정규칙제정권의 범위에 관해 특히 중요한 것(내규 이상의 규칙제정권을 갖는 각급 부대장급 이상의 간부는 특히 이점을 유의해야 한다)으로서 군사에 관한 훈령·예규·규정 등의 행정규칙으로는 그 구성원의 권리·의무에 관한 내용이나 대외적으로 타인의 권리·의무에 영향을 미치는 내용을 규정할 수 없으며, 상위법의 내용을 수정·변경할 수 없다. 이러한 내용의 규율이 필요한 경우 반드시 법률 또는 법률의 구체적 수권에 의한 법규명령을 통해 정해질 수 있도록 하여야만 한다.

## 2) 공법상의 특별권력관계

권력관계는 일반권력관계와 특별권력관계로 구별된다. 전자는 국민이 국가의 일반적 지배권(통치권)에 복종하는 지위에서 당연히 성립되는 법률관계이며, 후자는 특별한 법률원인에 의하여 성립되어 특별권력관계의 주체의 포괄적인 지배권에 복종함을 내용으로 하는 법률관계이다.

## 가. 특별권력관계의 의의

특별권력관계라는 개념은 독일에서 처음 만들어진 학설상의 용어이다. 특별권력관계는 행정법관계 중 일반권력관계에 대립되는 것으로서, 일반권력관계가 국가 또는 공공단체의 통치권에 복종하는 국민 또는 주민의 지위에서 당연히 성립되고 법치주의가 완전히 보장되는 법률관계인데 반하여 특별권력관계는 특별한 원인에 의하여 성립되며 일정한 행정목적의 실현에 필요한 범위에서 특정한 자에게 포괄적 지배권이 부여됨으로써 특정한 신분을 가진 자가 그 포괄적 지배권에 복종하는 법률관계를 말한다. 특정한 행정목적의 능률적이고 효과적인 실현을 위하여 특별권력의 발동에는 법치주의의 적용이 예외적으로 인정되지 않는다. 그러므로 특별권력관계에서 특별권력주체는 포괄적 지배권을 가지고 특별권력복종자에 대하여 특정한 행정목적의 실현에 필요한 범위 내에서 개별적인 법률의 근거 없이 일방적으로 명령·강제할 수 있기 때문에 그러한 범위 내에서 법치주의의 기본원칙인 법률유보의 원칙, 기본적 인권보장, 사법심사의 원칙 등이 배제된다. 즉 특별권력관계에 있어서의 특별권력의 발동은 일반적으로 직접적이든 간접적이든 일종의 공권력의 발동으로 보고 있으며, 그 특별권력관계의. 발동에 있어서는 개별, 구체적인 법률의 근거를 요하지 않고, 특별권력복종자가 일반국민 또는 주민의 지위로서 보장되어 있는 기본적 인권도 당해 특별권력관계의 설정목적달성에 필요한 범위와 한도 내에서 반드시 구체적인 법률에 근거함이 없이 제한되며, 특별권력관계내부에 있어서의 여러 가지 권력행위에 대한 소송은 일반적 시민적 법질서의 유지를 그 사명으로 하는 사법권의 성질로 보아 불가하지만 특별권력관계로부터의 배제를 가져오는 경우에는 예외적으로 일반적·시민적 법질서와의 관계 하에 소송제기가 가능하다는 점 등이 특별권력관계론의 법이론적 특색이라 할 수 있다.

## 나. 특별권력관계의 성질 및 인정여부

특별권력관계의 성질에 관한 제 학설의 등장은 전통적 특별권력관계 이론을 비판하여 새로운 이론을 모색하자는 데 있다. 전통적 이론에 대한 비판은 특별권력관계의 시대적 배경이 입헌군주정에서 입헌민주정으로 바뀌었고, 법규개념의 동요에서 비롯된다.[14] 실제 특별권력관계의 성질문제는 일반권력관계와 특별권력관계를 어떻게 구별할 수 있겠느냐 하는 문제라 할 수 있다.

특별권력관계에 대한 부정설이 학설적으로는 우세하다고 볼 수 있다. 그러나 헌법상 혹은 특별행정법상, 권리의 제한을 전제로 하는 특별신분관계 혹은 특별행정법관계로서의 공무원관계, 국공립학교 재학관계, 군복무관계 및 교도소 재소관계 등이 존재함을 무시할 수 없다고 본다. 즉 일반권력관계와는 그의 목적이나 기능상 범주를 달리하는 부분사회가 존재하며 그 부분사회에는 일반권력관계와는 다른 특수한 법적 규율을 받고 있음을 간과할 수 없다는 것이다.

실로 특별권력관계를 부정하는 학설들도 특별권력관계를 표

---

14) 김남진, 행정법 Ⅰ, 1992, 153면.

현하기를 '특별행정법관계'[15] '특수기능적 법률관계'[16] '특별
신분관계'[17] '특별법관계'[18] '특별의무관계', '인격적 계약관
계'[19] '사회적·기능적 권력관계'[20] 등 수많은 표현방법을 동
원하고 있는데, 이는 결국 표현은 다르더라도 특별권력관계를
인정하고 있는 것이라고 이해할 수밖에 없다. 그러므로 이와 같
은 특별권력관계의 존재 그 자체를 부정하기 어려운 현실상황
하에서 법치주의의 전면적 적용만을 고집할 수도 없다고 본다.
오히려 긍정·부정의 논란이나 법치주의의 적용여부의 대립보
다는 어떠한 법원리에 의하여 어느 정도까지 권리의 제한을 인
정할 것인가가 더 중요하다고 본다. 그러므로 개별적인 법률관
계를 구체적으로 분석하여 특별히 취급하되 특별권력복종자의
기본적 인권보장과 부분사회로서의 특수한 기능이 서로 실제적
으로 조화를 이룰 수 있도록 함이 과제라고 본다.[21]

## 다. 특별권력관계의 성립원인과 종류

### (1) 특별권력관계의 성립원인
특별권력관계는 특별한 행정목적을 위하여 인정된다고 하는
것이기 때문에 그 성립원인도 일반권력관계의 경우와는 달리

---

14) 김남진, 행정법 I, 1992, 153면.
15) 김도창. 일반행정법론(상), 1990, 241면 이하.
16) 김이열, 전게서, 144면.
17) 김남진, 전게서, 157면; Konrad Hesse, Verfassungsrecht, 1985, S.130f.
18) Georg Freudenberger, Beitraege zur Lehre vom besonderdn Gewaltverh ltnis
im ffentlichen Recht (Annalen des deutschen Reichs, Hg.1931, S.172; Carl
Hernann Ule, a.a.O., S.144.
19) Ungo von M nch, Verwaltung und Verwaltungsrecht, in:
Erichsen/Martens(Hrsg.), Allgemeines Verwaltungsrecht, 1983, S.50.
20) 서원우, 전게논문, 36면 이하; , 행정법강의총론(상), 유비각, 1969, 60면 이하.
21) 같은 견해: 김남진, 전게서, 157면; 석종현, 일반 행정법(상), 1991, 227면; 한견우,
행정법이론, 1992, 197면; 김선욱, "특별권력관계이론의 수정과 한국공무원법상의 과
제", 서원우 교수회갑기념논문집(현대행정과 공법이론), 1991, 313면.

특별한 근거를 요한다. 즉 특별권력관계는 특별한 법률원인이 있음으로써 비로소 성립되는 것이다.

특별권력관계의 성립원인은 크게 직접 법률의 규정에 의하는 경우와 상대방의 동의에 의하는 경우로 나누는 것이 보통이다.

### ① 법률의 규정에 의하여 성립하는 경우

특별권력관계의 성립원인이 법률에 규정되어 있고, 그 원인에 해당되는 사실이 발생하면 직접 그 법률의 규정에 의하여 특별권력관계가 성립한다.[22]

이 경우 당사자의 구체적 의사표시 여부와는 전혀 관계가 없다. 그러므로, 이 경우에는 그 권력관계의 내용이라든가 권력의 한계 등은 모두 당해 법률에 의하여 정해진다. 따라서 구체적인 명령권이나 강제권의 행사는 모두 당해 법률에 근거를 둔 것으로 볼 수 있다.

### ② 상대방의 동의에 의하여 성립하는 경우

특별권력관계를 성립시킬 법률규정이 존재하지 아니하는 경우를 포함하여, 직접 법률의 규정에 의하여 성립되는 경우를 제외하고는 일반적으로 상대방의 동의에 의하여 특별권력관계가 성립된다. 이처럼 특별권력관계 성립의 근거를 상대방의 동의에서 찾는 것은, 개인의 권리를 침해함에 있어서 구체적으로 법률의 규정이 없는 경우에 그 법적흠결은 당사자의 동의에 의하여 치유된다고 하는 법률사상에 바탕을 두고 있다.[23] 그러나 헌법상의 기본권 행사의 포기는 동의에 의한 포기의 대상이 될 수

---

22) 행형법 제1조, 제8조에 의한 수형자의 교도소 수감;전염병 예방법 제29조에 의한 전염병 환자의 강제수용;병역법 제2장 이하의 규정에 의한 징집대상자의 군입대;산림조합법 제3장 이하규정에 의한 산림조합에의 가입 등이 특별권력관계를 성립시키는 직접적 규정이다.

23) 이상규, 전게서, 183면; 석종현, 전게서, 216면.

없는 점에서 그 동의는 헌법 또는 법률이 허용하는 한도 내의 것이어야 한다. 상대방의 동의에 의하는 경우에도 상대방의 자유로운 의사표시에 의한 임의적 동의인 경우[24]와 그 동의가 법률에 의하여 강제되는 의무적 동의인 경우[25]로 나누어진다.

### (2) 특별권력관계의 종류

특별권력관계는 그 내용에 따라 다음의 네 가지 즉, 공법상의 근무관계, 공법상의 공공시설물(영조물) 이용관계, 공법상의 특별감독관계, 공법상의 사단관계로 나누는 것이 보통이다. 공법상의 근무관계란 특정인이 특별한 법률원인에 의거하여 국가 또는 공공단체를 위하여 포괄적 근무의무를 지게되는 법률관계를 말한다.[26] 그리고 공법상의 공공시설물 이용관계란 특정인이 공공시설물을 이용하는 경우에 그 공공시설물 이용자와 관리자 사이의 법률관계를 말한다.[27] 공공시설물의 이용관계가 모두 이에 해당되는 것은 아니고, 특히 공법관계에 속하는 경우만을 말한다.[28] 공법상의 특별감독관계란 개인 또는 단체가 국가 또는 공공단체와 특별한 법률관계에 있음으로써 국가나 공공단체의 특별한 감독을 받는 관계를 말한다. 공공단체, 특허기업자(한국은행, 대한석탄공사 등) 또는 행정사무의 위임을 받은 자가 국가나 공공단체로부터 특별한 감독을 받게 되는 관계가 이에 해당

---

24) 공무원관계 설정, 국공립학교의 입학(초등학교 제외), 국공립 도서관의 이용 등이 임의적 동의의 경우에 해당된다.
25) 학령아동의 초등학교의 취학이 그 예가 된다. 이 경우는 의무 지워진 동의이기는 하지만 상대방의 의사표시가 특별권력관계가 성립되는 경우와 구별하여야 한다.
26) 공무원의 국가 또는 공공단체와의 근무관계; 병역법에 의한 군인의 국가에 대한 군복무관계가 이에 해당한다.
27) 국공립학교 학생의 재학관계; 전염병 환자의 국공립병원 재원관계; 수형자의 교도소 재소관계 등.
28) 국유철도이용관계는 사법적 성질을 가지는 것으로서 공공시설물 이용관계에 포함되지 않는다.

한다. 공법상의 사단관계는 공공조합(산림조합, 농지개량조합)
과 그 구성원(조합원)과의 관계를 말하는 것으로서, 공공조합은
공법상의 조합권에 의하여 그 구성원을 규율하게 된다.

## 라. 특별권력행사와 권리보호

### (1) 특별권력의 의의

특별권력이란 특별권력관계에 있어서 특별한 행정목적을 달
성하기 위하여 특별권력의 주체가 특수신분에 있는 상대방에
대하여 가지는 포괄적 지배권을 말한다. 그러나 특별권력의 주
체가 가지는 이 포괄적 지배권은 법치주의가 배제된 상태에서
나오는 것이 아니고, 그 특별권력관계를 성립시킨 법률이나 상
대방의 동의에 근거하게 되는 것이다. 따라서 구체적인 법률의
근거 없이 포괄적인 지배권이 행사될 수 없는 것이며, 동의가
있는 경우에도 행정목적을 달성하기 위한 필요한 최소한의 범
위 내에서 행사되어야 한다. 다만 특별권력은 특수한 부분사회
에 있어서의 특수 행정목적의 달성이라고 하는 목적 때문에 강
화된 명령·복종의 결합관계가 필요하게 되고, 그 범위 내에서
다소 넓은 재량과 판단여지를 가지고 행사될 수 있을 뿐이다.
특별권력의 종류로는 위 특별권력관계의 종류에 따라서, 공법
상의 근무관계에는 직무상의 권력, 공법상의 공공시설물 이용
관계에는 공공시설권력(영조물 권력), 공법상의 특별감독관계
에는 감독권력, 공법상의 사단관계에는 사단권력이 있다. 그리
고 이와 같은 특별권력에는 내용에 따라서 각각 명령권과 징계
권이 포함된다.

## (2) 특별권력의 종류와 한계

### ◆ 명령권과 그 한계

명령권이란 특별권력의 주체가 그의 상대방에 대하여 특별권력관계의 목적을 달성하기 위하여 필요한 한도 내에서 명령·강제하는 권력을 말한다. 명령권은 일반적·추상적 명령이나 개별·구체적 명령의 형식으로 발동된다. 전자는 국공립도서관 열람규칙, 대학학칙, 근무규칙, 복무규정 등과 같이 법규정 형식으로 발하여지는 것으로, 장래의 동종의 행위에 대하여 일반적으로 타당하게 하는 명령이다. 이를 통상 행정규칙이라고 한다. 이에 대하여 후자는 특정한 복무지시나 감독명령 혹은 일일명령과 같이 구체적인 처분의 형식으로 발하여지는 것으로서 구체적인 경우에 있어서의 특정한 행위를 규율하는 명령이다. 일반적으로는 명령권이 일반 추상적 형식에 의하든, 개별 구체적 형식에 의하든 그 효력에는 우열이 없으며,[29] 전자에 반하는 후자의 명령도 형식적으로는 가능하다고 보고 있다.[30] 이는 일반 권력관계에서 일반적·추상적 효력을 가지는 법규와 그 법규를 개별 구체적으로 집행하는 처분(행정행위)이 본질적으로 다른 것과는 구별된다. 그러나 일반 추상적으로 발하여진 명령 즉, 행정규칙(행정명령)을 법규로서의 효력을 갖는 법규명령과 구별하여 인정하던 시대와는 달리, 현재는 행정규칙도 법규로서의 형식을 취하면 법규적 성격이 인정되기 때문에 특별권력관계에서 발하여지는 명령권이 그 형식에 불구하고 동등한 효력을 갖는다는 것은 논리상 문제가 있다고 본다.

특별권력의 행사는 그 특별권력관계의 설정목적에 비추어 사

---

29) 이상규, 전게서, 188면; 변재옥, 행정법강의(1), 1990, 170면.
30) 변재옥, 전게서, 170면.

회통념상 상당하고 합리적이라고 인정되는 범위 내에서만 가능하다. 즉 특별권력은 특별권력관계를 설정한 목적의 범위 내에서, 법령에 위배되지 아니하고, 비례의 원칙에 적합하도록 행사되어야 한다. 따라서 특별권력관계가 법률에 의하여 성립되었을 때에는 그 법률의 규정에서 명령권의 한계를 발견할 수 있다. 그리고 법률의 규정이 명령권행사에 있어서 자유재량을 부여하였거나 판단여지가 인정된 경우에는 그 특별권력관계의 목적·종류 등을 고려하여 사회통념상 필요하다고 인정되는 범위 내에서만 명령권이 인정된다. 또한 특별권력관계가 동의에 의하여 성립된 경우에도, 그 성립 이후에는 명령권이 법률에 근거하기 때문에, 위와 같은 명령권행사의 한계가 그대로 타당하다. 그러므로 명령권 행사에 있어서 자유재량도 재량권행사의 일반원칙, 즉 '재량권의 남용은 위법'하다는 원칙이 준수되어야 한다.

◆ 징계권과 그 한계

징계권이란 특별권력의 주체가 특별권력관계의 내부질서를 유지하기 위하여 특별권력관계에서의 의무위반자에게 제재를 과할 수 있는 권력을 말한다. 그러므로 징계권은 명령권의 행사에 따르는 의무를 강제적으로 실현하는 수단이라 할 수 있다. 징계권의 행사에도 당연히 한계가 있다. 즉 특별권력관계가 법률의 규정에 의하여 성립된 경우[31]에는 그 법률이 규정하는 한도 내에서 징계권을 행사할 수 있고, 법률의 규정이 없을 때에는 조리상 상당하다고 인정되는 범위 내에서만 징계권이 행사되어야 한다. 또한 징계권의 행사는 법률이 정한 적법한 징계권

---

31) 국가공무원법 제78조에서 제83조의 2항까지에서 규정하고 있는 공무원의 징계규정, 군인사법 제56조에서 제61조까지 규정하고 있는 군인의 징계규정, 행형법 제46조에서 제48조까지의 징벌규정, 교육법시행령 제69조에서 제77조까지의 학생의 입퇴학 및 징계규정 등을 예로 들 수 있다.

자에 의하여 행사되어야 하며, 부적법자에 의한 징계행위는 위법한 행위가 된다. 이와는 달리 특별권력관계가 상대방의 임의적 동의에 의하여 성립된 경우에는 원칙적으로 의무위반자를 당해 특별권력관계에서 배제하는 등 그 특별권력관계 내에서 받을 수 있는 이익을 박탈하는 한도 내에서 징계권이 행사되어야 한다.[32]

### (3) 특별권력관계에 있어서의 기본권 제한과 권리 구제

◆ 기본권 제한

종래의 전통적 특별권력관계이론에 의하면 특별권력복종자의 권리제한은 법률의 근거가 없어도 가능하다고 보았지만, 특별권력관계에 관한 새로운 이론이 제기되면서 특별권력관계에 있어서도 일반권력관계와 마찬가지로 법적 근거가 있어야 한다는 원칙, 즉 법치주의의 원칙이 적용되어야 한다는 것이 통설이다. 그런데 입헌민주주의 헌법이 한결같이 보장하고 있는 기본권은 특별권력과의 관계에서 어떠한 의미를 가지는지 문제이다. 즉 특별권력의 행사에 의하여 개인의 기본권이 제한될 수 있는지, 제한되는 경우에도 어느 정도까지 가능한 것인 지의 문제이다.

특별권력관계를 완전히 부정하는 일반적, 형식적 구별에서는 일반권력관계에서 일반적 · 추상적 효력을 가지는 법규와 그 법규를 개별 구체적으로 집행하는 처분(행정행위)이 본질적으로 다른 것과는 구별된다. 그러나 일반 추상적으로 발하여진 명령 즉, 행정규칙(행정명령)을 법규로서의 효력을 갖는 법규명령과

---

32) 국공립대학생의 퇴학처분, 공무원의 파면 등.

구별하여 인정하던 시대와는 달리, 현재는 행정규칙도 법규로 서의 형식을 취하면 법규적 성격이 인정되기 때문에 특별권력 관계에서 발하여지는 명령권이 그 형식에 불구하고 동등한 효력을 갖는다는 것은 논리상 문제가 있다고 본다. 학설을 제외하고는 일반적으로 특별권력관계의 특수성을 긍정함과 함께, 그 특별권력관계에서의 특수한 설정목적을 달성하기 위하여 필요한 때에는 헌법 또는 법률의 근거 아래에서 기본권을 제한할 수 있는 것으로 보고 있다. 헌법을 근거로 한 기본권 제한의 예는 일반권력관계에서와 마찬가지로 헌법 제37조 제2항에 의한 제한을 그 예로 들 수 있다. 즉, 개인의 기본권은 국가안전보장, 질서유지, 공공복리를 위하여 필요한 경우에 법률로써 제한할 수 있는 것이다. 그러나 이 경우의 기본권 제한에 있어서도 권리의 본질적 내용은 침해될 수 없음은 명백하다. 그 외에도 헌법규정에는 일반권력관계에 있는 일반국민과는 달리 국가와 밀접한 관계에 있는 신분들에게, 특수한 목적달성을 위하여 특별히 규정된 내용들이 있다.

### ◀ 헌법 및 법률상의 기본권 제한규정 ▶

헌법 제29조 제2항의 군인 등에 대한 국가배상청구
권 배제조항,[33] 헌법 제33조 제2, 3항의 공무원의 근
로3권의 제한조항, 헌법 제7조 제2항의 공무원의 정
치적 중립성(정치활동 금지)조항, 헌법 제32조 제6
항의 학교교육운영 및 교원의 지위에 관한 조항, 헌
법 제39조의 국방의무(군인복무관계근거)조항, 헌법
제12조 제1항 신체의 자유제한(수형자복역관계근거)

---

33) 일반적으로 이 규정을 군인 등의 기본권 제한규정으로 보고 있으나, 이 군인 등에 대한 국가배상청구권 배제조항은 군인 등이 특별권력관계에 있기 때문에, 기본권을 제한할 수 있도록 근거를 마련하기 위하여 제정된 규정이 아니고, 국가배상액의 과다로 인한 국가발전의 저해를 방지하기 위한 측면에서 제정된 규정임을 확인할 필요가 있다 (이상철, 국가배상법 제2조 제1항 단서의 위헌성, 육사논문집 제43집, 1992, 참조).

조항 등이 바로 헌법에 규정되어 있는 기본권 제한 규정들이다. 그리고 개인의 기본권을 제한할 수 있는 근거 법률로서의 공무원의 영리행위 금지, 정치운동의 금지, 집단행위 금지 및 징계를 규정하고 있는 국가공무원법(제64, 65, 66, 78조), 병역법(제3조), 행형법(제46조), 전염병예방법(제29, 39조)등이 있다.

종래 독일에서는 기본권은 국가와 국민 사이의 일반권력관계에서 타당한 것이라고 전제하여, 헌법상의 기본권은 특별권력의 발동을 제약하는 요인이 되지 못한다고 하였다. 따라서 특별권력관계에는 기본권의 효력이 미칠 수 없었고, 기본권 침해를 전제로 하는 권리구제 절차도 생각할 수 없었다. 그러나 위에서 본 바와 같이 헌법과 법률에서 기본권 제한을 위한 근거규정 또는 제한을 예정하는 규정들을 두고 있음을 볼 때, 현실적으로 특별권력관계를 부정하여 특별권력 행사에 의한 기본권제한을 부정하기보다는, 그 기본권의 제한을 필요한 최소한에 그칠 수 있도록 기본권 제한의 근거를 헌법과 법률에 명백히 규정하는 일이 중요하다고 본다.[34] 그리고 헌법과 법률에 근거한 기본권 제한의 경우에도, 특별권력관계의 설정목적의 원활한 수행과 기본권 제한으로 받는 개인의 불이익을 비교형량한 후에 기본권의 제한이 가능하다고 하는 실제적 조화의 원칙(Praktische Konkordanzprinzip)이 적용되어야 한다.[35]

---

34) 독일 연방헌법재판소는 수형자의 기본권 제한과 관련하여, "수형자의 기본권도 법률 또는 법률에 의거해서만 제한할 수 있다"고 판시하였다(BVerfGE 33, 1 참조).
35) Konrad Hesse, a.a.O., S. 131; 김남진, 전게서, 157면; 김선욱, 전게논문, 319, 322면; 허영, 이른바 특별권력관계와 기본권의 제한, 고시연구 1984.1., 82, 84면 참조).

◆ 권리구제

특별권력관계에 있어서 특별권력의 발동으로(주로 징계권의 발동) 권리침해를 받은 자가 사법절차에 의하여 권리구제를 받을 수 있는지가 문제이다. 이 문제는 특별권력관계의 성질을 어떻게 보느냐에 따라서 달라진다. 특별권력관계를 일반권력관계와 절대적으로 구별된다고 보는 입장에서는 사법심사를 통한 권리구제를 전면적으로 부정한다. 이 견해는 특별권력관계가 인정된다고 하는 것을 내부적으로 자율성이 인정된다는 것으로 보기 때문에, 법원에 의한 사법심사를 인정한다고 하는 것은 바로 내부적 신뢰관계를 파괴할 수 있는 것이라는 이유를 들고 있다. 특별권력관계수정설에 의하면 사법심사를 제한적으로 긍정하게 된다. 즉 이 견해는 특별권력관계의 행위를 기본관계와 경영수행관계로 나누어 특별권력관계로부터 배제 혹은 일반법질서상 국민의 법적 지위에 관계되는 기본관계와 경영수행관계 중 방위(비상전투대기)근무와 폐쇄적 영조물이용관계(교도소 재소관계)에 대하여는 사법심사가 인정되어야 하지만, 경영수행관계 중 공무원관계 및 개방적 영조물이용관계(도서관이용관계)는 사법심사가 인정되지 않는다고 하여 사법심사의 폭을 넓히려 한다.

특별권력관계를 전면적으로 부정하는 입장에서는 당연히 사법심사를 일반적으로 긍정한다. 이 견해는 권리구제의 대상이 되는지 여부는 구체적 행위의 내용과 법적 문제인가 하는 데 따라 결정될 성질의 것이지, 그 행위의 내부성·외부성과는 관계가 없으며, 그 구별기준도 불명확하고 내부행위도 법률관계의 일종이라는 견해를 들고 있다. 그 외에도 우리 헌법이 국민의 기본권으로서 재판청구권을 보장(헌법 제27조 제1항)하고 있으며, 행정소송법이 행정소송사항을 개괄적으로 인정(행정소송법 제19조)하고 있음을 그 이유로 들고 있다. 그리고 제한적 구별긍정설의 입장에서는 특별권력관계를 제한적으로 인정하기 때문에, 특별권력관계에서 특별신분을 가지고 있는 자가 권리침해를 받은 경우에 일반적으로 사법심사를 인정하되, 그 특별권력관계의 실질목적 달성과 그 기능이 원활히 수행될 수 있는 범위에서 사법심사의 통제정도를 완화, 감소하여 사법심사의 제한을 인정하고 있다.

실제로 특별권력관계가 헌법이나 법률에 규정되어 있고, 일반권력관계와 다른 특수한 목적과 기능이 특별권력관계에 인정되고 있는 상황에서는, 특별권력관계의 성질에 따른 사법심사의 인정여부 논쟁보다는 권리침해를 받은 자가 실제적으로 권리구제를 받을 수 있는 방안을 모색하는 것이 더 중요하다고 본다. 그 방안의 하나가 복무와 의무이행에 상응하는 권리구제의 근거가 되는 개별 구체적 내용을 실체법에 규정하는 것이고, 특별권력관계에서 특별권력에 의하여 권리침해를 받은 경우 적시에 소를 제기할 수 있는 개별적 소제기법(訴提起法)이 제정되어야 한다고 본다. 군조직에 있어서의 사실적 명령에 관하여는 다음장에서 상술하기로 한다.

# 제4절 군대조직

## 1. 군대조직의 목적과 특성

군대란 외부의 침략으로부터 국가의 '사활이 걸린 이익(vital interest)'을 방어하기 위하여, 국가를 대신하여, 조직화된 폭력을 사용하는 것을 임무로 하는 집단이다. 국가의 사활이 걸린 이익을 외부의 침략으로부터 방어하기 위해 군인 개개인은 파괴하고 살인할 각오가 되어 있어야 하며, 이렇게 하는데 필요하다면 자신의 생명까지도 희생시켜야 한다. 물론 죽이고 죽음을 당하는 실전에 참가하는 것이 군인들의 일상적인 일은 아니다. 전투가 없는 평화의 기간들이 존재한다. 그리고 전시에도 군대의 일부만이 전투에 종사한다. 현대전에 있어서 "자원관리"는 전투에 있어서 중요한 역할을 수행하고 있을 뿐만 아니라, 예를 들어 실제 전투와는 단지 간접적인 관계만을 지니고 있는 수많은 기술적이고 행정적인 과업들이 군사활동에 포함되기도 하기 때문에 군사활동을 반드시 전투에만 연계시키는 것에는 무리가 있다는 지적도 가능하다.

그렇지만 평시 상황하에서도 군대 조직은 적의 도발을 억제함으로써 전쟁을 예방하고, 예방이 실패할 경우 전쟁수행을 위해 고도의 전투대비태세를 유지하여야만 한다. 그리고 군대의 많은 비전투적인 과업들도 군사력의 유지와 효율성에 필수불가결한 것들이며 따라서 전투자체 못지 않게 군대의 제1차적인 임무 수행을 위하여 절대적인 중요성을 갖는다. 그러나 비록 군사활동이 광범위하다고는 하여도 전투(전투준비와 실제전투를 포함하는 개념)는 여전히 군대의 핵심적 가치인 것이다. 국가를 대신한 전투행위는 군대의 존재이유이다.

"국가를 대신한"이라는 말은 군인들에게 헌신과 노력을 요구하는 것이 국가라는 의미이다. 군대란 국가자신이 합법적으로 독점하고 있는 폭력 사용권을 행사함에 있어 가용한 도구들 가운데 하나이다. 이에 반해 범죄 조직은 그 행동이 아무리 폭력적이라 할지라도, 지금 말한 바와 같은 의미에서는 군대조직이 아니며, 반란군도 그 국가의 정부를 위해 봉사하기 전에는 마찬가지이다. 군대를 통제하는 것은 정부이며, 군대의 활동에 대해서 정치적으로 책임을 지는 것도 정부이다. 따라서 군대는 반드시 정부의 지시에 따라야 한다. 이는 군대가 정부의 통제를 받도록 위계질서를 갖는 구조로 조직되어야 함을 의미한다.

군대가 위계질서를 갖는 구조로 조직되어야 한다는 것은 군대는 명령 복종의 계급질서가 보장되어야 한다는 의미를 함축한다. 충성과 복종을 군인의 최고덕목으로 규정한 헌팅턴의 논거는 바로 군대가 위계적 계급구조로 조직되어야 한다는 점을 전제로 하고 있다고 말할 수 있다.

또한 군대라는 직업은(military profession) 국가에 봉사하기 위해 존재한다. 가능한 최대한의 봉사를 제공하기 위해서 군사력과 그 전체 모든 군사적 직무는 국가정책의 효과적인 수단이 되어야만 한다. 정치적 지시는 위로부터 밑으로 하향식으로 내려오는 것이므로, 이것은 군대라는 직업이 복종의 계층구조 (hierarchy of obedience)로 조직되어야 한다는 것을 의미한다. 군대가 그 기능을 성공적으로 수행하기 위해서는 그 내부의 각 제대(梯隊)가 그 하위 제대의 즉각적이고도 충실한 복종을 명령할 수 있어야 한다. 이러한 관계가 없다면 군대라는 직업은 불가능하다. 따라서 "충성과 복종은 군대의 최고덕목들이다." 즉 "복종의 규칙은 다른 모든 군인 덕목들이 의존하는 덕목들 가운데 하나를 표현할 따름이다." 군인은 권한이 부여되어 있는 상관으로부터 합법적인 명령을 받았을 때, 그 명령을 논란하거나 그 명령의 이행을 지체할 수 없고, 그 자신의 견해로 교체할 수 없으며, 즉각 그 명령에 복종하여야 한다. 군인은 그가 수행하는 정책에 의해서가 아니라, 그가 그 정책을 실행하는 신속성과 효율성에 의해서 평가된다. 군인의 목표는 복종이라는 수단을 완성하는 것이며, 그 수단이 어떻게 사용되는가 하는 문제는 그의 책임을 초월하는 것이다. 군인의 최고 덕목은 수단적인 것이지 궁극적인 것이 아니다.[36] 이상과 같은 주장으로부터 우리는 다음과 같은 결론을 잠정적으로 내릴 수 있다. 즉 군대는 국가의 목표를 달성하기 위한 수단이며, 국가의 목표를 달성하기 위한 지시는 하향식으로 하달되며 이렇게 하달되는 국가의 지시를 성공적으로 수행하기 위해서 군대는 그 하급제대가 상급제대의 지시를 충실히 이행하는 상명하복의 계급구조로 조직되어야 한다. 따라서 합법적인 상관의 정당한 명령에 절대 복종하는 것이 군인의 당연한 의무이며 최고의 덕목이 된다. 결론적으로 군대는 상명하복의 규범을 확고히 보장하기 위한 위계적 구조로 조직되어야 한다.

---

36) Samuel P. Humington, The soldier and the State: The theory and Politics of Civil-Military Relations (Cambridge, Massachusetts : The Benknap Press of Havard University Press, 1957), 73.

## 2. 군 조직구조의 역사

현대 군대의 조직구조는 일직선형의 위계적 권위패턴 속에서 단순하고도 틀에 박힌 활동들을 수행하던, 그리고 엄격하고 피동적인 복종으로 특징 지워지는 19세기의 기계와 같은 군대와는 중대한 차이점을 보여준다. 20세기의 모델이 이와 같은 전통적 모델에서 벗어나 있다는 것을 논의하기에 앞서 군대 조직구조 모델의 과거 역사를 간략히 고찰할 필요가 있다.[37)

### 1) 고대의 군대조직

고대 로마 군대조직에 있어서는 주로 직업군인들로 구성된 레기옹(legion; 소수의 기병을 포함하여 3,000명 내지 6,000명의 보병으로 구성된 보병군단)이 핵심을 이루는데, 이 레기옹은 초급지휘관이 전술단위인 코르테스(Cohortes; 레기옹을 10등분한 부대로 300명~600명으로 구성된 보병부대)와 마니풀리(Manipuli; 60명~100명으로 구성된 보병부대)로 구분되었는데, 그로 인하여 융통성 있는 작전수행이 가능할 수 있었다.

군인들은 개별적으로 싸웠지만 열(列)과 부대로 구성된 전투대형은 잘 통제되었으며, 지휘관의 명령에는 엄격하게 복종하여야 했다. 모든 상관은 자기 부하를 처벌할 수 있는 권한을 갖고 있었으며, 불복종한 부하는 사형에 처할 수도 있었다.

---

37) Nico Keijzer, Military Obedience(The netherlands : Sijthoff & Noordhoff, 1978), 33-7.

## 2) 유럽의 봉건군대

유럽의 고대 부족군대는 그 부족의 남성들로 구성된, 무기를 든 오합지졸에 불과하였다. 가문과 연령에 따라 무리를 짓게 한 것을 제외하면, 이 군대는 조직을 갖추지 못했으며, 실질적인 기능에 따라 전문화되지도 못하였다. 중세의 기사(騎士)들도 조직화된 군대가 아니었던 점에는 마찬가지이다. 그들은 영토적 이익 때문에 국왕에 대한 충성심이 그리 크지 못하였던 까닭에 행동에 있어서 매우 개인적이었으며 종종 상관들에게도 반항했던 것이다. 더구나 그들은 마상결투형(馬上決鬪型) 행동 때문에 전투대형을 형성하지 못하였다. 따라서 이들 봉건군대는 체계적으로 훈련이 안된 개인들의 단순한 집합체에 불과하였다.

## 3) 중세의 용병군 재용

이런 모습은 중세 후반에 와서 용병군(傭兵軍)이 도입되자 바뀌게 되었다. 성주(城主)나 영주(領主)들은 군사상 필요가 있을 경우에는 귀족계급 출신인 이름난 용병대장(콘도티에르 Condottiere)을 초빙하여 그에게 연대를 편성할 권한을 주었다. 이 용병대장은 모병을 위하여 캡틴(Captain)이라 불리는 사람을 하청인으로 활용하였다. 하급 간부들은 선거에 의해 병사들 중에서 지명되었다. 이렇게 해서 단위대 및 하급 단위대로 나누는 조직구조와 더불어 계급의 위계질서가 발달하였으며, 이 위계질서에 의해서 다수의 병력을 지휘하는 것이 가능하게 되었다. 그렇지만 대부분의 지휘자들은 귀족 출신이 아니었고, 그들의 지식도 부하 병사들의 수준을 넘어서지 못하였기 때문에 그들에게는 별로 권위가 없었다. 그러나 이 당시에 평등계약적 요소를 지닌 그러나 강력한 징계법 체계가 발달하게 되었다. 그 내용은 병사들과 그들의 고용자간의 단체노동협약이라 할 수 있는 군기문서(軍紀文書)들에 명시되어 있는데 이것이 점차 군법의 성격을 지니게 된다. 이 시기에 있어서의 전술은 아직도 원시적이어서 주로 집단을 이루어 적에 대해서 압박을 가하는 밀집전술이었다. 기능의 전문화도 기병(騎兵), 보병(步兵), 창병(槍兵) 그리고 궁수(弓手)로 분리되는 정도에 그쳤다.

## 4) 전문 군인의 출현과 군조직의 변화

중세의 군사전통은 대략 서기 1550~1650년의 기간동안에 네덜란드 연방과 스웨덴 그리고 영국에서 깨어지게 되었다. 강력한 귀족 지도자들인 오렌지 공국의 모리스 공과 스웨덴의 구스타부스 아돌푸스 왕, 그리고 영국의 올리버 크롬웰에 의해서 당시의 시민사회를 지배하고 있던 합리성과 효율성이라는 관념이 군에 도입되었다. 군대는 국가에 예속된 잘 조직된 육군으로 훌륭하게 통합되었다. 밀집전술 대신에 고대 로마의 모델에 따라서 채택한 선형전술은 개개 군인들 상호간의 높은 의존성을 필요로 하였다. 따라서 체계적으로 훈련된 무기 조작 및 전술적 기동의 수행에 있어서의 즉각적인 복종이 중요시되게 되었고, 이러한 목적을 위해서 "제식훈련"이 도입되었으며[38] 불복종 행위는 사형의 대상이 되었다.

---

38) 푸코에 의해 지적된 바와 같이 이것은 군대만의 특성이 아니었다. 19세기에 이르러 확립된 "기율 있는 사회"라는 용어는 학교, 병원, 공장 그리고 감옥 등의 조직에서도 사용되게 되었다.

또한 전투대형의 다양화 및 소화기(小火器)의 도입은 병과 (兵科)의 전문특기화를 더욱 촉진하였다. 즉, 소총으로 무장한 보병이 출현했는데, 이 보병에게는 특정한 기술의 숙달이 요구 되었으며 군사과학이 진일보한 결과 포병도 출현하였다.[39] 그 리고 소규모의 전술부대들을 조직적으로 사용하기 위하여 장교 들의 숫자를 증대시키고 또 그들의 전투기술을 향상시켜야 했 다. 더 나아가 군 장교를 양성하기 위한 학교가 세워졌고, 부하 에 대한 장교들의 권위는 그들의 월등한 지식에 의해서 보강되 었다.

## 5) 상하급자간의 체계 변화

18세기에 이르러 군대에는 귀족주의의 "부활"이 이루어졌 다. 특히 17세기의 네덜란드와 스웨덴의 신례(先例)에 강력한 영향을 받은 프러시아와 프랑스에서는 장교의 수요는 증가되었 지만 군대의 간부를 귀족으로 충원하려는 귀족주의 때문에 교 착상태에 빠질 정도였다. 그래서 장교는 귀족으로부터 증원되 었고(평민으로부터 충원되었던 포병과 같은 기술 병과는 예외 이다.), 병사들은 거지나 우범자 혹은 여타의 "인간폐물"들로부 터 충원되었는데 이들 병사들에게 있어서 군대는 피난처임과 동시에 강제노동기관과 같은 것이었다. 장교와 병사는 이 때부 터 폭넓은 사회적, 문화적 간격에 의해서 구분되었다.

인원과 무기를 효율적으로 사용하고자 하는 합리적 동기에 의해 모리스공에 의해서 도입돼, 그리고 장교와 병사간에 어느

---

39) 17세기에 이르기까지만 해도 이런 기술적이고 비영웅적인 군대는 사회의 수공업 자 집단 정도로 간주되었다. 웰링턴(Wellington)의 시기에 이르기 전까지는 이런 군대 를 열등한 군전문가집단이라고 경멸하였다.

정도 유대감이 존재했던 기능적 군대조직체계로부터 이제 병사들을 억압하고 경멸하는 귀족에 의한 극단적인 명령복종체계로 변하게 되었다. 장교들은 사병들이 갖지 못하던 귀족적인 출신배경의 전통으로부터 파생된 단결심(esprit de corps)과 신사도(code of honour)를 고수하고 있었으나 병사들에게는 노예와 같은 굴종적인 복종이 요구되었는데 이는 민간사회에서 병사들이 충원된 계층의 종속적 지위와 부합되는 것이었다. 프레데릭 대왕의 격언에 의하면, 병사들은 적보다도 자기 상관을 두려워했다.

## 6) 군대 조직의 효율성 도모 및 군사 기술의 발달

귀족들의 장교직 독점 현상은 나폴레옹 군대에서 끝이 났다. 동일한 현상이 프러시아에서도 발생했는데 그 곳에서는 효율성과 전문직업적 기술이라는 19세기의 시민사회적 가치들이 샤론호르스트와 그나이제나우 같은 군개혁자들에 의해서 강조되었다. 장교들의 권위는 그들의 공식적 직위에 수반되는 권위를 제외하면, 그들의 귀족적 출신성분으로부터 나온 것이 아니라 그들의 우월한 지식으로부터 나왔으며, 조직편성권과 군사기술을 집중적으로 보유하는 프러시아식의 일반참모부제도가 탄생하였다.(징병제도는 전쟁 기구의 현저한 확대를 가져왔고 따라서 조직 및 계획의 업무를 등한시하고는 군대를 더 이상 유지할 수 없게 되었다.) 다른 나라들에서도 사회적 출신성분과 가문의 전통을 기초로 하던 충원기준이 점차 효율적인 업무수행에 필요한 전문 지식과 기술로 대치됨에 따라 귀족 출신의 장교수는 조금씩 줄어들었다.

그렇지만 장교직과 여타의 "하위직급"간의 깊은 골은 그 후로도 지속되었다. 장교와 장교이외의 자들은 여전히 서로 다른 사회적 계층에서 충원되었고 서로 다른 막사에서 취침을 하고 서로 다른 식당에서 식사를 했다. 장교들은 보다 많은 특권들을 누렸고 보다 많은 장식물들을 제복에 부착하는 반면, 그 외의 자들은 장교들의 생활을 안락하게 하기 위해서 일했고 전쟁터에서는 장교들의 명예를 위해서 죽었다. 그리고 비록 군사작전의 양상이 보다 복잡해짐에 따라서 명령에 대한 복종이 장교들에 대해서도 역시 좀더 엄격하게 요구 되기는 하였지만, 사병들에게 요구된 맹목적 복종과는 여전히 차이가 있었다.

장교에게 내려지는 명령들은 통상 어느 정도의 재량의 여지가 있었으며 그 명령에 관한 어느 정도의 이의제기가 허용되었다. 장교들간의 관계는 어느 제대(梯隊)에서건 상호 신뢰를 특징으로 하고 있었다. 장교들은 또한 동일한 막사에서 먹고 생활했으며, 이들간의 마찰은 상호합의를 통하여 해결되었던 것이다. 이와 반대로 사병들에게 내려진 명령은 보다 구체적이었고 어떤 이의제기도 허용되지 않았다.

그러나 장교들에게도 재량권은 거의 주지 않고 사병들에게는 더더욱 자유재량권이 부인되는, 명령에 대한 엄격하고도 피동적인 복종에 기초를 두고 있던 기계와 같은 군대조직체계가 제1차 세계대전 때까지는 아무런 도전도 받지 않고 유지되었다. 그렇지만 20세기에 이르러서는 이런 모델에 대한 대대적인 수정이 초래되었다.

## 3. 현대군대의 조직구조

### 1) 일반적 특징[40]

현대 군대조직구조는, 19세기의 맹목적인 복종을 요구하며 엄격하고 피동적으로 기계와 같이 움직이던 군대조직과 비교하여 그동안 많은 변화와 발전이 있었다.

**첫째**로는 조직적 권위(organizational authority)의 변화를 들고 있다. 즉 현대 군대조직은 전문적으로 숙달된 군인을 필요로 하기 때문에 군대의 권위와 법률의 기반을 종전의 명령적 질서를 중시하는 권위주의적 지배로부터 탈피하여 설득을 동반한 새로운 명령복종 그리고 집단적 합의라는 방법으로 군대의 권위형태를 바꾸어 놓았다.

**둘째**로 군사분야 기술과 일반사회분야 기술 사이의 차이도 감소되었다. 이러한 것은 현대의 과학기술 발전에 따라 군사부문에 있어서도 우수한 민간기술을 요청하는 사례가 증가되었다는 점을 반영하는 것이다. 즉 항공기, 의료병참술(醫療兵站術) 등에 있어서의 전문성의 필요성 때문에 민간기술을 도입하지 않을 수 없게 되었다. 또한 그러한 과학분야에서만이 아니라 군대지휘분야에 있어서도 조직운용에 필요한 군대의 사기향상에 대한 관리기술도 일반민간 행정분야에서 영향 받은 바 크다.

**셋째** 장교충원의 방법에 있어서도 다양한 출신과 전문인력을 확보하고 있고 또한 그들이 스스로 지원하는 등 사회적 충원 기반이 확대되었다. 이러한 점은 군대조직 성장의 반영인 동시에 전문가를 다수로 필요로 했다는 점에서 발생된 것인데, 이러한

---

40) 李東熙 「現代軍事制度論」(一照閣,1997), p.37.

현상의 결과로서 우리는 군대의 민주화를 들 수 있다.

**넷째**는 경력양태(career pattern)의 중요성이 증가되었다는 점이다. 즉, 종전에는 군부엘리트 그룹에는 거의가 야전지휘관의 경력을 밟은 既定的(prescribed) 경력소유 장교들만이 참여할 수 있었으나 현대에 와서는 다양한 기술을 습득한 특수한 적응적(adaptive) 경력을 밟은 장교들이 참여할 기회가 부여되는 관계로 야전지휘관으로써 경력보다는 오히려 새로운 기술에 의한 군대의 혁신(innovation)이 가능해졌다는 것이다.[41][42]

이 외에도 과학기술의 발전, 상급자와 하급자 간의 구분약화, 정치의식의 증가와 탈위계질서화, 지역적인 안보체제의 중요성 증가 등 여러 가지 요인을 들 수 있을 것이다.

과거 군대에서는 군사활동의 세분화 현상이 뚜렷하지 않은 관계로 수평적 협조가 적어 지휘계통이 단순한 수직형 직선구조로 되어 있었다. 따라서 계급은 군대라는 조직 내에서의 그의 지위와 책임 그리고 권한을 동시에 나타내는 징표가 되었다.[43] 그러나 작전의 규모가 커지고 이에 따라 지휘계선(指揮系線, command line)이 길어졌으나, 명령을 전달하는 전화기(나중에는 무전기)가 도입됨으로써 군의 조직구조는 점차 복잡하게 되었다. 이런 현상 때문에 지휘계선의 말단에 있는 사람들에게는 지휘관이 그들에게 무엇을 기대하는지가 지휘관이 가시거리 내에서 지시했던 시절보다는 덜 분명하게 되었으며, "사령부"로부터 하달되는 명령들은 국지적 상황에 관해서는 사령부보다 더 많은 정보를 갖고 있을 뿐 아니라 비록 사령부가 기능을 잃더라도 작전을 계속해야 할 입장에 있는 하급 지휘관들에게 상

---

41) Janowitz, The professional soldier(New York : The Free press, 1960), pp.8-13.
42) Nico Keijzer, op. cit., SS.43-48.
43) Nico Keijer, Military Obedience(The Nethelands : Sijthoff & Noordhoff, 1978), 38-41.

당한 재량의 여지를 남겨 놓을 수밖에 없게 되었다.[44]

군대의 권위구조를 보다 복잡하게 만든 중요한 요인은 참모제도의 출현이었다. 지휘 및 참모구조란 지휘계선 밖에서 자문적인 지위를 차지하고 있는 장교들의 출현을 뜻한다. 공식적으로는, 참모장교들에게는 지휘관에게 조언을 할 수 있는 권한은 부여되어 있지만 스스로가 지휘하는 권한은 부여되어 있지 않다. 참모제도의 출현으로 인하여 공식적 권위구조 내에서의 어떤 사람의 지위가 더 이상 그의 계급에 의해서만 결정되지는 않게 되었다.

그러나 비록 하급제대에 직접적으로 간섭할 권한이 참모장교들에게 부여되어 있지는 않다 하더라도, 실제에 있어서는 하급제대에 대한 그들의 조언이 집행명령으로서의 비중을 가질 정도로 막강한 힘을 가질 때가 종종 있다. 그들은 비록 계급은 낮지만, 지휘관의 참모요원으로서의 지위와 이 지위에 내재된 지식, 그리고 이 지위에 수반되는 명성으로 인하여 무시할 수 없는 권위를 지니게 된다. 어떤 경우에는 위관급 참모 장교가 공식 계급이 그보다 높은 지휘계선상에 있는 영관급 이상 장교에게도 지휘관의 명의로 명령을 한다. 더욱이 예하 참모요원들과 상급 참모요원들간에는 각자의 지휘관을 경유하지 않고도 직접적으로 보고하거나 통보하는 일이 이루어지는 체제가 발달했다.[45]

---

44) 일직선형 조직구조에 있어서도, 가령 어느 선임하사관이 병사에게 내린 명령이 그 선임하사관은 알지 못하는 사이에 중대장 또는 소대장에 의해서 간섭 받을 수 있다. 이 때, 그 선임하사관은 자신이 도외시된 것에 따른 권위의 상실감을 느낀다. 상이한 제대에서 다양한 병과간의 협조가 요구되는 등 조직이 보다 복잡해짐에 따라 이것은 보다 더 일상적인 현상이 된다.

45) 각자의 지휘관들에 대한 조언들이 협조를 이루기를 원하는 동일한 수준의 여러 참모요원들간에도 이런 일이 똑같이 발생한다. 예를 들어, 육군, 해군, 공군의 참모장교들은 하나의 합동작전 계획을 상호협의하에서 준비한다.

이런 현상은 한편으로는 하급부대 지휘관들의 권위를 깎아 내리고 다른 한편으로는 '지휘통일의 원칙'을 파괴함을 의미한다. 하급부대 참모요원은 이제 그 자신의 지휘관뿐만 아니라 상급부대의 관련 참모요원까지도 동시에 만족시켜야만 하게 되었다.[46] 독일의 일반참모부 장교의 독특한 지위를 설명해주는 구절이 있다. "부대에 복무하는 동안 참모장교는 두 사람의 상관을 모셔야 했다. 그는 부대조직의 운용 및 국지적인 전투수행에 관하여는 소속부대의 지휘관을 보좌하는 한편, 일반참모부에 대하여는 상급 사령부로부터 하달된 명령의 집행과 일반참모부 내의 관련참모에 대한 정보제공이라는 두 가지의 책임을 지고 있었다. 따라서 참모장교는 단독으로, 혹은 인접부대 참모들과의 협조하에, 그러나 일반참모부내의 관련참모의 직접명령이나 승인에 따라서 작전계획을 결심했다. 이 때 지휘관은 통상 참모장교의 그와 같은 결심을 그대로 승인하였다."

그렇지만 작전 분야의 일부 직무들에 대하여는 참모장교의 직접적인 간섭이 배제됨으로써 일지선형 구조가 유지되었다. 예를 들자면 전함의 브리지 당직사관은 그가 책임을 맡고 있는 과업의 범위내에서는 함장을 제외하고 자신보다 상위계급자를 포함한 함상의 모든 장교들에 대해서 상관의 위치에 서게 된다.[47]

이런 경우 직무상의 지위에 근거를 두고 있는 권한과 계급에 근거를 두고 있는 권한간의 갈등이 명백히 드러날 수 있다. 한 단위부대 내부에서 어느 "병과(兵科)의 장(長)"인 장교는 지휘

---

46) 전문직 요원의 임무들에 관한 한은, 이와 같은 2차적 지휘 라인들이 아예 공식화되어 있는 경우가 종종 있다. 예를 들어 경리 장교는 부대의 현금계정에 관하여는 국방부에 직접 책임지도록 되어 있다.
47) 다른 예로 보초를 들 수 있다. 보초는 지휘관을 대표하는 것으로 간주되며, 네덜란드의 규정에 따르면 그는 지휘관과 자신간의 수직적인 작전 라인 상에 서 있는 극히 제한된 수의 지정된 상급자들 이외에 어느 누구로부터도 명령을 받지 않게 되어있다.

관의 참모임과 동시에 집행관이 된다는 사실(예를 들어 포병 장교는 그의 지휘관에게 특정한 작전계획을 채택하도록 조언을 하고 난 후에는 그 계획에 포함되어 있는 자기 역할을 수행하도록 명령을 받는다.)을 우리가 정확히 인식한다면, 계급의 위계질서에만 부합하는 옛날의 단순한 직선형 지휘구조가 오늘날은 상당한 정도로 변화되어 있음을 알 수 있다.

이와 같은 현상이 참모제도의 출현에만 그 원인이 있는 것은 아니다. 군대의 많은 교육기관과 훈련기관들에도 그 원인이 있다. 군대의 교육기관과 훈련기관에서의 교관요원들은 위계적인 구조를 갖는 행정요원의 경우와 다르게 상관에 의한 직접적인 통제로부터, 각기 정도의 차이는 있지만, 비교적 자유롭다. 그러나 그보다 더 충격적인 사실은 상급제대로 올라갈수록 수많은 작업집단들과 자문위원회, 계획위원회 그리고 조정위원회 등이 설치되어 전통적인 지휘 및 참모 조직구조의 기능을 퇴색시키고 있다는 점이다. 전술부대들의 경우에도, 예를 들어 상호지원이 요구되는 상황하에서는 상호예속관계가 없이도 협조를 제공하는 협동패턴이 발달하였다.

또한, 참모 요원들간의 또는 상이한 지휘계통하에 있는 집행관들간의 수평적 의사전달이 상급제대들간의 협조를 보완하는 요소로서 그 중요성을 더해가고 있다. 예를 들면, 협조된 작전을 수행하는 동안 두 전함들간의 의사전달 라인의 수가 증가하는 것은 수직적 통제의 역할이 상대적으로 감소하고 있음을 의미하는 지표가 된다.

이외에도 긴급상황에 대처하기 위해서는 정상적인 기능구조가 무시될 수 밖에 없는 경우가 종종 있다. 예를 들면, 배가 침몰할 위험에 처해 있을 때는 피해통제반(被害統制班)의 명령이 실제로 어떤 명령보다도 가장 우선한다.

끝으로, 군사조직은 기본적으로 위기상황이 발생할 것에 대비한 조직이기 때문에, 필요시에는 조직구성원들이 상당한 정도로 그들의 기능을 서로 교대해서 수행할 수 있어야 한다. 또한 이러한 맥락에서 한 사람이 여러 가지 다른 기능들을 갖추고 있는 현상도 언급해야 한다. 총참모장이 동시에 사령관이 될 수도 있으며, 한 장교가 "자국의 군모(軍帽)와 국제군대(예를 들면 NATO군)의 군모를 동시에 착용하게 되는" 수도 있는데, 이는 그가 상이한 그리고 때로는 서로 충돌할 수도 있는 여러 가지 책임들을 동시에 맡고 있음을 의미한다.

지금까지 개략적으로 설명한 것처럼 군의 조직유형이 점차 복잡해지고 신축성을 지니게 된 결과, 일반적으로는 군인의 행동을 조정하는 여러 가지의 의사전달 수단들 가운데 상관의 명령이 차지하는 비중이 상대적으로 줄어들고 있다. 그리고 또한 개인의 책임과 권한이 세분화되는 현상이 증가함으로써, 개인의 책임 및 권한이 과거의 덜 세분화된 조직구조의 산물인 엄격한 계급체계와 일치하지 않을 때도 있다.[48]

때에 따라 동시에 작동될 수도 있는 이와 같이 잡다한 책임계통들이 공존하는 한, 상이한 계통을 통하여 한 사람에게 하달된 여러 명령들이 상호모순된 내용을 갖는 경우가 발생하지 않는다고 보장할 수 없게 되었다.

---

48) 한국전당시(1950)는, 일정한 권위가 인정되는 지위가 그에 상응한 계급이 없는 사람들에게 부여되기도 했다고 보고하고 있다. 어떤 사람이 타인에게 자신의 명령에 대한 복종을 합법적으로 요구할 수 있는지의 여부를 결정하여 주는 것은 계급보다는 지휘계선상의 지위였다.

## 2) 계층간의 엄격성 완화

아주 젊고 경험 없는 장교에게 그보다 훨씬 나이가 많고 경험이 풍부한 하사관을 지휘할 수 있는 권한이 부여되는 것이 아직도 일반적이기는 하지만, 군사조직의 모든 수준에서의 기술의 출현은 전문 기술과 지식의 수준에 있어서 장교와 사병간에 뚜렷한 구분을 약화시키는 경향이 있다. 오늘날 장교와 사병이라는 두 그룹은 옛날보다는 뚜렷이 구별되지 않는 사회적 계층들로부터 충원되고 있다.

장교와 "여타 계급"간의 사회적 장벽은 많은 수의 숙련된 하사관들이 장교로 임용됨에 따라 보다 낮춰지게 되었다. 그 결과 사병들 사이에는 장교의 행위와 명령에 대하여 비판하는 것을 정당한 것으로 느끼는 경향이 있다. 그리고 보다 일반적인 현상으로서는 부하들이 자신들과 관련된 방침을 결정함에 있어서 그들의 상관이 자신들과 상의해 주기를 기대하는 분위기의 확산을 들 수 있다. 이외에도 고도로 숙련된 군대기술자들은 일반 사회의 노동시장에서도 매우 값이 높다.[49]

## 3) 상관의 권위적 지위 저하(dehierarchization)[50]

전문기술의 발달과 과학기술의 급속한 진보는 군사조직에 있어서의 권위의 유형 및 배분에 막대한 충격을 주었다.

첫째, 오늘날 무기 및 장비의 기술적 복잡성이 과거에 비해 엄청나게 증대하자 이들을 배치하고 사용해야 할 책임이 있는 지휘관들은 이들 무기 및 장비의 조작과 정비에 관한 모든 기술

---

49~50) 조승옥, 민경인 편역, 「군대명령과 복종」(법문사,1994),p.37~39.

과 지식을 숙지한다는 것이 불가능하게 되었다. 그 결과 기술상의 문제에 관한 한, 지휘관의 결심이 직속 부하나 또는 지휘계통 밖의 전문가들에게 의존하는 정도가 점점 더 커지게 되었다. 자기 부대의 레이다가 수리되기를 원하는 지휘관은 레이다에 "어떤 작업이 행해지고 있다"는 것 이외에는 자신의 지식으로는 어떤 것도 확인할 수 없다. 이는 이중의 결과를 초래했다. 복잡한 기술장비의 조작 및 정비에 관하여 특별훈련을 받은 사람만이 그 장비에 관한 결심을 내릴 능력을 갖게 되었으며, 그 결과 기술전문가는 자기와 동일한 전문특기 분야에 속하는 그의 직능상 상관으로부터만 기술분야에 관한 명령을 받으려고 한다. 따라서 권위의 근거로서의 계급은 그 역할이 줄어들고 그 대신 전문기술, 지식, 직무 수행 능력의 역할이 증가했다. 이것은 또한 그 기술전문가가 자기의 기술분야에서는 그러한 기술을 갖고 있지 못한 계급상의 상관에 대해서 일종의 권위를 향유하게 된다. 기술전문가에 대하여는 繼 기술을 어떻게 사용할 것인지에 관해서기 이니라 언제 어디에서 사용할 것인지에 관해서만 명령이 내려지게 되는 수도 있다.

그러나 상관의 지위가 이렇게 해서 침식되는 것이 그 부하의 전문기술 분야에만 한정되는 것이 아니다. 해군의 레이다 기술병은 침실을 청소하라는 명령을 자기보다 계급은 높지만 교육을 덜 받은 갑판장으로부터 받았을 때 그 명령을 즐거이 따르려하지 않을 것이다. 또한 동일한 전문특기 분야 내에서의 부하와 상관과의 관계도 기술이 발달하지 못했던 군대에서 통용되었던 관계와는 다르다. 과학기술의 진보는 매일 반복되는 평범한 과업대신에 기술적 과업의 증가를 초래했는데, 이런 과업은 상관의 명령에 피동적으로 따르기보다는 창의성과 판단을 요하는,

다시 말해서 전문기술자의 재량권의 인정이 요구된다. 따라서 전문기술자의 행동은 상관의 명령이나 지시에 의해서 보다는 그 자신의 전문성이라는 기준에 의해서 보다 더 큰 지배를 받는 경향이 있다. 특히 그가 받은 명령 또는 지시가 자신의 병과가 다른 자로부터 하달된 것일 경우 더욱 그러하다.

점차 증가하는 정치의식도 탈위계질서화의 또 다른 요소로 언급되어야 한다. 정치 의식의 증가는 부하가 그들의 상관에게 간접적인 방식으로 어느 정도 강력한 영향력을 행사하는 것을 허용하였으며, 그에 따라 군대 상관의 권위적 지위가 더욱 더 침식되고 있다.

## 4) 위계질서의 역할[51)

비록 현대군대가 탈위계질서화 되어 가는 경향이 있다 하더라도 이런 경향이 계급의 위계질서가 쓸모 없는 것이 되었음을 의미하는 것은 아니다. 계급의 위계질서는 군대조직 내부에서 세 가지 중요한 역할을 수행한다.

**첫째**, 계급은 한 사람에 대하여 그의 직무상의 지위에 부여되어 있는 권한에 추가하여 기술과 지식의 권위를 더해준다. 어떤 계급을 보유하고 있는 사람은 그 계급에 상응하는 제대(梯隊)의 지휘자로서의 적절한 자질을 소유하고 있다고 추정될 수 있는 신뢰를 정당화시켜 준다. 예를 들면 대위는 중대급 부대를 지휘할 수 있는 즉, 중대장으로 보임하는데 필요한 자질을 구비한 것으로 간주되며, 중령은 대대급 부대를 지휘할 수 있는 대대장으로 보임하거나 또는 사단급 참모 등으로 보임하는데 필

---

51) Nico Keijer, Military Obedience(The Netherlands : Sijthoff & Noordhoff, 1978), 4-21.

요한 자질을 구비한 것으로 간주된다.

**둘째**, 계급의 위계질서는 어떤 직위에 임명되어 있는 자가 부재중이거나 유고시(有故時)에 그의 지휘권을 승계할 순서를 지시해 주는 기능을 갖는다. 군대는 예상 밖의 위험한 상황에서도 기능을 발휘할 수 있는 준비를 다른 어떤 조직보다도 더 잘 갖추고 있어야만 한다. 따라서 예외적인 상황하에서는, 상위 계급자가 자신이 정상적인 상황에서는 갖고 있지 않은 권한을 행사하는 것이 정당화될 수 있을 것이다.

**셋째**, 상급자는 하급자들간의 질서를 유지시킬 책임이 있기 때문에 계급의 위계질서는 아직도 그 자체가 어떤 기능상의 임무를 결정해 주는 요소라 할 수 있다. 예를 들면, 일단의 군인들이 질서를 문란 시키거나 군인들 사이에 난동이 발생할 때 이를 저지할 책임은 그 현장에서 계급이 가장 높은 사람에게 있다는 것이다.


# 4. 리더십과 명령의 정당성

## 1) 상관중심리더와 부하중심리더

리더십에 관한 대부분의 연구는 직접 또는 간접적으로 모두 리더십스타일에 관한 것이다. 예컨대 Lippitt와 White의 연구, Ohio주립대의 리더십연구, Tannenbaum과 Schmidt의 리더십유형론, Blake와 Mouton의 관리망, Likert의 관리체제론, 대부분의 상황이론에서 제시된 리더십의 유형, 최근의 카리스마적 리더십에 이르기까지 거의 모든 리더십이론이 리더십스타일과 효과성을 관련시키고 있다.

Lewin, Lippitt와 White의 독재, 민주, 방임형 리더십에서는 독재형이 의존성이나 좌절을 가져오고, 방임형이 무목적과 혼란에 이르는 반면에, 민주형은 보다 긍정적인 집단풍토를 형성하는 것으로 밝히고 있다.

또한 Ohio주립대의 리더십연구에서 배려형과 구조주도형의 리더십 가운데 일반적으로 전자가 높은 리더가 가장 효과적이며, 이직률과 불만율, 결근율이 낮은 것으로 나타났다. Likert 역시 직원중심의 관리자가 과업중심의 관리자보다 더 효과적인 유형이라는 실증적 근거를 제시하고 있다.

반면에 F. Luthans는 지금까지 리더십이론에 제시된 리더십스타일을 Tannenbaum과 Schmidt의 상관중심적(boss-centered) 리더십과 부하중심적(subordinate-centered) 리더십의 유형에 따라 아래와 같이 정리하고 있다. 리더십의 스타일을 구분하려는 이러한 노력의 이면에는 리더십스타일에 따라 특히 조직성과에 미치는 영향에 차이가 있다는 생각 때문이다.

## (1) 리더십스타일

| 상관중심적 리더십 스타일 | 부하중심적 리더십 스타일 |
|---|---|
| x이론 | Y이론 |
| 독재적 | 민주적 |
| 생산중심적 | 직원중심적 |
| 엄격한 감독 | 일반적 감독 |
| 구조주도 | 배 려 |
| 과업지향적 | 인간관계적 |
| 지시적 | 지원적 |

리더십스타일에 관한 논의에서 한 가지 주의할 점이 있다. 대부분의 리더십이론에서 암묵적으로 주장하고 있듯이 참여적 리더십(participative leadership)이 우월하다는 생각이다. 그러나 실제로 참여적 리더십을 비롯한 부하중심적 리더십이 다른 리더십보다 조직성과에 더 공헌한다는 실증적 증거는 그다지 명확하지 않다. 다만 다음과 같은 상황에서는 참여적 리더십이 효과성을 가져오는 것으로 알려지고 있다.

① 리더가 내리는 결정이 비일상적인(nonroutine) 성격을 지닐 때 참여적 리더십이 효과적이다.
② 비표준화된 정보가 유입되고 이러한 정보를 부하들이 수집해야 할 때 참여적 리더십이 효과적이다.
③ 행동이 심각한 시간적 압력을 받지 않을 때 참여적 리더십이 보다 효과적이다.

(2) Tannenbaum과 Schmidt의 리더십유형

Tannenbaum과 Schmidt는 관리자가 의존할 수 있는 리더십의 행태를 아래그림과 같이 범주화시키고 있다. Tannenbaum과 Schmidt는 리더십유형을 선택함에 있어서 거의 최초로 여러 가지 상황적 요인들을 복합적으로 고려하고 있다. 예컨대 관리자의 태도, 부하들, 상황 등이 리더십의 형태를 결정한다는 것이다.

## [형태의 범위]

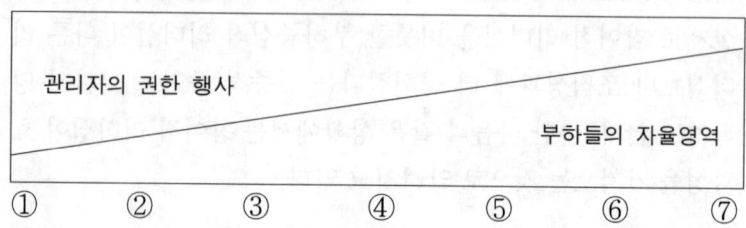

←-------- 부하중심적 리더십

상관중심적 리더십 ---------→

관리자의 권한 행사

부하들의 자율영역

① ② ③ ④ ⑤ ⑥ ⑦

위 그림의 대각선을 기준으로 위 부분이 관리자의 권위 (authority)를 나타내며, 아랫부분이 부하가 행사할 수 있는 자율성(freedom)의 정도를 나타낸다. 그림의 왼쪽에서 오른쪽으로 이동함에 따라 관리자의 권한이 줄어드는 반면에 부하의 자율성이 증가되는 것을 알 수 있다. 또한 그림의 왼쪽으로 이동할수록 리더중심 또는 상관중심적인 리더십이며, 오른쪽으로 접근할수록 부하중심적인 리더십이라고 할 수 있다. 여기에서 Tannenbaum과 Schmidt는 일곱 가지의 리더십유형을 제시하고 있다. 이들을 보면 다음과 같다.

① 관리자가 결정을 내리고 이를 일방적으로 공표 한다.
② 관리자가 자신이 내린 결정을 부하들에게 수용하게 한다.
③ 관리자가 아이디어를 제시하고 질문을 받는다.
④ 관리자가 바꿀 수도 있는 잠정적인 결정을 제시한다.
⑤ 관리자가 문제를 제시하고, 제안을 받아들인 다음에 결정을 내린다.
⑥ 관리자가 집단이 내리는 결정의 한계를 제시한다.

⑦ 관리자가 자신에게 주어진 권한과 동일한 범위 내에서 부하들이 활동 할 수 있도록 허용한다.

이러한 리더십 가운데 일정한 상황에서 관리자가 선택할 수 있는 리더십스타일은 관리자, 부하, 그리고 상황 그 자체의 다양한 요인에 의해 결정된다. 각각의 상황적인 요인을 보면 다음과 같다.

● 管理者에 관련된 상황적 요인으로서
ⓐ 결정의 공유에 부여하는 가치를 포함한 관리자의 가치체계 ⓑ 부하에 대한 관리자의 확신과 신뢰 ⓒ 지시적이거나 집단적 리더십에 대한 관리자의 기본적 성향 ⓓ 위임에 따르는 불확실성에 대한 관리자의 안전성 등을 들 수 있다.

● 部下에 관련된 상황적 요인에는
ⓐ 부하들의 독립성 요구의 수준 ⓑ 부하들이 책임을 부담하려는 준비성 ⓒ 모호성에 대한 부하들의 인내도 ⓓ 부하들이 문제에 대하여 갖는 관심과 중요하다고 믿는 정도 ⓔ 조직목표와 일체화에 대하여 갖는 부하들의 이해 정도 ⓕ 의사결정의 공유에 부하들이 기대하는 정도 등이 있다.

● 狀況에 대한 상황적 요인에는
ⓐ 조직의 가치와 참여, 조직규모, 조직단위의 지리적 분산 등을 포함한 조직의 형태 ⓑ 원할하게 기능하는 팀으로서의 작업집단의 효과성 ⓒ 관리자와 집단의 능력에 비교한 문제의 성격 ⓓ 부하의 관여를 제한하는 시간적 압력의 존재여부 등이 포함된다.

이상의 상황적 요인에 비추어 보면, 성공적인 관리자는 리더
십스타일의 선택에 주어지는 다양한 상황적 요인에 자신의 행태
를 정확하고 신축적으로 적응시키는 사람으로 규정할 수 있다.

## 2) 봉사리더십

봉사리더십(servant-leadership)은 전통적 리더십스타일의
대안으로 구성원들의 개인적 성장을 신장시키는 동시에 조직의
질적인 개선을 시도한 새로운 리더십스타일이다. 봉사리더십에
서는 팀워크, 지역공동체, 의사결정에의 참여, 윤리적 행태 등을
강조한다. L. Spears는 이러한 봉사리더십을 인간개발의 새로
운 시대에 알맞은 진정한 희망과 방향을 제시하는 것으로 주장
하고 있다.

봉사리더십은 1970년 R. K. Greenleaf가 『리더로서의 봉사
자』(The Servant as Leader)라는 책에서 만들어 낸 개념이다.
Greenleaf는 Hesse의 동방기행(Journey to the East)에 등장
하는 여행단의 하인(servant)인 Leo로부터 아이디어를 얻어서
봉사리더십을 고안하게 되었다.

Greenleaf는 봉사리더(servant-leader)를 무엇보다도 먼저
다른 사람들에게 봉사하는 사람으로 규정짓고 있다. 리더로서
의 봉사자 또는 하인은 먼저 봉사하고자 하는 자연스러운 감정
을 가지게 되면, 리더 하고자 하는 영감을 의식적으로 선택하게
된다는 것이다. 봉사리더십은 결코 응급처치에 의한 접근방법
이 아닐 뿐만 아니라 조직에 손쉽게 적용할 수 있는 임시방편도

아니다. 봉사리더십의 핵심은 삶과 일에 대한 장기적이고 변형적인(transformational) 접근방법이다. 이러한 봉사리더십의 특징적인 성격을 Spears는 다음과 같이 요약하고 있다.

### ▶ 경청(listening)

전통적으로 리더는 커뮤니케이션과 의사결정기술에 가치를 부여하고 있다. 봉사리더는 다른 사람들의 의견에 깊이 몰입함으로써 이러한 기술을 더욱 강화한다. 봉사리더는 집단의 의지를 구체화하고 명료하게 만든다. 이들은 표현된 것을 호의적으로 경청한다. 경청은 자신의 몸과 마음의 내면적인 소리를 이해할 수 있게 만들어 준다. 따라서 봉사리더에게 주기적인 성찰과 더불어 경청은 필수적인 요소이다.

### ▶ 감정이입(empathy)

봉사리더는 다른 사람들의 입장을 강조한다. 사병들은 자신의 특별힌 감정이 수용되고 인정받기를 원한다. 따라서 리더는 동료의 선량한 의도를 수용하고, 행태나 성과를 부정해야 하는 경우에도 사람들을 인간적으로 거부하지 말아야 한다. 가장 성공적인 봉사리더는 능숙한 감정이입적인 청취자이다.

### ▶ 영적인 치유(healing)

변형(transformation)과 통합에 있어서 영적인 치유방법의 학습은 강력한 힘을 발휘한다. 봉사리더의 강점은 자신은 물론 다른 사람들을 치유할 수 있는 잠재력을 가진 것이다. 많은 사람들은 정신적인 결함과 감정적 상처로 인해 어려움을 겪고 있다. 이러한 고뇌는 삶의 일부이긴 하나 봉사리더는 자신과 접촉

하는 모든 사람들을 도와 줄 기회로 활용한다.

▶ 자각(self-awareness)

일반적인 의식, 특히 자각은 봉사리더를 강화시켜 준다. 자각은 윤리와 가치가 개입되는 문제를 이해할 수 있게 만들어 준다. 자각은 또한 모든 상황을 보다 통합적인 관점으로 볼 수 있게 해 준다.

▶ 설득(persuasion)

봉사리더는 조직의 의사결정을 위하여 지위의 권한보다는 설득에 의존한다. 봉사리더는 복종을 강요하기보다는 다른 사람들에게 확신을 주려고 노력한다. 봉사리더의 이러한 특징이 전통적인 권위적 리더십으로부터 봉사리더십을 구별시켜 준다. 봉사리더는 집단 내에서 효과적으로 합의를 형성한다.

▶ 개념화(conceptualization)

봉사리더는 위대한 이상을 꿈꿀 수 있는 자신의 능력을 배양하는 데 힘쓴다. 개념적인 관점에서 조직과 문제를 보는 능력은 일상적인 현실을 초월하여 사고하는 것을 의미한다. 이것은 규율과 실천을 요구하는 특징이다. 전통적인 관리자가 단기적인 운영목표를 성취하는데 전념한다면, 봉사리더는 자신의 사고를 확장하여 광범위한 개념적 사고를 가능하게 만든다.

▶ 예견(foresight)

상황의 가능한 결과를 예상하는 능력은 봉사리더의 한 특성이다. 이것은 봉사리더가 과거로부터의 교훈, 현재의 세계, 미래의 결과를 이해할 수 있게 만들어 준다. 예견능력은 직관에 기초한다. 따라서 다른 특징이 의식적으로 개발될 수 있는 반면에 예견능력은 봉사리더의 타고난 능력이라고 볼 수 있다.

▶ 봉공정신(stewardship)
봉공정신(奉公精神)은 다른 사람들을 신뢰하고 존중하는 것이다. 따라서 봉공정신은 조직의 최고관리자, 직원, 중간관리자, 이사회의 임원 모두가 사회의 공동선을 위하여 조직의 신뢰를 유지하는데 중요한 역할을 한다. 봉사리더십은 이러한 봉공정신과 마찬가지로 다른 사람들의 욕구에 대한 몰입을 가장 우선시한다. 그러므로 봉사리더는 통제보다는 개방성과 설득을 강조한다.

▶ 성장의 몰입(commitment to the growth of people)
봉사리더는 사람들이 조직에 대한 유형적인 공헌을 초월한 내생적 가치를 소유한 것으로 믿는다. 즉 봉사리더는 조직내 모든 개인의 사적이고, 전문적이며, 영적인 成長에 깊이 몰입한다. 이것은 실제로 개인의 능력개발에 대한 투자, 직원의 제안에 대한 개인적 관심, 의사결정에 대한 직원의 참여조장, 해고된 근로자를 위하여 다른 직장의 알선 등으로 나타난다.

▶ 공동체 확립(building community)
봉사리더는 협소한 지역사회로부터 대규모 조직으로의 이동을 인식한다. 따라서 봉사리더는 조직에서 일하는 사람들간에 공동체를 형성하기 위한 수단을 모색한다. 봉사리더십은 조직과 다른 제도적 환경에서 일하는 모든 사람들을 통하여 진정한 공동체가 형성될 수 있다고 믿는다.

　이러한 봉사리더의 특성이 모든 것을 포괄하는 것은 아니다. 그러나 적어도 이러한 특징이 봉사리더십이 갖는 개념적 의미를 전달할 수는 있을 것이다. 이러한 특성은 또한 봉사리더십을 조직에 도입하고 봉사리더가 되려는 사람들에게 하나의 도전을 의미하기도 한다. 이것은 특징 자체가 손쉽게 얻어지는 특징이나 자질이 아니라 리더가 되고자 하는 사람들의 절대적인 노력이 필요하기 때문이다.

## 3) 현대 군조직의 변화와 리더십<br>　　　- 신세대 사병과 리더십[52]

　신세대 장병들과 거의 동년배의 위치에 있는 초급간부들이 병사들을 올바로 지휘하려면 먼저 그들이 어떠한 환경에서 성장했고 어떠한 생각을 하고 있는가와 같은 병사들의 현주소를 파악해야 한다. 지휘하려고 하는 대상의 실체를 알고 난 후에야 비로소 그들을 통솔할 수 있는 해답이 나오기 때문이다.

　오늘날 군의 주된 성원인 신세대 병사들이 자라온 시대는 고도 경제성장을 하고 있는 시점이다. 따라서 60년대 이전과 같이 허리띠를 졸라매지 않아도 될 만큼 넉넉한 생활환경 속에서 경제적으로 많은 혜택을 받아온 세대이다. 또한 국가의 발전이 곧 서구화이고 서구의 문물이 우리 것보다는 훨씬 우수하다는 사회적 인식 속에서 자라며 전통 사회의 문화나 가치관보다는 서구문화나 가치관과 더 친근함을 느껴왔다.

---

52) 월간 국방저널 97.5.월호 李載平 '신세대 병사에 대한 지휘관리 방안'.

70년대와 80년대의 탈권위주의 운동이 사회의 주된 이슈가 되면서 권위주의 사회에서 민주화 사회로 이전되는 과정을 직접적으로 경험하지 않고, 오늘날의 민주화 사회로 편안히 안착한 세대이다. 또한 냉전이 종식된 후 세계질서가 새롭게 편성되는 시기에 청소년기를 보냈으며, 더욱이 80년대 말과 90년대 초에 동서 이념대결에서 공산주의가 몰락하는 과정을 목격한 세대이기도 하다.

특히 그동안 정부에서 행해왔던 산아제한으로 대부분의 가정에서는 1-2 자녀만이 있어 "귀한 아들" 세대이고, 따라서 체벌을 받지 않고 곱게 자랐으며, 입시 위주의 교육을 받아 왔다. 또한 과거와는 달리 고도로 발달한 테크놀로지의 영향 속에서 각종 자극적인 오락물과 대중문화에 길들여졌다. 특히 현대로 들어오면서 정보화 사회의 물결 속에 묻혀 자기의 실체를 정확히 파악하기보다는 감각적이고 즐거움을 추구해 온 세대이기도 하다.

이리한 의식 구조 속에서 병사들에게 나타나는 의식구조를 분석해 보면 다음과 같다.

**첫째, 개인주의와 자기중심주의적이다.** 이러한 신세대 병사들은 남과 같이 행동하기보다는 자기 표현을 중시하고 자기식 사고방식에 의해 충동적 행동을 하게 된다. 따라서 지위가 높다는 이유만으로 명령을 하고 복종을 해야 하는 관계에 대해서는 강한 거부감을 나타낸다.

**둘째, 합리주의와 현실주의적이다.** 병사들은 전통적인 우리의 가치관이 되어 오고있던 [情]보다는 원인과 이유를 따지기 때문에 [무조건 하라]는 식의 지휘에는 강한 거부감을 가지고 있다. 또한 군인의 명예나 보수, 혹은 안전성보다는 자기 만족이나 현실적 이해타산을 앞세우는 경향이 있다. 따라서 합리적이고 객관적인 기준에 의해서 내린 결정과 명령에 대해서는 승복하지만 권위를 앞세우거나 비합리적인 기준에 의한 결정이나 명령에 대해서는 거부하고 무시하는 경향이 있다.

**셋째, 탈 이데올로기적인 사상을 가지고 있다.** 이는 현재 군에서 가장 우려하고 있는 현상이다. 일부 운동권에서 주장하고 있는 대로『북한도 한민족이다. 북한에 쌀을 보내자』라는 주장에 일부는 긍정적으로 동조하면서 주적개념(主敵槪念)을 상실하고 있다. 따라서 휴전선을 마주하고 대치하고 있는 현재 상황을 비관적으로 보면서 국방의 소중함을 모르고 있다.

**넷째, 수평적 가치관을 중시하며 다원주의적이라는 점이다.** 이들은 상하관계의 수직적인 인간관계보다는 [우리끼리]라는 식의 수평적인 인간관계를 중시한다. 따라서 상급자나 지휘관으로부터의 힐책이나 꾸지람보다는 동료 집단에서의 따돌림을 더욱 두려워한다. 또한 획일적이며 단체성을 띠고 있는 가치를 거부하고 제도나 관습보다는 합리주의에 입각하여 모든 사물을 판단한다. 신세대 병사들의 의식구조를 표로 정리하면 다음과 같다.

| 행동성향 | |
| --- | --- |
| · 개인주의 / 자기중심주의 | · 언어유희적 경향 |
| · 외모, 외형중시 | |
| · 소비 / 여가중심 | · 유아기적 행동(피터팬 증후군) |
| · 인스턴트 / 영상매체 선호 | |

| 긍정적인 면 | 부정적인 면 |
| --- | --- |
| 감정의 솔직한 표현 | 자기중심적 사고 |
| 종합적 판단력은 부족하나 도전적 | 나약한 정신력 |
| 수용적 자세 | 가치관의 혼란 |
| 재치, 개성, 창의성, 유머풍부 | 무절제한 생활 |
| 계산의 정확성 | 무기력, 무관심, 무책임 |
| 탈권위주의 | |
| 여유와 자신감 | |

# 명령의 정당성

# 제1절 명령에 대한 일반적 개념

## 1. 명령의 일반적 개념

### 1) 명령의 의의

명령의 일반적, 사전적 의미는 "복종관계를 전제로 명령권자가 복종의무자에게 하는 장래에 대한 일정한 행위지시"이다.

우리는 간혹 "상관이 하는 말은 모두가 명령이다."는 말을 듣는다. 그러나 이 말은 명령의 개념을 지나치게 확대 해석한 것이다. 상관은 부하에게 어떤 일을 권장하거나 충고할 수도 있고, 단지 자신의 의견을 제시할 수도 있다. 또한 부하에게 개인적인 일을 요청하거나 부탁하는 경우도 있다. 권고나 충고, 상의나 부탁은 비록 상관의 말을 통해 전달된 것이긴 하되 결코 명령이라고 할 수는 없다. 상관의 모든 말을 명령으로 취급해야 하느냐 하는 것은 매우 중대한 문제를 제기 할 수 있다. 왜냐하면, 부하의 어떤 행위에 대하여 '항명죄'나 '명령위반죄'의 적용 여부 시, 상관의 말이 명령이었는지 아니면 단순한 권고였는지 하는 문제는 대단히 중요한 고려사항이 될 것이기 때문이다. 따라서 우리에게 먼저 필요한 논의는 명령의 정확한 개념에 관해서 일 것이다.

명령이 성립하기 위해서는 다음의 네 가지 요건을 갖추어야 한다.

**첫째**, 명령이란 상관이나 상급 직위자에 의해 특정한 행위를 행하거나 행하지 못하도록 명시하는 구체적인 의사전달이다.

예를 들면 소대장이 제 1 분대장에게 "제 1 분대는 오늘 밤 자정까지 현위치를 고수하라"라고 말했을 때 이는 분명한 명령 이다. 하급자가 행하여야 될 사항을 명확하게 지시하고 있기 때 문이다. 그러나 가령 "당직근무를 충실히 하라"거나 "보초근무 를 규정대로 하라"는 식의 지시는 명령이라고 보기 어렵다. 수 명자가 분명치 않을 뿐만 아니라 훈시나 훈계처럼 행하여야 할 내용이 무엇인지 구체적으로 명시되고 있지 않기 때문이다. 그 러므로 명령은 수명자가 행해야 될 사항 혹은 행해서는 안될 사 항을 명백히 보여주어야 한다.

**둘째**, 명령은 그 내용이 수명자에게 명백히 전달되어야 하는 의사전달이다.

명령의 내용이 분명하지 못해 수명자가 어떻게 해야 할지 망 설이게 하거나 자의적(恣意的)으로 해석하여 이행하게 해서는 안된다. 복명복창이 군대에서 강조되는 까닭이 여기에 있다.

**셋째**, 명령은 상관이나 상급 직위자에 의해서 내려져야 한다. 즉 명령을 내릴 권한이 있는 사람에 의해서 그 명령에 복종할 의무가 있는 사람에게만 내릴 수 있는 것이다.

**마지막**으로 가장 중요한 사항으로서 명령은 복종을 요구하는 의사전달이다.

하급자의 복종을 통해 시행되지 못할 의사전달이라면 명령이라고 할 수 없다. 단순한 권고나 의견제시, 또는 그것의 실행여부를 하급자의 판단에 맡기는 의사전달 등이 명령이 아닌 까닭이 여기에 있다.

이상의 요건을 갖춘 모든 명령은 구두, 문서 뿐 아니라 몸짓이나 손짓, 신호탄, 투명지 또는 지도상의 기호로도 표현될 수 있다. 전령의 서신이나 전문 등 통신문을 통해 전달될 때는 형식이나 확인 부호가 명확해야 한다. 그렇지 않을 경우 그 명령은 명령으로서의 구속력을 잃게 될 것이기 때문이다. 요컨대 명령은 상관이나 상위 직위자에 의해 발하여지는 것으로서 하급자의 복종을 통하여 실행이 요구되는 까닭에 구체적인 내용이 명시되어야 하는 의사전달이라고 말할 수 있겠다.

## 2) 주요 사상가와 문학작품 속에 표현된 명령

명령이 단지 지시하는 자들의 정의를 대변할 뿐 지시 받는 자들의 정의와 법규범을 지켜주지 않을 때 그 명령은 위법한 명령이라 할 수 있다. 이러한 위법명령에 대하여 불복종 저항하는 형태와 표현도 매우 다양하다.

### 가. 주요사상가의 표현

#### (1) 소크라테스(Socrates, BC.469?~399)[53]

악법을 따름으로써 이에 저항하였는 바 일종의 혹세무민죄로 사형선고를 받아 악법의 판단에 의한 희생양이 되느니보다 차

---

53) "악법도 법"이라는 법 실증주의의 소신에서가 아니라 죽는 것이 영생하는 길이라는 순교자의 소신에서 저항의 수단으로 죽음을 택한 것이다.

리리 이를 무시하고 도주하라는 주위의 권고에도 불구하고 "악법도 법"이라 하며 조용히 독배를 마심으로써 위법한 국가명령에 복종하였으며 이에 대한 저항의 수단으로 죽음을 택하였다.

### (2) 세익스피어(Shakespear, 1564~1616)

그의 저서인 「헨리 5세」에서 병사들은 왕이 내세운 전쟁명분이 정당한 것인지 또 그의 싸움이 명예로운 것 인지의 여부는 자신들에게 문제가 되지 않는다고 믿고 있다. "…왜냐하면 우리에게는 우리가 왕의 신하라는 것을 알고 있는 것만으로 족하기 때문이다. 만약 왕의 전쟁명분이 그른 것이라 해도 우리가 왕에게 복종했다는 사실은 우리로부터 범죄의 책임을 면제시켜준다."고 하여 명령에 대한 절대구속설과 함께 부하의 책임에 대해서는 상급자책임설을 주장하고 있다.[54]

### (3) 로크(J.Locke, 1632~1704)

"충성이란 법에 따른 복종에 불과하다. 법을 위반한 최고 통치권자는 복종을 요구할 권리가 없으며, 법에 의해 권력을 부여받은 공인만이 복종을 요구할 수 있다. 법에 선언되어 있는 사회의 공공의사에 따라 지명된 국가의 원수 또는 대표자는 자기 자신의 의사와 권력을 지니고 있는 것이 아니라 법의 의사와 권력을 지니고 있을 뿐이다."라고 하여 위법한 명령을 인정하지 않고 있다.

---

54) 명령에 대한 복종의무에는 ①어떠한 명령에도 복종을 요구하는 명령절대구속설 ②형벌을 통하여 강제되는 명령과 그렇지 않은 명령으로 일정기준이 마련되어 있는 명령제한구속설로 구분할 수 있으며 위법한 명령에 복종한 부하의 책임과 관련해서는, ⓐ명령에 따라 복종했을 뿐이라는 사실 그 자체만으로는 범죄를 행한 하급자의 행위가 정당화 또는 면책되기에 충분하지 않다는 완전책임설. ⓑ명령에 따라 수행되었다는 그 자체만으로도 정당화를 제공할 수 있다는 상급자책임설 ⓒ명령에 따라 행동했다는 사실이 그 자체로 항변으로 성립하는 경우와 그렇지 않은 경우를 나누어서 평가하는 제한책임설로 구분되며 제한책임설이 오늘날 통설이라 할 수 있다.

## 나. 문학작품 속의 표현

### (1) 케인호의 반란(The Caine Munity, 1951)

소설가 허먼 워크(Herman Wouk, 1915~)의 법률소설 [케인호의 반란](The Caine Munity, 1951)은 부하들을 도탄에 빠뜨리는 함장의 잘못된 명령에 항명하는 행위는 상황과 선의가 입증된다면 처벌하지 않는다는 것으로 구축함의 소해정 케인호의 퀴크함장은 통솔능력을 상실했다는 이유로 하급장교들에 의해 불복종과 항명을 초래케 하여 급기야는 지휘권이 박탈되는 내용이다.[55]

### (2) 유형지에서(In der Strafkoloie, 1914)

프란츠 카프카(Franz Kafka, 1888~1924)의 대표적 법률소설로서 군사문화가 지배하는 폐쇄된 사회에서 구 질서의 맹목적인 수호지로 기능하는 법의 모습을 그리고 있다. 이 소설에서는 법을 거대한 기계에 비유하였으며 이 기계에 의해서 처형당하는 사병이 범한 죄는 명령불복종이나. 사령관이 제정한 법 중에서 최고의 법은 "상관을 존경하라"는 복무규정이다.

군사문화가 지배하는 유형지에서는 지상의 미덕은 "예로부터" 그리고 "위로부터" 하달되는 명령을 기계적으로 복종하는 것이며 명령불복종이야말로 최대의 죄악이 된다고 한다. 그러나 새로운 시대정신을 구현하지 못하고 무조건적인 명령을 요구하는 법이란 붕괴할 수밖에 없다고 이 글은 표현하고 있다.

---

55) 이 작품은 제1차 세계대전을 시대적 배경으로 선상반란이라는 고전적인 법 문제를 주제로 삼고 부차적으로 변호사의 윤리문제를 심각하게 제시한 작품으로 1954년 칼럼비아 영화사에 의해 영화화된 명작이다.

## (3) 안티고네(Antigone, B.C. 441)[56]

소포클레스(Sophokles, B.C. 496~406)는 그의 희곡 안티고네에서 희곡 속의 여주인공이 죽은 오빠의 시체를 독수리 밥이 되도록 장례를 금한 왕의 명령을 거역한다. 이러한 인간의 명령은 인륜이라는 더 고차원의 법 즉, 자연법 또는 신의 법에 위반되는 악법이라는 것이 소포클레스의 주장으로 이러한 악법에는 복종할 필요가 없다는 의견이다.

## (4) 시민불복종(on civil Disobedience, 1849)

저자 헨리 데이비드 소로(Henry David Thoreau, 1817~62)는 이 글에서 부당한 명령에 대해서 저항하는 것을 인간답게 사는 국민의 권리이자 의무라고 주장한다. 그는 제도 안에 완벽하게 자리잡고 있는 정치가와 법률가들은 자신들이 정당한 진리라고 믿고 있는 것의 실체는 알고 보면 일관된 편법에 불과하다는 사실조차 모른다고 비판한다.[57]

## (5) 철학강요(1964)

저자인 홉스(Hobs)는 책의 제3부 "시민론"에서 국왕의 명령에는 무조건 복종해야 한다고 하면서 다음과 같이 주장하고 있다.

"무엇이 옳고 무엇이 그른지를 결정해야 할 사람은 국왕이다. 따라서, 흔히들 말하는 바와 같이 합법적으로 행동하는 경우에만 국왕이 국왕일 수 있다든지 또는 그의 명령이 합법적인 경우

---

56) 소포클레스의 유명한 비극으로 안티고네는 그녀의 오라버니 폴리노이세스의 장례를 치르지 못하도록 금지한 테베의 지배자 크레온 명령을 거부하면서 신의 법을 원용하고 있다.

57) 월드호수(Walden, 1854), 시민불복종(on civildisobe, 1849) 원칙 없는 삶(Life With one principle 1863)등의 글에 나타난 그의 사상은 마하트마 간디(Mahatma Gandhi, 1869-1948)의 비폭력 무저항 운동에 사상적 뿌리가 되었고 1960년대에 "나에겐 꿈이 있다", "우리는 이겨내리라"라는 구호아래 흑인민권운동을 주도한 마틴루터킹(Martin Luther King Jr., 1929-68)목사에 의해서 그 탄생지에 재수입되기도 했다.

에만 이에 복종하여야 한다는 주장은 잘못된 것이다. 이는 공적인 지배체제가 확립되기 이전에는 합법적이라거나 또는 비합법적이라는 관념자체가 도대체 존재하지 않았기 때문이다. 합법적 또는 비합법적이라는 관념의 본질은 통치자의 명령에 그 근원을 두고 있는 것이며, 어떠한 행위도 그 자체로서는 옳은 것도 아니고 그른 것도 아니다. 합법성 또는 비합법성은 공권력이 제정한 법으로부터 발생한다. 합법적인 국왕이 명령한 것은 그가 명령한 것이기 때문에 합법적인 것이 되며, 그가 금지한 것은 그가 금지한 것이기 때문에 불법적인 것이 된다. 이와 반대로 만약 시민 각자가 어떤 행위가 옳은 것인지 그른 것인지를 판단할 수 있는 권한을 갖는다고 사칭한다면 이는 자기 자신들을 국왕과 동일시하려는 것이나 마찬가지이며 이는 또한 국가의 번영을 해치는 것이다. 신의 계명들 중 가장 오래된 명령은 '너희는 선악과를 먹지 말라' 는 것이다."라고 적고 있다.

## 2. 명령의 종류

1) 명령은 다양한 기준에 의해 여러 종류로 나누어 질 수 있다. 외부적인 구속력의 유무에 의해 구속적 명령과 비구속적 명령으로 나눌 수 있고, 근거규정의 유무에 의해 법규명령과 사실적 명령으로 나눌 수 있다.

현재 몇 가지 법률에서 명령을 벌칙규정의 구성요건개념으로 규정해 놓고 있고 군형법에서는 형벌 구성요건으로 규정되어 있는 등 명령이라는 개념이 범죄의 성립과 직접적으로 관련되어 있으나 헌법이나 기타 행정법규상 규정되어 있는 명령과는 그 개념의 차이가 있음에도 불구하고 그것과 혼용되어 사용되고 있고, 그것을 명확하게 개념 정의한 규정도 없다. 따라서 이처럼 서로 다른 의미로 쓰이는 명령의 개념 정리가 명령과 관련된 법적 문제의 검토에 앞서 전제문제로 등장한다.

그러므로 법률의 하위개념으로서의 명령과 명령권자의 복종의무자에 대한 지시로서의 명령 등 서로 유사한 듯 하면서도 다른 내용을 포함하고 있는 명령의 개념에 대한 정리는 한 개인이 다른 개인에 대한 행위의 구속에 있어서 나타날 수 있는 여러 문제점들을 분석함에 있어서 기본 전제가 되는 것이다. 이하에서는 군조직 등 특수조직의 명령관계에 있어 중요하다고 할 수 있는 법규명령과 사실적 명령에 대해 법적인 관점에서 서술하고, 군형법상 문제가 되고 있는 항명죄, 명령불이행죄에 있어서의 구성요건의 하나인 명령개념의 범위에 대하여 논해보고자 한다. 아울러 이와 관련된 논의의 하나로서 명령위반죄와 군무이탈자의 복귀명령의 위헌성여부에 대하여도 살펴보기로 하겠다.

## 2) 법규명령과 사실적명령

### 가. 법규명령

행정법관계에서 명령은 행정권이 정립하는 일반추상적 규정으로서 법규의 성질을 가지는 것을 의미한다. 이때 법규의 개념에 관하여는 여러 가지 견해가 있으나 보통은 국민과 행정권을 구속하고 재판규범이 되는 성문의 법규범을 총칭하는 것이라고 정의한다.[58] 따라서 전술한 바와 같이 명령이 일반적으로 사용되는 의미는 대개가 이러한 [법규명령]의 개념으로 사용된다고 할 수 있는데, 헌법 제67조 2항 기타 각종법규에서의 명령, 즉 시행령, 시행세칙 등의 형태로 불려지는 것들이 모두 법규명령으로서의 명령을 의미하는 것이다. 그러므로 법률의 하위개념으로서의 법규명령은 국민과 행정권을 구속하고 일반권력관계를 유지하는 기본적인 틀로서 法律과 함께 중요한 역할을 한다. 즉 법질서에서 헌법과 법률의 아래에 위치하면서 현대복지사회에서 법률로서 구체화하기에 힘들뿐만 아니라 오히려 비효율적이기까지 한 부분에 행정권의 재량 또는 법률의 위임에 의거 합목적적이고 효율적인 명령을 제정함으로써 행정의 목적을 좀 더 극대화시킬 수 있도록 하는 것이 법규명령의 의미인 것이다. 특히 군사관련 규정으로서의 법규명령은 헌법 제75조 및 제95조가 규정하고 있는 바와 같이, 상위 군사관계 법률에 의해 위임된 사항 또는 그 시행을 위해 필요한 사항을 규정한 법규이다.

그러나 현행 헌법상 긴급재정경제명령과 긴급명령 제76조를 제외한 법률의 효력을 가지는 법률대위적 명령(法律代位的 命令)은 허용되지 않으므로 군사관련 법규명령 역시 법률보다 하위의 효력을 가지는 법률종속적 명령(法律從屬的 命令)으로 법률에 의해 위임된 법률유보원칙과 법률우위원칙에 철저히 부합하여야 한다.

특히 위임명령의 경우, 법률이 구체적으로 범위를 정하여 위임한 사항에 관해서만 제정할 수 있으며(헌법 제75조, 제95

---

58) 金東熙, 「行政法」(博英社, 1994), p.124.

조), 일반적, 포괄적 위임은 허용되지 않기 때문에 포괄적 위임의 경우에는 명령의 위헌성이 논의될 소지가 있다고 하겠다.[59)60)]

또한 군사관계 법규명령의 경우, 일반 법규명령과는 달리 그 수명자가 일반국민이 아닌 군인·군무원 등 군에 복무·종사하는 자로 제한되어 있는 만큼, 법규성의 요건으로서의 일반성에는 흠결이 있는 것으로 보여진다. 그러나 이러한 점은 일반 법규명령의 경우에도 조직·직제 등에 관한 명령(이 경우 조직·기구 내에서만 적용된다)에서 발견되는데 이러한 것이 군사관계 법규명령의 법규성에 영향을 주지는 못한다고 하겠다.

군사와 관계되는 법규명령의 종류로는 대통령령·총리령·부령이 있으며 그 효력의 우열에 있어서는 헌법상 대통령·국무총리·행정각부의 지위에 따라 결정될 것이나, 총리령과 부령은 실제에 있어 시행령, 시행규칙과 같이 상·하위의 지위에 놓여있지 않는다. 그러므로 이러한 법규명령의 근거가 되는 것은 상위 법률이므로 그 법률의 위임이나 범위 안에서만 기능해야 하기 때문에 법률의 근거를 벗어날 수 없으며, 당연히 합리

---

59) 朴鈗炘, 「最新行政法原論 講義(上)」(國民書館, 1981), pp.172, 173 參照.
60) 군인사법에서는 제8장 권리 및 의무라는 제하에 제44조, 제45조에서 신분보장·평등취급을 규정할 뿐 일체의 권리·의무에 관해 규정하고 있지 않으며, 징계사유(의무의 내용)에 관해서도 제56조에 포괄적인 일반규정을 둘 뿐 그 사유의 범위를 규정하고 있지 않다. 또한 복무에 관해서도 제6조 내지 제8조에 복무구분·복무기간·정년에 관한 내용만을 규정하면서 제47조의 2에서 "군인의 복무에 관하여 이 법에 규정한 것을 제외하고는 따로 대통령령이 정하는 바에 의한다"고 규정함으로써 복무에 관한 대부분의 내용을 포괄적으로 군인복무규율에 위임하고 있다.. 이와 같은 군인사법의 입법내용 불비와 하위명령에의 위임을 바탕으로 군인복무 규율은 복무에 관한 일반규정뿐만 아니라 군인사법의 입법사항인 권리·의무에 관한 내용까지를 규정(제6조 내지 제24조)하고 있다. 이와 같은 점을 검토하건대 군인사법과 군인복무규율은 권리의 제한·의무부과를 법률에 의하도록 하는 법률유보(침해유보) 원칙 및 포괄적 위임입법금지의 원칙(헌법 제75조)에 반하는 것으로 위헌의 소지가 있다고 하겠다. 참고로 일반 공무원관계에 관한 국가공무원법은 군인사법과는 달리 공무원의 권리·의무 및 이에 바탕한 징계사유를 동법 제78조 이하와 제56조 이하, 제67조에 걸쳐 구체적으로 명문화하고 있다.

적인 내용을 유지해야 한다.

따라서 법규명령의 특징 중 하나는 그것이 법질서내의 범주로서 기능한다는 것이며 그것이 국민과 행정권도 구속하는 것은 법질서로서 질서내의 구성원을 구속 · 지시한다는 것이지 어떤 한 개인의 다른 개인에 대한 행위지시권을 의미하는 것은 아니다.[61][62] 그러므로 법규명령의 위반에 대해서는 관계규정에 의거해 벌칙을 가할 수는 있지만 원칙적으로 형사벌을 가할 수 없는 것이다.

## 나. 사실적 명령

다양한 형태의 조직관계에 있어서는 그 조직관계의 목적과 기능상 그 관계의 유지를 위하여 엄격한 질서의 확립이 요구되고 또한 목적의 달성을 위해서는 일정한 정도의 지시 · 복종 관계가 불가결한 요소가 되는 생활관계가 존재하는데 이러한 관계의 대표적인 예가 1장에서 기술한 특별권력관계인데 이것은 일반적으로 일반생활관계에 비교하여 개인의 일정한 공법적 제도에 있어 더욱 강한 종속 및 의무 관계로 이해되고 있다. 이처럼 특별권력관계에서는 조직관계와 그 구성원 사이에 강력한 종속 및 의무관계가 지워져 있고, 엄격한 질서가 확립되어 있으며, 그 구성원 사이에서도 지위의 상하 구분이 나누어져 해당 조직의 목적 달성을 위해 일정한 지위에 있는 자가 소관 업무에 대하여 해당 부서의 하급자에 대하여 명령을 하고, 또 그 하급자는 그에 따라야 할 의무가 부과되어 있다. 따라서 이러한 명

---

61) 물론 법규명령에 의거해 행정권의 한 구성원이 다른 구성원 또는 국민의 한 사람에게 지시를 내릴 수는 있으나 이때의 지시는 명령으로서의 의미내용을 포함하는 것은 결코 아니다.
62) 관계법률에서 해당명령의 위반에 대해 형사벌을 가할 수 있다고 규정하는 것은 무방하나 이런 경우는 드물고 행정법상의 벌칙을 부과하는 경우가 대부분이다.

령 · 복종관계에 있어서는 명령자의 특정한 행위 명령에 하급자가 반드시 복종하여야 하는 조직관계가 발생되는데, 가장 대표적인 것이 군에서의 명령이고 그 외에 경찰공무원관계, 소방공무원관계, 일반공무원관계[63][64]등에서도 유사한 조직관계를 볼 수 있다.

그러나 이러한 사실적 명령으로서의 개념 등에 대하여 아직도 법적으로 명확하게 규정되어 있지 않고, 법규명령으로서의 명령과도 혼용되어 사용되고 있기 때문에 개념의 혼란이 많은 실정이다. 따라서 이하에서는 사실적 개념으로서의 명령이 법규명령보다 오히려 개인의 인권과 밀접한 관계를 가지고 있기 때문에 특히 군대조직을 중심으로한 [사실적 명령]의 의의와 요건, 그리고 범위 등에 대해서 언급하겠다.


## (1) 사실적 명령의 사실성[65]

현행 법률 등에 의하여 규정되고 사용중인 [명령]이라는 용어는 명백히 법률용어라 규정할 수 있기 때문에 법적인 명확성과 명령에 대한 개념 정의의 한계성 등을 최소한 갖추고 있어야만 명령 개념으로서 법적 안정성과 예측가능성 등을 보장받을 수 있으리라 생각한다.

그러나 현재 우리가 일반적으로 사용중인 [명령]이라는 용어는 한 가지 의미로만 사용되는 것이 아니고 두 가지 이상의 의

---

63) 朴鈗炘, 前揭書, pp.172-173 參照.
64) 명령의 범위는 어느 정도까지 한정 할 수 있는가? 「…좀 하시오」「이것 좀 해 주시오」등 일정하게 정해진 형식으로만 지시를 하는 것은 아닐 것이다. 명령을 행할 수 있는 자, 명령을 행할 수 있는 범위, 또 어느 한도까지 수행하여야 하는가, 한편으로 수명자는 자신의 권익과 배치되는 명령을 받을 때 어느 정도까지 그것을 감내하여야 하는가 하는 문제가 발생한다. 원칙적으로 그 조직의 목적 과 기능에 따라 각각 명령의 범위와 한계가 정해진다 할 수 있다.
65) 여기서의 사실성이라는 것은 법규에 대응하는 의미로서 용어의 법규적 개념정의가 되어 있지 않고 사용되고 있다.

미로 혼용되고 있는 실정이며, 그 중에서 법규명령의 경우는 헌법에 의해 규정되어지고 학설 등에 의해서도 보편적으로 개념 정의가 잘되어 있어 그 의미의 한계성 등을 쉽게 이해할 수 있으나, [행위의 지시]로서의 성격을 지닌 [사실적 명령]은 성격과 내용이 무엇인지에 관하여 그것이 규정되어진 법률에서조차 설명한 바가 없고 하위규범에 위임한 바도 없다.[66]

어떠한 법규정에 [명령]이라는 용어가 사용되었을 경우에는 이것이 법규명령을 의미하는 것인지 아니면 사실적 명령 등인 행위지시 명령을 의미하는 지에 관하여 다소 혼란이 초래되고 있다.

특히 군형법 제44조, 제47조 등에 규정된 [명령]의 의미에 관하여는 그동안 많은 논란이 있기 때문에 이미 일반적으로 널리 행하여지고 있고 또 그것이 인권에 굉장히 중요한 영향을 미칠 수 있는 사실적 명령에 대한 개념 정의가 필요하며 그 내용과 여러 요건들에 대한 검토가 필요하다 할 수 있다.

또한 현재 [행위의 지시]로서의 의미를 가진 명령을 구성요건으로 규정한 법률조항에 의하여 이러한 명령 하나 하나가 모두 각 명령과 관련한 범죄의 구성요건이 된다는 점을 고려한다면 최소한 명령의 제정권자, 명령의 성격, 명령의 대상 및 명령의 내용 등에 관한 기본적인 사항만은 법률이 규정하여야 하고 최소한 학설상 정의도 내려져야 한다고 본다.[67]

왜냐하면 이것은 명령권자의 수명권자에 대한 권리보호의 차원에서뿐만 아니라 군조직의 발전을 위해서도 바람직한 일이기 때문이다.

---

66) 다만 군인복무규율 제19조에 명령에 대한 정의가 내려져 있으나 요건, 한계 등의 내용에 있어서 상당히 미흡하다.
67) 大判, 95.5.25 91 憲法 20, 少數意見.

## (2) 사실적 명령의 요건

일반의 여러 사회관계에 있어서도 그 조직 내부에 있어서 지시 · 복종관계가 성립하고 있으나, 국가공무원법 제57조, 군인복무규율 제3장 2절, 검찰청법 제12조 제1항과 같이 엄격한 법률에 의해 강제되고 규율 받는 관계는 아니다. 그러나 공법상의 특별권력관계에서는 그러한 지시를 특히 [명령]이라고 하여 법률에 의해 규율하고 있고, 복종의무위반은 원칙적으로 징계사유에 불과하나, 군인이나 경찰, 소방업무 등을 담당하고 있는 자들에게는 복종의무 위반을 형사적 제재로서 처벌하고 있어[68][69] 이러한 명령에 대한 명확한 개념 확립과 동시에 그 요건 등에 대하여도 고찰할 필요가 있다.

일반적으로 명령이란 [복종관계를 전제로 명령권자가 복종의무자에게 하는 장래에 대한 일정한 행위지시]라고 할 수 있다. 여기서 [복종관계를 전제]한다고 하는 것은 일정한 법률상의 근거가 있어야 한다는 것인데 그것은 명령에 대해 부여되는 법률상의 효과가 개인의 인권에 미치는 영향이 지대하기 때문이다. 또한 명령권자 역시 법률 등의 위임 또는 수권에 의해 명령을 발할 정당한 권한이 있어야 한다.

즉 명령이란 일정한 법률상의 근거에 의해 권한 있는 자가 복종의무 있는 자에게 발하는 업무상의 행위지시로서 그 내용이 [근거되는 법률의 본지에 어긋나지 않는 것]을 의미한다고 정의 할 수 있다. 따라서 이하에서는 사실적 개념으로서 군조직에서의 명령의 요건에 대해 살펴보기로 한다.

---

68) 軍刑法 第44條와 第47條, 警察公務員法 第52條, 戰鬪警察隊設置法 第10條, 消防公務員法 第59條.
69) 군인복무규율의 명령에 대한 정의규정은 어느 정도 타당한 요건을 제시하고 있지만 명령의 개념요건을 정확하게 표현하기에는 부족한 점이 많이 있다. 따라서 그것은 명령의 의의를 밝히는 데 참고가 될 지언정 결코 전적으로 의지할 만한 것은 못된다고 본다.

### 첫째, 편제상 지휘계통에 포함되어야 한다

군의 편제에 따른 지휘계통은 헌법 제74조 제2항 및 국군조직법에 의하여 국군통수권자인 대통령을 정점으로 말단의 병사에 이르는 편제상 지휘계통을 의미하며 이러한 지휘계통에 있어서의 지휘권자는 지휘권의 당연한 내용으로 지휘부대, 기관의 구성원에 대하여 신분상·직무상의 포괄적인 명령권을 갖는다. 그리고 단위부대 기관의 장이 아니더라도 직무대리 권한을 위임받은 자 및 당직사령, 당직사관 등의 자격으로 일시적으로 부대를 지휘하는 자도 역시 지휘권자라고 보아야 할 것이다. 따라서 명령은 군의 편제상 지휘계통에 포함되어야 한다.

### 둘째, 특별한 법령에 의한 명령복종관계가 존재해야 한다.

일반적으로 어떠한 부대, 기관의 구성원에 대하여 지휘할 수 있는 권한은 없지만 법령의 규정에 의해 특정직무에 관련하여서는 명령권이 인정되는 경우가 있는데, 이러한 경우를 직무상 상관의 명령이라고 하며 이것은 항명죄에서의 상관개념에 포함되는 것으로 해석한다.[70]

따라서 명령에 대한 법적 효력은 복종의무자에게 상당한 영향을 미치므로, 위와 같은 명령은 법률 또는 법령에 의거해 명령권한 있는 자가 복종의무 있는 자에게 발할 수 있는 명령복종관계가 존재하여야 한다.

### 셋째, 직무상의 명령이어야 한다.

명령은 직무와 관계있는 사항에 관한 것이어야 한다. 직무와 전혀 무관한 것에 대한 것은 명령이 될 수 없으며 이에 대하여 복종의무자의 복종의무는 발생하지 않는다고 본다. 즉 명령의

---

70) 趙彦·趙胤, 「軍刑法解說」(國防部, 1966), p.71.

존재의의는 군조직 기타 명령·복종관계의 목적달성을 위한 주요수단으로서 공적인 목적달성을 위해 명령권이 부여되는 것이기 때문에 그러한 공적 요소를 배제한 사적 이유, 또는 위임과 권한이 없는, 직무와 전혀 관계없는 사항에 관련된 명령은 그 자체 스스로 존재의의를 상실한다.

### 넷째, 근거되는 법률의 본지에 부합해야 한다.

명령권자는 자기의 권한 내에서라면 어떠한 내용의 명령이라도 발할 수 있는가? 다시 말하면 복종의무자는 명령권자가 내린 명령에 무조건 복종하여야 하는가? 이것은 제3장 3절에서 언급할 명령 내용의 한계에 관한 문제이다. 상관이 내린 직무상의 명령에는 경우에 따라 그 자체가 법률에 어긋나는 내용을 담고 있는 것도 있고 내용상 위법하지는 않다고 하더라도 부당한 것도 있을 수 있다. 이러한 경우 복종의무자는 어느 한계까지 복종하여야 하는가가 논의되었는데 종래 이에 관하여는 정당성설, 적법성설, 무제한설 등의 학설의 대립이 있어 왔으나, 오늘날에는 그 명령이 적법한 한 그 내용이 부당하더라도 그러한 상관의 명령에 불복하면 군형법상 제44조의 항명죄가 성립한다는 적법성설이 통설이다.[71][72]

한편 판례도 명백히 불법이라고 보여지지 않는 명령은 적법하다고 판시하고 있다. 이것은 복종의무자의 명령심사권 내지 이의권과도 관련된 문제이다. 따라서 군에 있어서 명령복종 관계의 절대성을 생각할 때 수명자는 명백히 위법이 아닌 한 이에 복종하여야 할 것이고, 그 명령이 합리적이며 합목적적인가 하

---

71) 이에 대해 이러한 명령의 직무조건성을 명령의 개념요소로 하는 것보다 명령권에 대한 제한요소로, 즉 명령공포의 적법성 요소로 하자는 의견이 있다.

72) 趙彦·趙胤, 前揭書, p.218 ; 曹斗鉉·金成勳,「軍法解說, 日新社, 1975」p.153 ; 李珍雨,「軍刑法, 法文社, 1973」p.198.

는 점은 심사할 수 없다고 보아야 할 것이므로 통설인 적법성설이 가장 타당하다고 본다.

그러나, 어떠한 경우에든 명령은 최소한 근거되는 법령의 내용에는 부합하여야 하고 그것조차 충족하지 못하면 명령으로서 성립조차 못하게 된다 할 수 있다.

# 제2절 실정법상의 명령

## 1. 상관의 해석문제

### 1) 상관의 권한과 권위

위계적 조직구조가 지니고 있는 일반적 특징은 그 조직의 통솔을 맡아야 할 상관을 지정하고 있다는 점에 있다. 이에 따르면 상관은 그에게 할당된 업무와 책임에 따라서 일정한 권한과 권위를 지니는데 그 대표적인 권한은 그가 소속된 조직의 구성원들에게 명령을 내릴 수 있는 발령권이라 할 수 있다. 이 발령권을 보장하기 위해서 상관의 권위가 보호되는 것이다. 그러나 계급이 높다고 하여 무조건 상관으로서 권위가 보장되고 명령을 내릴 수 있는 것은 아니다. 왜냐하면 만일 어떤 사람의 명령이 그 업무에 관하여는 아무런 책임도 없는 다른 어떤 사람의 명령에 의하여 취소되거나 변경될 수 있다면 군조직 전체가 혼란에 빠질 것이기 때문이다. 그래서 우리는 구속력 있는 명령을 내릴 수 있는 권한은 원칙상 군대라는 복합적 조직 내에서 상관의 지위에 있는 자에게 귀속된다는 결론을 잠정적으로 내릴 수 있다.

또한 군대조직이 보다 복잡해짐에 따라서 비교적 엄격하다고 할 수 있는 계급체계(원래는 특정한 직무상 지위의 표시)가 그와 같은 지위를 결정하기에는 부적합한 것이 되고 말았다. 계급과 직무는 다 함께 권위를 부여하지만 계급관계가 더 이상 직무상의 관계와 일치하지 않을 때는 긴장이 발생할 수도 있다.

따라서 상관에 관한 지위와 개념을 고찰하는데 가장 적절한 접근방법으로서, 군형법상 항명죄에서의 객체로서의 명령이라는 개념이 지니고 있는 요소들을 논의하여 보는 것이 도움이 될 것이다. 독일 군형법전(MSTG)상의 법적인 정의에 의하면, 명령이란 "군대의 상관이 부하에게 복종을 요구하면서, 구술·문서 또는 기타의 수단을 통하여, 일반적으로 또는 개별적인 경우에 국한하여, 내리는 특정한 형태의 행위에 관한 지시이다."라고 정의하고 있다. 또한 우리나라의 판례에 따르면, 항명죄에서의 객체로서의 '명령'이란 "당해 명령을 할 수 있는 직권을 가진 정교인 상관이 특정의 군법 피적용자(개인 또는 특정할 수 있는 다수인)에 대하여 군무에 속하는 특정사항에 관하여 하명(구두, 서면, 전화, 전신들의 방법으로 직접 또는 기타 자를 통하여 전달하는 명령)된 명확히 불법한 내용이라고는 보여지지 않는 명령(작위 또는 부작위를 요구하는 명확하고 구체적인 의사표시)이다."라고 정의하였는 바, 이상의 예로부터 우리는 합법적인 명령을 내릴 수 있는 발령권자로서의 상관의 지위와 개념을 도출해 낼 수 있다.

## 2) 상관의 개념과 지위

우리나라 군형법 제2조는, "상관이라 함은 명령복종관계에 있는 자간에서 명령권을 가진 자를 말한다. 명령복종관계가 없는 자간에서의 상계급자와 상서열자는 상관에 준한다."고 정의하고 있다. 따라서 군형법 제2조는 상관을 (1) 명령복종관계에 있는 자간에서 명령권을 가진 상관, 즉 '순정상관'과 (2) 명령복종관계가 없는 자간에서의 상계급자와 상서열자로서 상관에 준하는 '준상관'으로 구분하고 있다.

### ● 명령권자와 상관

군형법 제2조 전단에서 명령복종관계에 있는 자간에서 명령권을 가진 자를 '상관'(순정상관)이라고 한다는 정의로부터 우리는 다음과 같은 두 가지 문제를 도출해 낼 수가 있다.

**첫 번째**는 어떤 사람들 사이에 명령복종관계가 존재하는가 하는 것이 먼저 정해져야 하는데 그렇지 못하다는 점이다. 즉, 군형법상 정의는 순환논법의 오류를 범하고 있다는 것이다. 상명하복의 위계질서를 조직의 생명으로 하는 것이 군대인 만큼 어떤 사람들 사이에 명령복종관계가 성립하는지 법령상에 명시되어야 하는데, 이 점에 있어서 우리나라의 법 체계는 아직 미흡하다고 생각된다.

**두 번째** 문제는 명령복종관계는 성립하나 상관-부하관계는 성립하지 않는 경우도 있다는 점이다. 다시 말하자면, 명령복종관계가 있다고 해서 자동적으로 상관-부하관계가 성립하는가 하는 것이다. "명령권을 가진 자"와 "상관"은 동의어가 아닌 것

만은 명백하다.[73]

왜냐하면 '상관'이란 '명령권을 가진 자'를 의미하지만 명령권은 가졌으되 상관이 아닌 경우도 존재할 수 있기 때문이다. 예를 들면 근무중인 초병이나 헌병은 그의 직무와 관련된 명령을 그의 상관에 대해서도 발할 수 있는데 이런 경우 '명령권자'와 '상관'은 그 개념의 범위가 다른 것임을 알 수 있다.

상관의 정의에 관한 논문들 가운데는 군형법상 상관을 장교로 국한시키자는 의견도 주장되고 있으나 이렇게 되면 준사관, 하사관의 기능과 권위가 병과 차이가 나지 않게 될 것이다. 따라서 '상관'을 명령권을 가진 장교·준사관·하사관으로 정의하는 것이 보다 합리적일 것 같다.

● 지휘관과 상관

지휘관 또는 지휘권자와 상관의 개념은 어떤 관계에 있는가 하는 점이다. 군형법 제2조에는 "중대 이상의 단위부대의 장과 함선부대의 상 또는 함정 및 항공기를 지휘하는 지위에 있는 자"를 지휘관이라 정의하고 있다. 지휘관이란 부대에서 지휘를 하는 자로서, 현행 군형법이 그 범위를 제한한 것은 지휘관에 대한 책임가중과 임무수행의 보호를 위한 것이다. **첫째**, 지휘관은 중대 이상의 단위부대의 장이라야 지휘관이다. 그러므로 중대 이하의 단위부대의 장, 예컨대 소대장이라면 지휘관이 아니다. 또 중대 이상의 단위부대를 지휘하는 자라도 당해부대의 장의 자격으로서 이를 지휘하지 않는 한 지휘관이 될 수 없다. **둘째**, 함선부대의 장이다. 함선부대의 대소를 불문하고 그 장은 지

---

73) 항명죄의 상관은 명령권자인 상관(순정상관)만을 의미하는 것이 통설로 되어 있다는 주장에 따르면, 항명죄의 상관과 명령권자는 동의어라 할 수 있다. 박상열, '항명죄와 명령위반죄의 구별', <군사법연구> 제1집(육군본부, 1982), 12-3쪽 참조.

휘관이다. **셋째**, 함정 및 항공기를 지휘하는 자이다. 지휘관은 반드시 상기 각 부대 또는 함선 및 항공기의 장으로서 임명된 자임을 요하지 않고, 지휘관이 전사 기타 사유로 궐위했을 때 그 직무를 대리하는 자도 지휘관이다. 지휘권의 당연한 내용으로서 "지휘 부대, 기관의 구성원에 대하여 신분상, 직무상의 포괄적인 명령권을 갖는다."[74]고 할 때 지휘권의 핵심적인 요소는 명령권이라고 할 수 있으며 따라서 지휘관 또는 지휘권자[75]는 상관(순정상관)의 개념 범주에 속한다. 그러나 지휘권은 명령권 이외에 부대 운영 및 통제권, 교육훈련권, 그리고 작전지휘권 등의 요소도 포함하고 있음을 고려할 때[76] 명령권자로서의 '상관' 보다는 제한된 개념임을 알 수 있다. 다시 말해서 모든 지휘관은 당연히 상관이 되지만 이와는 반대로 상관이 모두 지휘관이 되는 것은 아니다.

지휘관은 상관에 속한다. 그러나 지휘관 또는 지휘권자에게는 "직속상관(直屬上官)"이라고 부르는 것이 우리 군의 관례로 되어 있다. 독일도 우리의 지휘관 내지 지휘권자를 "직속상관"이라고 규정하고 이들에 대해서는 포괄적인 명령권을 부여하고 있다. 미국은 지휘상 상위 또는 계급상 상위에 있는 장교로 국한하고 있으며, 계급이 낮더라도 지휘상 상위에 있는 자가 상관이 된다.

따라서 지휘관과 지휘권자를 "직속상관"으로 부르는 것은 합당할 것 같다. 그리고 직속상관에게는 일과 및 영내외를 불문하고 자기 부하에게는 직무상, 신분상 포괄적인 명령을 내릴 수 있다.

---

74) 박상열, '항명죄와 명령위반죄의 구별', 군사법연구, 제1집(육군본부, 1982), 13.
75) 지휘권자란 군형법상 지휘관과는 달리 소대장이나 분대장도 포함하며 대통령, 국방부장관도 포함한다. 국방관계법령해석 질의응답집 제14집 160참조.
76) 국군병영생활규정 제3조의 지휘관의 책무 참조.

## ● 순정상관(純正上官)과 준상관(準上官)

### ㄱ. 순정상관

순정상관이란 명령복종관계에 있는 자 사이에서 명령권을 가진 자를 말한다. 명령복종관계란 법령에 의거하여 설정된 상하지휘계통의 관계를 말하며, 명령권을 행사하는 자도 포함된다. 명령권만 가지면 계급·서열에 상관없이 상관이며, 일반적 명령복종관계상의 상관은 직무내·외, 영내·외를 불문하고 상관이나, 특정직무에 관한 명령권만을 가진 경우에는 그 직무가 현실적으로 집행되어 구체화한 경우에 한하여 상관이 된다. 또한 반란불보고죄(군형법 제9조), 항명죄(군형법 제44조)에서 상관이란 순정상관만을 의미한다.

### ㄱ. 준상관

준상관이란 명령복종관계가 없는 자 사이에서 상계급자와 상서열자를 말한다. 상급자란 군인사법상(세3조)계급의 순위가 앞서는 자를 말하는데, 군인사법에 따르면(제4조, 동법시행령 제2조 참조) 상서열자란 계급의 순위에 따르고 동계급자간에는 시행령에 정한 바에 따르도록 규정되어 있으므로, 상급자는 상서열자의 개념에 포함된다. 예컨대, 계급의 서열은 장교, 준사관, 하사관, 병의 순으로 하고 사관생도 및 사관후보생은 준사관 다음에, 하사관후보생은 하사관관 다음으로 한다. 상서열자에 있어서 동계급자간의 서열은 진급된 일자순으로 정하고 진급일자가 같을 때에는 차하위계급에 진급된 일자순으로 하여 그 순위에 의하여 판단하기 어려울 때는 임용된 일자순에 의한다. 이 경우에 임용일자가 같을 때에는 참모총장이 정한다(동법시행령 제2조 제2항). 그런데, 준상관의 의미를 이와 같이 넓게 규정하여 이를 상관에 준하게 되면 오히려 순정상관의 의미까지 무의미하게 될 우려가 있으므로 군형법 각칙 각 조문상에서 상관이 구성요건으로 나올 때에는 그 조문의 취지에 부응해서 상관의 의미를 각기 나누어서 해석하여야 할 것이다. 군형법상 상관에 대한 폭행, 협박, 상해, 살인, 모욕죄에 있어서의 상관이란 순정상관 뿐만 아니라 준상관도 포함하는 개념이다. 현행법상 상관의 개념은 공무집행 중이거나 사석을 구별하지 않는다.

## 3) 군형법상의 상관

전술한 바와 같이 명령복종관계가 없는 자간에게도 상관의 개념을 적용하고 있는 등 우리 군형법 상에는, 상관에 관한 특별규정이 많고 상관에 관한 죄의 법정형을 다른 범죄에 비해 가중해서 처벌규정하여 일반적인 규정에 비해 크게 차이를 내고 있는 것이 하나의 특징이라 할 수 있으며 실정법상 상관의 개념 또한 행위의 주체로서의 상관, 침해의 대상, 즉 보호의 객체로서의 상관, 그리고 행위의 대상으로서의 상관으로 나누어 볼 수 있다.

### (1) 군인복무규율
군인복무규율 제2절은 '명령 및 복종'이라는 제하에 제19조 내지 제24조에 걸쳐 명령의 개념, 명령의 계통, 명령의 하달, 발령의 책임, 복종의 실행, 의견의 건의에 관해 규정하고 있는 바,

제19조 내지 제22조에 걸친 명령에 관한 규정은 제19조 '명령의 개념'을 상술하는 규정이며, 제23조는 복종의무(부하의 의무)의 내용과 한계를, 제24조와 제25조는 하의상달의 건의 및 고충처리의 건의에 관해 다음과 같이 각각 규정하고 있다.[77]

### (2) 군형법

우리나라 군형법 제2조는, "상관이라 함은 명령복종관계에 있는 자간에서 명령권을 가진 자를 말한다. 명령복종관계가 없는 자간에서의 상계급자와 상서열자는 상관에 준한다."고 정의하고 있다.

---

77) *제19조【명령】
"명령"이라 함은 상관이 부하에게 발하는 직무상의 지시를 말하며, 발령자의 의도와 수명자의 임무가 명확하고 간결하게 표현되어야 한다.
*제20조【명령계통】
명령은 지휘계통에 따라 하달하여야 한다. 그러나 부득이한 경우에는 지휘계통에 따르지 아니하고 하달할 수 있으며, 이 경우 발령자와 수명자는 지체없이 각각 이를 지휘계통의 중간지휘관에게 알려야 한다.
2)발령자는 명령의 하달 및 실행을 감독, 확인하여야 한다.
3)발령자는 자신이 내린 명령의 실행결과에 대하여 책임을 진다.

*제21조【명령의 하달】
1)명령의 하달은 문서.구술 또는 신호로써 이루어지며 정확. 신속하여야 한다.
2)발령자는 명령을 해당 부하에게 철저히 알릴 책임이 있으며, 수명자는 그 임무를 확인할 의무가 있다.

*제22조【발령자의 책임】
1)발령자는 건전한 판단과 결심하에 적시 적절한 명령을 내려야 하며, 직무와 관계가 없거나 법규 및 상관의 정당한 명령에 반하는 사항 또는 자기 권한 밖의 사항 등을 명령하여서는 아니된다.

*제23조【복종 및 실행】
1)부하는 상관의 명령에 복종하여야 하며, 명령받은 사항을 신속, 정확하게 실행하여야 한다.
2)부하는 명령의 실행에 관하여 적시에 보고하여야 한다.

### ◀ 행위 주체로서의 '상관' ▶

행위의 주체로서의 상관과 관련된 군형법 규정은 제93조 부하범죄불진정죄로 '부하가 다수 공동하여 죄를 범함을 알고도 그 진정을 위하여 필요한 방법을 다하지 아니한 자는 3년 이하의 징역이나 금고에 처한다'고 규정하고 있다.

### ◀ 보호 객체로서의 '상관' ▶

침해의 대상, 즉 보호의 객체로서의 상관과 관련된 군형법 규정은 제48조에서 제53조까지 규정되어 있다.

| 조 항 | 죄 명 |
|---|---|
| 제48조 | 상관에 대한 폭행, 협박 |
| 제49조 | 상관에 대한 집단폭행, 협박 |
| 제50조 | 상관에 대한 특수폭행, 협박 |
| 제51조 | 상관에 대한 집단 특수폭행, 협박 |
| 제52조 | 상관에 대한 폭행치사 |
| 제52조의2 | 상관에 대한 중상해 |
| 제52조의3 | 상관에 대한 중상해 |
| 제52조의4 | 상관에 대한 상해치사 |
| 제53조 | 상관 살해와 예비, 음모 |
| 제64조 | 상관 모욕 등 |

*제24조【의견의 건의】
1)부하는 군에 유익하거나 정당한 의견이 있는 경우 지휘계통에 따라 단독으로 상관에게 건의할 수 있다. 이 경우 상관이 자기와 의견을 달리 하는 결정을 하더라도 항상 상관의 의도를 존중하고 기꺼이 이에 복종하여야 한다.
2)상관은 부하의 건의를 경시하거나 소홀히 다루어서는 아니 되며 부하의 의견이 유익하거나 정당하다고 인정될 때에는 이를 받아들여 필요한 조치를 하여야 한다.

*제25조【고충처리】
1)군인은 부당한 대우를 받거나 현저히 불편 또는 불리한 상태에 있다고 판단할 경우 이를 지휘계통에 따라 건의할 수 있다.
2)군인은 질병 기타 일신상의 사정으로 업무수행이 곤란할 경우 이를 상관에게 말할 수 있다.
3)제1항 및 제2항의 건의 등을 받은 상관이 고충의 청취를 기피하거나 조치가 불만족할 경우 이를 차상급 상관에게 건의하거나 말할 수 있다.
4)상관은 부하가 복무에 전념할 수 있도록 부하의 고충을 파악하고 이를 해결하기 위하여 노력하여야 한다.

◀ 행위 대상으로서의 '상관' ▶

　행위의 대상으로서의 상관과 관련된 군형법 규정은 제44조 항명죄와 제46조 상관제지불복종죄가 있다. 즉, 상관의 정당한 명령에 반항하거나 복종하지 아니한 자와, 폭행을 하는 자가 상관의 제지에 복종하지 아니한 때에는 처벌하도록 규정하고 있다.

## 4) 상관개념에 대한 해석론

● 개별 범죄에 있어서 상관 개념 적용 문제
　반란불보고죄(군형법 제9조)와 항명죄(군형법 제44조)에 있어서의 상관이란 순정상관만을 의미하고, 군형법상 상관에 대한 폭행, 협박, 상해, 살인, 모욕죄(군형법 제9장 및 제10장)에 있어서의 상관이란 순정상관뿐 아니라 준상관도 포함된다는 것이 통설이다. 군형법상의 범죄와 상관의 개념을 순정상관과 준상관으로 구분하여 적용한 예를 들면 다음 표와 같다.[78]
　그러나 미 통일군사법전(U.C.M.J)은 제89조에서 상관모욕죄를 먼저 규정하고 제90조에서 항명죄를 규정하고 있으며, 동 법전에 관한 해설서인 미군사법교범(MCM)은 제90조 항명죄에 있어서의 "상관"에 대한 정의를 제89조 상관모욕죄에서의 "상관"에 대한 정의를 그대로 적용하고 있음을 볼 때, 상관을 우리나라 군형법처럼 개별 범죄에 '순정상관'과 '준상관'이라는 두 가지 종류의 상관을 구분하여 적용하고 있지 않음을 알 수 있다.

---

78) 임덕규 외, <軍法槪論> 改訂版(日新社, 1987) 참조.

## 〈개별범죄에 있어서 적용상관〉

| 죄명(해당 군형법 조항) | 순정상관 | 준상관 |
|---|---|---|
| 반란불고지(제9조) | ○ | × |
| 항명(제44조) | ○ | × |
| 상관의 제지불복종(제46조) | ○ | ○ |
| 상관에 대한 폭행, 협박(제48-51조) | ○ | ○ |
| 상관에대한 폭행치사상(제52조) | ○ | ○ |
| 상관살해와 예비, 음모(제53조) | ○ | ○ |
| 상관모욕 등(제64조) | ○ | ○ |
| 부하범죄불인정(제93조) | ○ | × |

### (1) 병 상호간의 상하관계

군형법 제2조 제1호 후단의 법문에 따르거나, "직접적인 명령복종관계 여부를 불문하고 계급이 높거나, 같은 계급이라 하더라도 먼저 진급한 사람은 모두 상관이다."는 육군『군법교재』(1995), 또는 일병이 상병을 상해한 행위를 상관상해죄로 처벌한 공군 판례법에 따를 때 병간에도 원칙적으로는 상하관의 관계가 성립할 수 있다는 결론이 가능하다. 그러나 육군『군법교재』는 "병 상호간에는 분대장/내무반장 등 특별직책 수행자에 대한 대상관범죄에 한하여 적용한다."는 내용이나, "부대 편제에 의한 분대장(병 분대장)과 분대원은 명령·복종의 관계가 성립하나 선·후임병 간에는 같은 분대원이라도 성립되지 않는다." "선임병은 후임병을 대상으로 사적 제재 목적의 5대 행위(집합·지시·얼차려·군기교육·암기강요)를 할 수 없다."는 육군방침, 그리고 병 상호간에는 상하관의 관계를 인정하는 것이 과연 타당한 것인지 의문을 제기하고 있는 여러 연구자들의 견해 등을 종합적으로 고려할 때 분대장/내무반장 등 직책수행자 이외에 병 상호간에는 명령—복종관계 즉 상관—부하관계가 성립할 수 없다는 결론을 내릴 수 있다. 그러나 단지 입법론적으로 그러한 주장을 하고 있을 뿐 하사관 및 병 상호간에도 상관의 개념을 그대로 인정하여야 할 것으로 생각한다.

### (2) 내무반장의 법적 지위

1991년 개정된 군인복무규율에는 '내무반장'이라는 용어 자체가 삭제되었으며, 이에 따라 내무반장의 책무 또한 삭제됨으로써 내무반장을 항명죄의 객체로서 인정할 수 있는 법적 근거가 없게 되었다. 그러나 국방부훈령에는 지휘관이 필요하다고 판단되면 기거(寄居) 단위로 내무반을 편성할 수 있고 그 책임자를 임명할 수 있다고 규정하고 있는 점등을 고려할 때 관례상으로 내무생활에 한정해서 내무반장은 내무반의 상관이 될 수 있을 것 같다.

그러나 일과시간에는 지휘계통에 의해 그리고 일과이후에는 당직근무계통에 의해 내무생활이 통제되고 있으며, 1개 또는 2개 분대 단위로 내무반이 편성되고 있으며, 내무생활 책임자는 분대장 또는 선임분대장으로 임명하고 있는 우리 군의 현실에 비추어 볼 때 내무반장이라는 직책 자체가 재고되어야 할 것이다.

### (3) 초병, 헌병, 교통정리병, 당직근무자 등의 발령권

초병, 헌병, 교통정리병, 군기순찰반, 군검찰관, 당직근무자 등은 모두 특정한 임무를 수행함에 있어서 필요한 명령을 발할 권한을 부여받고 있다고 할 수 있다. 예를 들면, 보초가 야간에 접근하는 자에게 "정지!"하고 명령하면, 명령을 받은 자는 이에 복종해야 한다. 이들은 독일 위계령의 '특수직무 상관'에 해당한다.

그러나 보초, 헌병 등은 항명죄의 객체로서의 명령을 발할 권한을 가졌다고 볼 수 없고, 따라서 이들이 근무중에 발한 지시에 불복하더라도 징계사유가 되거나 법률이 정한 기타의 죄(예컨대, 초병의 제지에 불응하면 군형법 제78조의 초소침범죄, 도로교통 병의 지시에 불응하면 도로교통법 제79조 제1호, 제80조 제1호, 제5호 위반죄가 된다)에 해당할 수 있을 지언정 항명죄는 성립하지 않는다고 할 수 있다.

### (4) 타군간의 상하관의 문제

육·해·공군간에도 계급과 지휘상에 상관-부하관계가 성립할 수 있는지에 대해서는 우리나라 군형법상에는 이들간에 상관-부하관계가 성립하지 않는다는 명문규정이 없는 점으로 보아 이들간에도 상하관의 관계가 성립한다고 보는 것이 일견 옳을 것이다. 그러나 군이 위계질서로 조직된 근본적인 목적이 상명하복의 지휘체계를 확립함으로써 군사업무를 가장 효과적으로 수행되도록 하기 위한 것이라고 볼 때, 미국의 법체계도 참고 할 필요가 있다고 생각된다.

미국의 법체계에 따르면, 타군 장교는 비록 상위계급이라도 상관이 아니며(군법상 상관개념을 장교로 제한) 다만 지휘계통상 상위에있는 경우만 상관에 해당(순정상관)하는 것으로 해석하고 있는바 두 사람이 속해 있는 군이 각기 다를 경우에는 (1) 한 사람이 장교이고 다른 사람의 지휘계통상 상위에 있을 경우(Chain of command) 전자는 후자의 상관이다.(순정상관) 또한 (2)한 사람이 계급이 높고 두 사람이 적군에 억류되어 정상적인 지휘계통이 마비되었을 경우에도 전자는 후자의 "상관"이된다.(단, 군의관이나 군목은 제외) (3)한 사람이 다른 사람에 비해 계급이 높다는 이유만으로는 전자가 후자의 "상관"이 될 수 없다고 정리하고 있다. 따라서 "국군 전체에 대한 획일적인 지휘계통을 고려한다면 타군간에는 순정상관과 준상관중 상급자에 대해서만 상하관관계를 인정하는 것이 현행 군형법의 해석상 타당할 것이라고 생각된다."는 견해 역시 재고되어야 할 것이라 생각된다.

### (5) 군인과 군무원간의 상하관 문제

군인과 군무원간의 상하관 문제를 다룬 법규나 판례를 발견하기는 쉽지 않으나 외국의 입법례 가운데서 그 사례를 찾아볼 수 있다. 프랑스 군사법전 제429조는 군무원 등 군에 고용되어 근무중인 자가 업무명령에 불복종하거나 위기시에 명령에 불복종했을 때 항명죄를 적용하도록 규정하도록 규정하고 있다. 이 법조문에서 명령이란 군인에 의해서 내려진 것이건 상위의 군무원에 의해서 내려진 것이건 불문한다면, 군인과 군무원간에도 상하관관계가 성립할 수 있다고 보아야 할 것이다. 그리고 군무원에게 항명죄를 적용할 수 있다면, 명령-복종관계 있는 군무원과 군인간에도 항명죄 이외의 대상관죄가 성립할 수 있을 것이다. 다만, 직급 또는 계급만으로 이들간에 상하관의 관계를 성립시킬 수는 없고, 직무상 상관-부하관계로 국한시켜야 할 것이다. 군형법에서는 군인과 군무원을 동등하게 군형법상 피적용자로 규정하고 있고 군무원인사법 등에서도 군무원의 서열을 군인과 비교하고 있는 것을 볼 때, 상호간 상관개념을 적용하는 것은 어느 정도 타당하며 장래에 법령에 구체적으로 명시하여 규정되어져야 할 것이다.

## (6) 외국군과의 상하관 문제

외국군과의 상하관 문제를 검토함에 있어서 우리는 미국의 법체계를 참조하는 것이 타당한 것으로 보인다. 이미 앞에서도 살펴본 바와 같이 미국의 법체계에 따르면, 수명자와 국적이 다른 장교는 단순히 계급이 높다는 사실만으로는 수명자의 상관이 될 수가 없다. 그러나 연합군 편성 및 훈련시 등에 있어 지휘계통상의 상관이 되는 것은 국적이 다른 군인들간에도 가능한 것이다. 후자의 경우에는 명령 불이행이 불복종죄에 해당된다. 다만, 계급이 높은 외국군인에 대해서는 상관에 준하는 예의를 갖추어 대하는 것이 좋을 것이다.

## (7) 동일계급내에서의 상하관 문제

우리 사회는 불필요할 정도로 상하관계를 중시하는 것이 아닌지 생각된다. 이런 현상은 아마도 우리 사회 전반에 걸쳐 있는 뿌리 깊은 '서열의식' 문화가 작용한 측면도 없지 않을 것이다. 게다가 우리나라 언어처럼 높임말과 낮춤말이 복잡하게 발달한 나라도 드물 것이다. 따라서 사람을 처음 대할 때 그와 자신의 상대적인 높낮이를 파악하는 것이 급선무가 된다. 이는 말로 인한 실수를 하지 않으려는 것이다.

이런 서열의식이 군대의 위계질서와 손을 잡았을 때 상승효과가 나타나리라는 점은 충분히 이해가 간다. 임관서열이 낮은 후배 장교가 나중에 영관진급이 빠르다는 이유로 야기된 출신간의 갈등사례, 소위 3명이 임관서열을 놓고 다투다가 서로 폭행한 사건보고는 이를 단적으로 입증시켜 주는 좋은 사례라고 할 수 있다. 그러면서도 군대는 어떤 집단보다도 구성원들간의 단결과 전우애를 요구하는 모순을 안고 있어 어떤 형태든 이에 대한 규정이 필요하다.

우리나라 군형법 체계는 동일계급자간에도 상하관의 관계를 인정하고 있는 것이 현실이나, 프랑스나 독일 등 외국의 법규는 이와 다르다.

프랑스 군형법 제435조는 초병모욕죄를 규정한 것으로 "군인 상호간 또는 군인과 이에 준하는 자 상호간, 군인에 준하는 자 상호간에 발생한 상해는 같은 계급인 자 상호간에는 직무상 종속관계가 있는 때에만 처벌한다."는 문언으로부터 우리는 동일계급의 군인들 간에는 직무상 종속관계가 없는 한, 다시 말하면 명령-복종관계가 없는 한 상하관의 관계를 인정할 수 없다는 명제를 도출해 낼 수 있을 것이다. 또한 독일 군대위계령은, 두 사람이 서로 다른 계급집단(장교, 하사관, 병)에 속한 경우에만 계급에 의한 상관(그것도 중대급 부대 내에서, 일과시간에)을 인정하고 있다. 따라서 동일계급내에서 직무상 종속관계가 있거나 의전상 문제가 되는 경우를 제외하고 단지 서열만으로 상하관의 관계가 성립할 수 있을지는 의문이다.

## 2. 항명죄에 있어서의 명령

군형법 제44조에서는 [상관의 정당한 명령에 반항하거나 복종하지 아니한 자는… 처벌한다]고 규정하고 있으며 판례에서 [정당한 상관의 명령은… 당해 명령을 할 수 있는 직권을 가진 장교인 상관이 특정의 군법피적용자(개인 또는 특정할 수 있는 다수인)에 대하여 군무에 속하는 특정사항에 관하여 하명(구두, 서면, 전화, 전신 등의 방법으로 직접 또는 제3자를 통하여 전달하는 명령)된 명백히 불법이라고 보여지지 않는 명령(작위 또는 부작위를 요구하는 명확하고 구체적인)]이라고 판시하고 있다.

## 1) 의의

군의 조직은 명령복종관계의 위계질서가 확립되어 있으며, 이를 통하여 군이 능률적이고 효과적으로 전투를 수행할 수 있고 부대를 운영할 수 있는 것이다. 따라서 상관의 명령에 불복하는 행위는 군의 지휘통솔관계를 문란하게 하며, 나아가 군의 존립 자체에 중대한 위협이 되는 것이므로 형벌에 의한 제재를 가하고 있다.

이 점은 일반공무원의 명령불복행위가 징계사유가 되는 것으로 그치는 것과 대조를 이루고 있다.

## ◀ 항명죄와 명령위반죄의 차이점 ▶

〈1〉 기본적 성격

항명죄와 명령위반죄는 양자가 모두 군에 있어서의 명령복종관계의 절대성을 보호법익으로 한다는 점에서는 동일하다. 그러나 항명죄의 경우에는 상관의 개별적 명령에 대한 불복이 통상 상관의 인격에 대한 멸시를 수반하게 된다는 점에서 명령위반죄와는 달리 대상관범죄적 성격이 강하다.

## 〈2〉 객체

### ● 명령의 일반성

항명죄의 명령은 개인 또는 특정할 수 있는 다수인에 대하여 상관으로부터 직접 또는 제3자를 통하여 전달된 명령임에 반해 명령위반죄의 명령 및 규칙은 불특정 다수인에 대하여 공시(公示) 또는 기타의 전달 방법으로 전달된 명령이다. 이러한 지위는 수명자의 지위에 변동이 있을 때 명백히 드러난다. 즉 항명죄의 경우에는 상관으로부터 명령을 수령한 자가 전속 내지 제대하고 새로운 자가 그 직위에 들어오더라도 동일한 내용의 명령이 상관으로부터 그에게 다시 하달되지 않는 한 그러한 내용의 명령이 전임자에게 내려졌었다는 사실을 알더라도 이를 실행할 의무가 없으나, 명령위반죄의 경우에는 발령이후에 명령, 규칙을 준수해야 할 지위에 들어왔더라도 그 존재와 내용을 알고 있는 한 이를 순수할 의무가 있는 것이다.

### ● 명령의 추상성

항명죄의 명령은 특정의 시기, 상황에 의하여 상관이 필요하다는 판단 하에 특정의 작위 또는 부작위를 요구함이 보통이므로 수명자는 다만 요구된 행위를 함으로써 그 의무를 다하는 것이 된다. 그러나 명령위반죄의 명령, 규칙은 비록 행위 의무 자체는 구체적이고 특정적이라 할지라도 그러한 행위를 요하는 시기, 상황 등이 추상적으로 정해져 있는 경우가 보통이므로 수범자는 특정의 시기, 상황에 처하여 요구된 행위를 할 것인가의 여부에 대해 스스로 판단할 의무까지도 부담하는 것이다. 따라서 명령위반죄의 경우에는 착오 이론이 적용될 여지가 많다고 할 수 있다.

● 명령의 계속성

작위 의무를 내용으로 하는 경우, 항명죄의 명령은 한 번 복종함으로써 실효됨이 보통일 것이나, 명령위반죄의 명령, 규칙은 기간의 만료, 폐지 등의 사유로 실효하지 않는 한 계속적인 준수를 요구한다. 그리고 항명죄의 경우에는 발령자인 상관의 교체는 당연히 명령의 실효를 수반하는 것이지만, 명령위반죄의 경우에는 발령자의 교체는 명령이나 규칙의 효력에 영향을 미치지 아니한다.

〈3〉행위

항명죄의 경우에는 명령에 대해 적극적, 명시적으로 거부함으로써(반항), 결과적으로는 명령에 복종하더라도 범죄가 성립한다는 점에서 명령위반죄의 행위태양과 구별된다. 이는 항명죄의 대상관범죄적 성격을 나타내는 것이다.

## 2) 객체(보호의 객체)

항명죄를 규정함으로써 보호하려는 대상은 상관의 정당한 명령이다. 상관이란 군형법 제2조 1호에 규정된 바와 같이 명령복종관계가 있는 자 사이에서 명령권을 가진 자, 즉 순정상관과 명령복종관계가 없는 자 사이에서 상서열자, 즉 준상관의 두 가지를 포함하고 있으나, 본조에서 상관은 정당한 명령을 할 수 있는 자라야 하므로 순정상관에 한한다고 할 것이다. 다만 여기서 명령복종관계는 반드시 군의 편제상 지휘계통에 의한 경우뿐만 아니라 특별한 법령에 의한 경우도 포함한다. 예컨대 군사

법원의 재판에 관련된 명령이나 검찰관등의 명령도 본죄의 적
용대상이 된다.

## 3) 행위

상관의 정당한 명령에 반항하거나 복종하지 않는 것이다. 반
항은 적극적이고 명시적으로 항거하는 것이고, 불복종은 소극
적이고 묵시적으로 거부하는 것이다. 양자 모두 명령에 대한 불
복종이라는 점에서 동일하나 그 태양에 차이가 있을 뿐이다.

다만, 적극적으로 명령에 항거하는 경우에 그에 따른 명령의
불복을 필요로 하는가 하는 문제가 있다. 즉, 명령에 항거한 후
다시 기타의 사정으로 명령을 이행한 경우에도 항명죄가 성립
되는가 하는 것인데, 미 군법에서는 해석상 "불복종행위는 명령
이 복종되어야 할 이행시기와 반드시 관련되어 있어야 한다. 만
약 명령이······ 장래에 복종되어야 할 것인 경우에는 수명자가
장차 이행시기에 있어 불복하지 않는 한 명령이 하명된 때에 수
명자가 이를 복종할 수 없다고 항거하여도 이는 항명이 아니다"
고 보아, 하명시 거부하였다가 이행시에 이행하면 항명죄가 성
립하지 않는다고 한다. 다시 말하면 항명행위는 별개의 범죄가
아니라 명령의 불복종이라는 현실적인 결과가 발생함으로써 비
로소 항명죄가 성립된다고 한다. 그러나 우리 군형법은 법문상
반항을 불복종과 동일한 행위유형으로 규정하고 있으므로 이를
문리해석한다면, 반항행위가 있으면 다시 불복종의 결과가 발
생하지 않더라도 바로 항명죄가 성립된다고 보아야 할 것이다.

## 4) 불법한 명령에 대한 복종과 수명자의 책임

상관의 정당한 명령이란 적법한 명령을 의미하므로, 상관이 헌법이나 법률, 국제법 및 군인 복무규율 등에 반하는 명령을 한 경우에 수명자는 이에 복종할 필요는 없다. 그러나 군의 특수한 조직 하에서 상관의 명령이 불법한 것이라도 이에 복종하는 경우가 있으며, 이러한 경우에 과연 수명자에게 형사책임을 물을 수 있는가 하는 문제가 생긴다.

국제법의 원칙은 피고인이 자기의 정부나 상관의 명령에 따라 행동한 사실은 어느 것이나 피고인으로 하여금 문제된 죄책을 면하게 하지 않는다고 하고 있으나(극동군사재판소 조례 6조), 이것은 전쟁범죄자의 처벌이라는 대원칙에 입각한 견해로서 반드시 이에 따를 수는 없다고 생각한다. 다만, 우리 대법원 판례도 동일한 태도를 취하고 있으나(대판 63.9.26. 63 도 225), 이것은 명령복종관계로 이루어진 군사회의 특성을 간과하고, 불법행위라는 결과만을 중시한 것으로서, 일의적(一義的)인 해석을 할 수 없다고 생각한다. 따라서 위와 같은 경우에는 형법 제12조의 강요된 행위, 그리고 초법규적 책임조각사유로서의 기대가능성의 문제와 관련시켜 해결되어야 한다. 즉, 행위당시의 사정이나 구체적 사실, 사회적 비난가능성의 정도와 개인적 능력과 지위 등을 종합적으로 고려, 판단해야 할 것이다.

한편 제4장에서 상술하겠지만 위법명령을 발한 상관의 책임은 그 위법명령이 형벌법규위반인 경우에는 형법 제34조 2항의 특수교사의 책임을 지게 될 것이며, 수명자의 행위가 책임조각사유로 인하여 면책되는 경우 형법 제34조 제1항의 간접정범의 죄책을 묻게 될 것이다.

## 5) 처벌

항명죄를 범한 경우에는 각 행위상황에 따라 그 처벌을 달리 한다. 다만 집단으로 항명을 한 경우에는 군의 존립에 보다 중 대한 위협을 가져오므로 그 처벌을 엄하게 하고 있다(제45조). 여기서 집단이라 함은 다수인의 집합체로 그 수에는 제한이 없 으나, 본죄의 성질상 다중의 위력을 보일 정도의 수와 항명에 대한 공동목적을 요한다고 생각한다. 다시 말하면 반란죄에 있 어서 작당과 그 의미가 유사하다고 할 수 있다.

한편 집단을 이루어 병기를 휴대하고 적극적인 항거로서 항 명을 하는 경우에는 군의 권위를 전복하기 위한 목적으로 행하 여지면 제5조의 반란죄가 성립된다.

## 6) 항명죄의 명령요건

군형법 제44조 조문의 "정당한 명령"이 법문 그대로 정당한 명령을 의미하는지 적법한 명령(lawful command, 미 통일군사 법전 제90조 제2항)을 의미하는지에 관하여는 다소 논란이 있 다. 일반적으로 상관의 명령이 위법한 경우에는 이에 따르지 않 아도 항명죄가 성립하지 않으므로 "명령이 적법한 경우에는 그 것이 정당하든지 이에 불복하는 경우에도 본죄가 성립한다"는 통설의 근거를 살펴보면, 정당한 명령을 법문 그대로 해석하는 경우에는 상관의 부당한 명령에 대해서 불복하는 경우에도 본 죄가 성립하지 않게 되므로 결과적으로 명령에 복종해야 할 수 명자가 명령의 실질인 당·부당을 심사할 수 있게 되고, 그렇게 되면 군의 지휘계통은 사실상 혼란에 빠지게 될 것이다. 따라서 수명자는 상관의 명령이 법규에 합치되는가 여부에 대해서만 심사권을 가진다고 생각되며, 여기서 정당한 명령이란 바로 적법한 명령을 의미하는 것이라고 보는 것이 타당하다고 한 대법원 판례(대판 63.9.26. 63 도 225; 대판 67.3.21. 63도 4)가 적합한 해석이라 하겠다.

결국 정당한 명령이란 법규에 위반되지 않는 명령으로서 내용상 적법하여야 하며, 내용이 특정되어 복종이 요구되는 것이어야 하고, 그 내용이 부하의 직무범위 내의 것으로서 수행 가능한 것이어야 하는 것이다.

또한, 이러한 명령의 내용은 군사에 관한 의무를 부과하는 것이어야 한다. 군사에 관한 의무는 반드시 작전행위라는 군의 고유한 임무와 관련된 것일 필요는 없고, 구체적인 명령의 목적, 상황, 취지 등을 고려하여 판단되어야 할 것이다.

상관의 명령은 복종을 요구하는 것이므로 단순한 충고나 희망, 요구와 구별되어야 하고, 그 형식은 수명자에게 전달되어 수명자가 이행할 것을 인식한 이상 문서이건 구두이건 불문하나, 반드시 수명자에게 개별적으로 표시됨을 필요로 한다. 개별적 명령이란 상관이 부하(개인 또는 특정할 수 있는 다수인)에게 직접 또는 제3자를 통하여 개별적으로 하달한 특정명령을 말하며, 또한 그 명령이 반드시 전달되어야 하고, 수명자에게 특정사항에 관한 구체적 의무를 부과하는 것이어야 한다. 다시 말해서 명령의 개별성·일반성이 항명죄와 명령위반죄의 중요한 구별기준이 된다고 보는 것이 일반적 견해이다.

전술하였듯이 항명죄에서의 명령의 개념은 다음과 같은 요건에 의해 구성된다.

**첫째**, 명령은 상관이 부하에게 발하는 직무상의 [지시]이므로 명령(Gebot) 또는 금지(Verbot)를 요구하는 것이어야 하며 단지 충고, 교훈 또는 희망을 나타내는 것은 명령이라 할 수 없으며 상관은 명령권만 가지면 상관(순정상관)이고 계급·서열은 문제가 안된다.

**둘째**, 군인복무규율 제19조에는 명령은 발령자의 의도와 수명자의 임무가 명확하고 간결하게 표현되어야 한다고 명시되어 있는 바, 발령자의 의도와 수명자의 임무는 곧 미래에 있어서 [일정한 행위]의 지시 또는 금지로 나타나게 된다. 따라서 상관의 지시나 명령에는 그의 의도가 분명히 밝혀져야 하고, 이를 시행할 부하의 임무 또한 명확하고 간결하게 표현되어야 한다.

**셋째**, 군사상의 명령하달은 아무런 형식에 구애받지 않는 것이 특징이다. 보통 개별적인 명령은 구두상으로 하달되고 지속적 명령(또는 일반명령)은 문서상으로도 하달되지만 명령하달은 표현의 형식에 좌우되는 것은 아니다.

**넷째**, 상관은 명령을 하달한 후 군사상의 빠르고 정확한 복종을 요구해야 하기 때문에 인간적인 동정이나 우정과 같은 다른 근거에 기인한 복종이어서는 안된다.

## 7) 항명죄에 관한 주요판례[79]~[81]

항명죄에 있어서의 명령의 내용과 명령권자 그리고 명령의 정당성 등을 좀 더 명확히 파악하는 데에는 구체적인 사안을 검토하는 것이 도움이 될 것이다. 이하에서는 국내의 판례를 인용하여 항명죄에 있어서의 명령의 개념요건에 대해 살펴본다.

### ◀ 항명죄를 인정하지 아니한 例 ▶

(1) 가혹행위를 거부한 것은 항명죄가 될 수 없다.
[총검술 훈련의 휴식시간 중 깍지끼고 팔굽혀펴기, 브리지(일명 한강철교)등과 함께 선착순 구보를 시킨 것은 가혹행위를 강요한 것이라고 보아야 할 것이고 그 선착순 구보명령에 따르지 않았다 하여 군형법 제44조 소정의 항명죄를 구성한다고 볼 수는 없다 할 것이다.][82]
본 사안은 명령의 내용에 관한 것으로 [가혹행위]를 강요하는 것은 명령이라고 할 수는 없다고 판단한 사안으로서 명령의 정당성이 가혹행위라는 명령의 내용에 의해 부정된 것으로 본 것이다.

(2) 군사상 의무와 무관한 일상적 의무에 관한 명령은 상관의 정당한 명령을 받은 것이라 볼 수 없다.
[군형법 제44조 소정의 항명죄의 명령이라 함은 군사에 관한

---

79) 조언·조윤, 전게서, p.216 ; 이진우, 전게서, p.197 ; 조두현, 전게서, p.152 ; 구국방경비법, 일본구육군형법, 미국 구 전시법하에서도 항명죄의 「상관」은 명령권자를 의미하는 것으로 해석되어 있다.
80) RGSt, p.58, 100 參照.
81) 박연수, 前揭論文, p.59.
82) 陸軍 1989. 2. 10, 88 抗 346.

의무를 부과하는 것으로서 그 내용이 특정되어 있어야 하고, 수명자에게 개별적으로 하달되어 복종을 요구하는 것이어야 하며, 단순한 충고나 희망, 요구와는 구별된다 할 것인 바, 이 사건 구타금지명령을 군사상의 의무와 무관한 일상적 의무에 관한 명령이라 할 것이고, 위 중대장 대위 오○주 작성의 진술서 및 동인 작성의 지휘관의견서의 각 기재에 의하면 위 중대장은 평소 구타 및 가혹행위예방에 관한 교육을 실시한 바 있고, 88.2.25. 08:30부터 약 한 시간 동안 구타사고사례 및 경험담을 이야기하면서 구타 및 가혹행위는 중대에서 없어야 한다고 전 중대원을 대상으로 내무반에서 교육하였다는 사실은 인정할 수 있으나, 위와 같은 교육은 그 교육시간, 교육대상, 교육내용 등에 비추어 위와 같은 항명죄의 개별적으로 하달된 군사에 관한 의무를 부과하는 내용의 복종을 요구하는 것으로서의 명령이라고 보기는 어렵다 할 것이다.][83]

본 사안에서는 명령의 형식성이 부정된 것으로 보여진다. 명령이 성립하기 위해서는 명령의 내용이 특정되어야 하고 그것이 수명자에게 개별적으로 하달되어 구체적 복종을 요구하는 것이어야 하며, 어떤 특정된 지시가 수명자에게 인식되어야 하는데 위 판례에서는 중대장의 [구타방지 교육]만으로는 그러한 특정된 행위 지시성을 인정할 수 없다고 판단한 것으로 보이며 타당한 결론이라 생각한다.

(3) 애로사항의 건의는 그 표현방법이 반항적이고 다소 불량하더라도 항명행위에 해당하지 않는다.

[소속 중대장의 "소속중대 분대장 및 향도는 각기 담당교육

---

83) 陸軍 1988. 7. 20 83抗 122.

과목에 대하여 동년 7. 17. 연구 발표할 것 및 경계강화를 위하여 하사관으로 순찰조를 편성하여 외곽선 경계보초를 순찰하라"는 명령 사항을 전달하는 선임하사 한○섭 중사에 대하여 7. 17.은 공휴일이 아니냐, 그리고 주 4회의 야간순찰은 과하지 아니하느냐, 7. 17.에는 출근할 수 없다는 등의 불만을 토로한 사실을 인정할 수 있고, 이 언사가 불손하여 위 한 중사로부터 "그런 얘기는 나에게 할 것이 아니고 중대장에게 하라, 나는 전달할 뿐인데 왜 나에게 대어드느냐"라고 말하면서 피고인을 태도가 불량하다는 이유로 몇 차례 구타한 사실도 인정할 수 있다. 따라서 위에서 본 바와 같은 피고인의 행위는 전달된 중대장 명령에 대한 단순한 시정 건의, 또는 애로사항의 건의로서 볼 것이며, 다만 표현방법이 반항적이고 불량하였음은 인정되나 그렇다고 하여 위 행위가 군형법 제44조 소정의 항명행위에 해당된다고 할 수 없으므로 원심 판결은 동조의 법리를 오해한 위법이 있고 논지는 이유 있다.][84]

이른바 명령에 관하여 수명자가 제기할 수 있는 이의 범위와 가능여부, 즉 이의권과 관련된 사안으로 수명자는 상관의 명령에 대해 전혀 아무런 이의 또는 건의 제기 없이 무조건적으로 절대복종하여야 하는가 라는 근원적 문제에 대해서 법원은 위 판례에서 시정건의 혹은 애로사항의 건의는 수명자의 행위로 인정될 수 있다고 보고 항명죄의 성립을 부정하였다.

(4) 태만, 분망, 착각, 무사려, 부주의와 같은 사유로 부당한 결과를 초래한 경우에는 항명죄에 해당하지 않는다.

[군형법 제44조에서의 상관의 정당한 명령에 반항하거나 복

---

84) 陸軍 1972, 11, 71高軍刑抗 634.

종하지 아니한 경우란, 명령에 대한 복종을 명시적으로 거부, 항의하거나 명령의 수행을 묵시적으로 거부, 반항하는 경우에 이른다 할 것이며, 이 건에서 피고인의 행위에 있어서와 같이 피고인이 태만, 분망, 착각, 무사려, 부주의와 같은 사유로 말미암아 부당한 결과를 초래한 경우는 항명죄에 해당한다고 할 수 없음에도 불구하고 원심이 이를 항명죄로 단정한 것은 필시 사실을 오인한 것이 아니면 법령 해석을 그릇한 위법을 범하였다 할 것이다.][85]

과실에 의한 항명죄는 성립하지 않으며, 명령불복종의 사유는 명시적 고의를 요하는 것으로 본 사안이다. 즉 항명죄에 있어서 행위가치는 상관의 정당한 명령에 고의로 불복함으로써 국가의 안전에 해를 끼쳤다는 점에 있는 것이므로 과실 등의 개인의 자질부족에 의한 결과적 불복행위는 항명죄로 벌할 수 없다는 것이다.

(5) 재량범위 내에 속하는 직무수행은 항명죄가 될 수 없다.

[중대 주번사관 근무명령을 받은 자로서 수차에 걸쳐 중대장 대위 강○원으로부터 인원장악을 제대로 하라는 내용의 명령을 받고도, 상 피고인 이○호 등으로부터 영외에 나가서 라면 한 그릇씩 사먹고 오겠다는 외출허락 요청을 받고 피고인이 이를 허락하여 준 것은 주번사관으로서의 재량범위 내에 속하는 하나의 직무수행이라 할 것이며, 단지 22:00 이후에 외출 허락을 한 사실만을 가지고는 상관의 정당한 명령에 반항하거나 복종하지 아니하였다고 보기 어려움에도 불구하고, 원심이 피고인에게 항명죄를 인정하였음은 항명죄에 대한 법리를 오해하였거

---

85) 陸軍 1978. 6. 8, 78高軍 刑抗 256.

나 아니면 사실을 오인하여 판결에 영향을 미친 위법을 범하였다고 할 것이다]. 본 사안은 정당한 직무수행 중 근무자의 권한 내 재량범위 내에서 행한 행위는 적법한 것으로 결과가 문제되었다 하여 항명죄로 처벌함은 위법 하다는 것을 밝힌 판례이다.

## ◀ 항명죄를 인정한 例 ▶

(1) 전임자의 例에 따라 작전명령을 변경한 경우도 항명죄에 해당한다.

[피고인은 중대장으로부터 1/20의 병력으로 매복 근무하라는 명령을 받았음에도 불구하고 소대장조와 선임하사 조로 나누어 매복근무에 임한 것이 전임자의 예에 따른 것이라 할 지라도 사실상의 편의를 위하여 수명자의 임의로 편성 운영한 것이므로 그 자체로써 상관의 정당한 명령에 복종하지 아니한 행위의 면책사유가 되지 못한다.][86][87]

본 사안의 경우 권한과 근거가 없이 수명자가 작전명령을 임의로 변경하는 행위는 설령 지금까지의 전례에 의한 경우라도 명령의 권위와 책임성 측면을 고려할 때 정당한 행위로 인정할 수 없다고 판시하고 있다.

(2) 적극적인 항명의 표현이 없는 침묵도 항명이 될 수 있다.

[살피건대 상관의 정당한 명령을 따를 의무가 있는 자가 그 명령에 반항하거나 복종하지 아니함으로써 항명죄는 성립된다 할 것이고, 그 방법이 비록 침묵이라 하더라도 전후의 행동과 당시의 피고인의 태도 등에 비추어 보아 명령에 복종하지 아니

---

86) 陸軍 1977. 7. 20, 77高軍刑抗 29.
87) 國防部 1972. 9. 19, 72 高軍刑抗 16.

하였음이 명백하다면 본 죄가 성립된다 할 것이므로, 본 건에
있어서 피고인의 행위는 이를 인정하기에 충분하며, 또한 상관
면전모욕의 점에 있어서도 본 건 전후의 피고인의 행위로 미루
어 볼 때, 이를 인정하기에 충분하므로 이를 비난하는 주장은
모두 이유 없어 받아들이지 아니하기로 한다.][88]

　본 사안은 항명에 대한 구체적인 행동이 아니라 할지라도 신
속하고 명확한 반응이 요구되는 명령·복종 관계에 있어서 말
없는 가운데 자기의 반대 의사를 묵시적으로 표현함은 항명죄
로 벌할 수 있다는 것이다.

　(3) 종교상의 이유로 집총을 거부하는 것은 항명죄를
구성한다.

　[헌법상 모든 국민은 법률이 정하는 바에 의하여 국방의 의
무를 지고 있으므로 병역법이 정하는 바에 의하여 병역에 복무
할 의무를 가지고 있는 바, 한편 헌법상 모든 국민은 종교의 자
유를 가진다고 하여서 그 자유 속에는 같은 헌법에 의한 의무인
병역의무를 거부할 수 있는 자유를 포함한 것은 아니라고 할 것
이다. 그리고 병역의 의무 중에는 징집으로 군에 입대하여 복무
하며 집총훈련을 받을 의무가 있다 할 것이므로 피고인이 "제7
일 안식일 예수재림교"를 신봉한다고 하여 징집으로 군에 입대
한 피고인이 소속 중대장의 집총훈련을 받으라는 정당한 명령
을 거부할 수는 없다고 할 것이다.][89]

　본 사안은 신앙의 자유와 항명죄와의 관계로서 헌법상 모든
국민은 신앙의 자유를 가지고 있으나, 교리상의 이유로 인하여
상관의 집총명령이나 국기에 대한 명령에 불복하는 경우에 과

---

88) 陸軍 1972. 2. 25, 82 高軍刑抗 13.
89) 大判 1965. 12. 21, 63도 894.

연 항명죄가 성립할 것인가 하는 문제이다. 즉 이는 명령의 적법성의 문제라고 할 수 있다. 생각건대 헌법상 모든 국민은 신앙의 자유와 함께 국방의 의무를 지고 있으므로 신앙의 자유도 국가방위 의무를 수행하기 위해서는 필요한 한도 내에서 제한되어야 하며 군인은 종교 교리상의 이유로 집총명령 등 국가방위를 위한 적법한 명령에 불복할 수 없다는 것을 판시하고 있다.

## 8) 관련문제

### (1) 중복된 명령의 경우

수 개의 명령이 중복된 경우에 수명자가 그 모두를 실행할 수 있음에도 불구하고 불복하는 경우에는 수죄가 성립되어 상상적 경합범 내지 실체적 경합범이 될 것이지만 수 개의 명령이 서로 저촉되는 경우에는 문제가 될 수 있다. 즉 수 개의 명령이 상반된 내용이거나 혹은 전혀 별개의 내용이더라도 그 복종의 시기가 같은 경우에 수명자로서는 그 모두를 복종함이 불가능한 것이다. 이러한 경우에는 수명자는 최상급 상관의 명령에 복종하여야 할 것이고, 차상급 상관의 명령은 최상급 상관의 명령에 의해 변경 내지 실효된 것으로 보아야 할 것이므로 이에 불복하더라도 항명죄가 성립되지 않는다고 보는 것이 타당할 것이다 (1969. 3. 18. 육군 69 고군형항 59). 이에 관하여는 제3장에서 상술한다.

### (2) 반복된 명령의 경우

상관이 장래의 복종을 요구하는 명령을 하달하고 이를 강조하기 위해 수회에 걸쳐 동일한 명령을 반복했다 하더라도 이는 하나의 명령으로 보아야 하며, 따라서 그 복종시기에 이르러 수명자가 이에 불복종하면 단순일죄가 성립될 뿐이다. 다만 "반항"의 경우에는 결과에 있어 명령의 내용을 실현하는 것과는 무관하므로 복종의 시기가 도래하기 전에 수회에 걸쳐 반복된 명령에 모두 반항하면 각각의 명령에 대한 항명죄가 성립하여 경합범이 될 것이다. 반면에 즉각적인 복종을 요구하는 명령에 있어서 수명자가 이에 반항 또는 불복종하기 때문에 상관이 다시 명령함에도 불구하고 수명자가 다시 이에 불복하는 경우에는 반복된 명령에 대해 별도로 항명죄가 성립한다. 다만 상관이 명령을 반복하는 목적이 그 명령의 내용을 실현시키고자 함이 아니라 오직 수명자의 형사처벌을 강화하기 위한 것이라면 그 명령은 불법한 것이므로 이에 불복하더라도 별개의 항명죄를 구성하지 않는다.

### (3) 타죄와의 관계

상관의 명령이 이미 법령 또는 규칙에 규정된 작위 또는 부작위 의무를 내용으로 하는 경우에 이에 불복한 행위가 법률에 규정된 범죄 내지 명령위반죄의 성립과는 별도로 항명죄가 성립할 것인가가 문제 될 수 있다. 항명죄는 명령내용의 불이행보다는 명령복종관계의 침해라는 점에서 가벌성이 인정되는 것이므로 설령 법령 또는 규칙에 규정된 작위 또는 부작위 의무를 내용으로 하더라도 그것이 군사상 의무에 관한 것이고 상관이 그 권한 내에서 부하에게 개별적으로 하달한 명령인 한 이에 불복하면 항명죄가 성립한다고 보아야 할 것이다. 개별적 명령이라고 하기 위해서는 작위, 부작위 의무의 이행시기, 이행방법, 의무의 내용 등이 구체적이고 특정적이어야 하므로 단순히 법률이나 명령 또는 규칙의 내용을 실시함에 불과한 경우 예컨대, 폭행하지 말라, 군무이탈 하지 말라, 복장 규정을 이행하라 등의 명령에는 이에 불복하더라도 항명죄는 성립하지 않고 다만 법률에 규정된 범죄나 명령위반죄가 성립될 뿐이다. 그러나 예컨대 중대장이 중대원의 외출허가 신청을 거부하면서 지정장소에서 절대로 이탈하지 말라고 지시한 경우에는 그 중대원이 무단이탈하면 무단이탈죄 외에 항명죄가 성립하고, 양죄는 상상적 경합관계가 될 것이다.

## 3. 명령위반죄에 있어서의 명령·규칙

우리 군형법 제47조는 [정당한 명령 또는 규칙]을 준수할 의무가 있는 자가 이를 위반하거나 준수하지 아니한 때 [명령위반죄]로 처벌한다고 규정하고 있다. 이 조항은 항명죄와 함께 군사회의 특수성인 명령복종관계를 통하여 엄정한 군의 질서 확립을 그 보호법익으로 한다.

### 1) 의의

본죄는 전술한 항명죄와 마찬가지로 군사회의 명령복종관계를 통한 군의 질서확립을 그 보호법익으로 한다. 다만 항명죄가 상관의 개인적 명령에 불복하는 경우에 성립하는데 반하여, 본

죄는 일반적 규범으로서의 명령(order)이나 규칙(regulation)
에 위반한 경우에 성립하는 점에서 차이가 있다.

명령이나 규칙위반에 대하여 형벌을 과할 수 있는가 하는 점
은 의문이 있으나, 이에 대하여는 후술하기로 한다. 다만 대법원
판례는 "군형법 제47조는 국회가 정한 법률이 통수권을 담당하
는 기관에 형벌의 실체적 내용에 관한 규범을 정할 권한을 통수
작용상 필요한 것이라는 조건하에 위임한데 지나지 않는다 할
것이었을 즉, ……위 군형법의 법조를 위헌이어서 무효한 것이
라고 단정하였음은 헌법의 전체 원리나 주의를 잘못 해석한 위
법을 면치 못할 것"이라고 하여 본조의 합헌성을 인정하고 있
다.[90]

그러나 항명죄가 상관의 개별적 명령에 불복하는 경우에 성
립하는데 반하여 본죄는 군 내부의 일반적 규범으로서의 명령
(order)이나 규칙(regulation)에 대한 위반행위까지 처벌함으
로써 상명하복 관계를 확립함과 동시에 군 내부의 질서확립을
너욱 공고히 하려함에 차이가 있다.[91]~[94]

일반적으로 명령위반죄에 있어서의 명령·규칙이란 그 수명
자가 불특정 다수인인 명령이나 계속적인 적용력을 갖는 명령
을 말하며 여기에서 불특정 다수인이란 [특정할 수 없는 다수

---

90) 대판 69. 2. 18. 68 도 1846.
91) 통설은 법규명령·행정규칙이라고 하고 있는데, 이는 행정법학상 행정기관이 법조
의 형식에 의해 정립한 일반적 추상적 규정을 말하므로(박윤흔(상)137) 본조가 의미
하는 일반적 명령규칙과는 다르다. 일반적 명령규칙이란 UCMJ 제92조 제1항의
「general order or regulation」과 같은 개념이다.
92) 대법원 69. 3. 21. 선고 63도 4 판결은 항명죄의 객체로서의 명령을 「개인 또는 특
정할 수 있는 다수인」에 대한 명령이라고 하고 있으므로, 불특정 다수인에 대한 명령은
항명죄의 객체가 아니라 명령위반죄의 객체가 된다는 입장을 취하고 있는 것이다.
93) MML(1914) 389 (The orders specified in this section are standing oders or
oders having a continuous operation)참조.
94) 조언·조윤, 전게서, pp.231-233 ; 금리수, "명령위반죄의 유형별 연구", (육군본
부, 군사법론집 제1집, 1988), p.95. ; 이진우, 전게서, pp.203-204.

인]이라는 뜻으로서 명령을 받아들일 지위에 있는 추상적 범위 내의 자들에 대한 명령으로, 당해 명령을 발할 당시에 수명자의 지위에 있지 아니하더라도 후에 그러한 지위에 있게 되면 당해 명령을 준수할 의무를 갖게 되는 것이며, 계속적 적용력을 갖는 명령이란 명령이 실효될 때까지 계속 적용되며 설령 당해 명령을 발한 지휘관이 교체되더라도 후임자가 폐기하지 않는 한, 명령이 계속 적용되는 것을 의미한다.

## 2) 주체

정당한 명령이나 규칙을 준수할 의무가 있는 자이다. 여기서 명령이라 함은 행정권에 의하여 정립된 법규의 성격을 띤 일반적·추상적 규범을 말하며, 규칙이란 국가나 공공단체가 정립하는 일반적인 규정으로서 규칙의 성질을 가지지 않은 것, 즉 행정조직하의 특별권력관계 내부의 조직과 활동을 규율하기 위한 것이다.

이러한 명령이나 규칙은 그 범위에 대한 제한이 있을 수 없고, 모든 명령이나 규칙에 대한 위반이 본죄를 구성한다고 볼 것이다. 다만 대법원 판례는 일괄하여 본조의 명령이나 규칙은 형사적 내용을 가진 것에 한한다고 하면서, '통수권을 담당하는 기관이 입법기관인 국회가 동조로써 위임한 통수작용상 필요한 중요하고도 구체성 있는 특정의 사항에 관하여 발하는, 본질적으로 입법사항인 형벌의 실질적 내용에 해당하는 사항에 관한 명령이나 규칙' 만이 본조의 행위객체가 된다고 하고 있는데,[95] 이러한 견해는 본죄에 있어서 명령이나 규칙의 범위가 너무 광

95) 大判 71. 2. 9. 70 도 2540.

범위하고 추상적이어서 죄형법정주의와 조화시키고자 하는 의도에서 나온 것이다.

그러나 명령이나 규칙을 그 내용상 형사적인 것과 행정적인 것으로 구분한다는 것은 자기모순이다. 왜냐하면 명령이나 규칙은 형벌의 실질적 내용을 규율하는 사항에 대하여 제정할 수 없기 때문이다. 따라서 위와 같은 제한은 군형사정책상 일정한 명령위반을 군사법원의 심판에 의할 것인가, 징계에 회부할 것인가를 결정하는 단계에서 고려되어야 할 기준을 제시하는 의미만을 가질 뿐, 명령이나 규칙은 그 범위에 대한 제한이 있을 수 없고, 모든 명령이나 규칙에 대한 위반이 본죄를 구성하는 것이다. 다만 본죄의 성질상 군사적인 필요에 의한 행위의무를 부과하는 명령·규칙에 한하여 본죄의 대상이 되며, 군인의 일상생활에 관한 준칙을 정하는 사항은 본죄의 대상이 된다고 볼 수 없다.

한편 정당한 명령이나 규칙이란 항명죄에 있어서와 같이 적법하지 않은 명령이나 규칙, 즉 형식상 하자가 있는 명령이나 규칙에 대해서는 복종할 필요가 없다는 의미이다. 뿐만 아니라 부당한 명령이나 규칙도 그 하자가 중대하고 명백한 경우에는 당연무효이므로 이에 복종할 필요가 없음은 물론이고, 그 이외의 부당한 명령·규칙에 대한 불복도 법원이 타당하다고 판단한 경우에는 본죄가 성립하지 않을 것이며, 이 점에서도 본죄는 항명죄와 구별된다고 할 수 있다.

그런데 본죄는 '정당한 명령이나 규칙을 준수할 의무가 있는 자'라고 하여 마치 본죄의 주체가 의무 있는 자에 한하는 것처럼 보이나, 사실상 본조의 명령이나 규칙은 일반적 규범이므로 그 범위에 제한이 없는 것이 원칙이며, 특정한 범위의 사람에게

만 적용할 경우에도 그 수명자를 한정하거나 성질상 당연히 규정되는 것이다. 따라서 본조가 그 주체를 의무자에 한정되는 것처럼 규정한 것은 타당한 입법이라고 할 수 없다. 즉, 본조의 주체는 '정당한 명령이나 규칙을 준수하지 않는 자' 라고 규정함이 타당할 것이다.

### 3) 행위

명령이나 규칙을 위반하거나 준수하지 않는 것이다. 위반한다는 것은 적극적으로 명령·법칙에 위배된 행위를 하는 것이고, 준수하지 않는다는 것은 소극적으로 명령·규칙이 요구하는 규범내용을 그대로 실현하지 않는 것을 말한다. 양자 모두 명령·규칙에 따르지 않는다는 점에서 본질적으로 동일하므로 실제상 구별의 실익이 없다고 할 것이다.

다만, 수명자가 행위시에 명령이나 규칙의 존재와 내용을 알고 있어야 하는가 하는 문제가 있는데, 판례는 이를 긍정하고 있으나[96] 이렇게 볼 경우 행위자의 주관적 사실을 입증해야 하는 어려움이 남는다. 따라서 판례도 입증에 있어서 상황증거에 의하는 것을 허용하고 있다. 그러므로 이와 같은 우회적인 방법에 의하여 명령·규칙에 대한 인식을 요한다고 보는 견해는 타당하다고 할 수 없으며, 오히려 미 군법과 같이 추정적 인식만으로도 가능하다고 보아야 할 것이다. 즉, 일반명령이나 이와 동등한 고급지휘관에 의하여 공포된 그 명령이나 규칙은 수명자에게 인식된 것으로 추정할 수 있는 것이다. 이것은 고의의 성립에 있어서 위법성 인식여부에 대하여 인식가능성설을 취하는

---

96) 大判 77. 7. 26. 77 도 2058; 大判 65. 7. 6. 65도 347.

것과 동일한 취지의 견해라고 할 수 있다.

## 4) 본죄와 죄형법정주의와의 관계

행정법상의 명령이나 규칙에 대한 위반은 징계사유로 될 뿐이나, 군형법은 제47조에 의거하여 명령위반에 대하여 형벌을 귀속시킴으로써 결과적으로 명령이나 규칙에 대하여서도 형벌권을 인정하고 있다. 이것은 범죄와 형벌은 법률로 정해야 한다는 죄형법정주의의 원칙에 정면으로 저촉되는 것이라 할 것이다. 물론 형식적인 면에서 본다면 군형법 제47조라는 법률위반에 대하여 형벌을 과한 것이므로 죄형법정주의와 부합되는 것처럼 보이지만 이것은 실질적으로는 분명히 법률이 명령이나 규칙에 그 형벌권을 위임한 백지형법이라고 할 수 있다. 특히 백지형법도 명령·규칙의 종류나 범위가 특정되어 있는 경우에는 죄형법정주의와 양립될 수 있다고 하는 이론이 있으나, 본조의 경우에는 명령이나 규칙의 범위에 제한이 없음은 전술한 바와 같으므로 그러한 이론도 적용될 여지가 없다고 보여진다. 한편 군 사회라는 특수한 특별권력관계에 있어서는 명령위반이 일반행정상의 명령위반보다 더 보호의 가치가 있고, 따라서 형사범죄로서 규정한 것이라는 견해도 있으나, 그러한 목적은 항명죄 또는 기타 다른 범죄로서 어느 정도 달성될 수 있으며, 설사 타범죄로서 처벌할 수 없는 경우를 위한 규정이라고 한다면 이는 현행 군사법 운영에 맹종하는 것으로서, 정치적인 자의가 개입될 우려가 있는 것이다.

위와 같은 점을 종합해 볼 때, 명령위반죄는 죄형법정주의라는 헌법상의 대원칙에 반한다고 하지 않을 수 없으며, 따라서 본죄는 입법론적으로 삭제를 요하며, 존치시키는 경우에도 판례상의 확립된 원칙이 정립되어야 할 것이다. 판례가 명령이나 규칙의 범위를 한정하고 있는 것도 바로 죄형법정주의와의 조화점을 찾기 위한 것이라는 점은 전술한 바와 같다.

## 5) [命令 또는 規則]의 법적 성질

군형법 제47조 명령위반죄에서 [명령 또는 규칙]이 무엇을 의미하느냐에 대하여는 몇 가지 학설이 대립하고 있다.

### 가. 법규명령 · 행정규칙설

이 설은 본 조의 [명령 · 규칙]은 행정법학상의 법규명령 · 행정규칙을 의미하는 것이라는 견해로 본 조의 명령은 행정권에 의하여 정립된 법규의 성격을 가지는 일반적 · 추상적 규범을 의미하고, 규칙은 행정권에 의하여 정립된 법규의 성격을 가지지 않는 일반적 · 추상적 규범을 의미한다고 하는 것으로 일반적인 통설이다.

그러나 이 이론에 의하면 군인 신분인 부하가 명령 · 규칙을 위반한 경우에는 군형법 제47조에 따라 형사처벌을 받게 되므로 죄형법정주의 원칙상 위반행위가 있는 경우에는 법률에 명문으로 규정되어 있는 경우에만 처벌받는데 비하여 군인의 경우는 법률보다 효력이 하위인 법규명령 또는 행정규칙을 위반할 때에도 언제나 처벌받게 되는 모순이 발생하므로[97] 위 견해는 타당하다고 할 수 없다.

---

97) Scholz, op.cit., SS.34.

## 나. 행정규칙설

이 설은 명령위반죄는 특별권력관계 내에서만 문제되므로 국가와 국민간에 일반적 효력을 가지는 법규명령은 동조의 명령에 포함되지 않으며 순수한 의미에서의 행정규칙만이 이에 해당한다는 견해이다.

그러나 명령위반죄의 구성요건이 '명령 또는 규칙'으로 되어 있는데 이를 행정규칙만으로 보려는 것은 근거 없는 해석이고 행정규칙에는 반복적 행정사무의 기준을 제시하거나 재량준칙을 설정함에 그치는 것을 내용으로 하는 것이 대부분인데 이를 위반하면 모두 명령위반죄로 된다는 것은 타당하지 못하다.

## 다. 사실적 개념설

이 설은 본조의 명령-규칙의 의미는 행정법학상의 명령-규칙과 같은 법률적 개념이 아니라 형사법상 구성요건이 되는 사실적 개념으로 파악하여 '군에서 발동하는 다양한 형태로 존재하는 일반적 추상적 규범의 총체' 라고 보는 견해이다.

이 설은 가장 타당하다고 생각되는 이론으로 대법원판례에 있어서도 동조의 명령-규칙을 해석함에 있어서 '구체성 있는 특정사항에 관한 명령으로서' 라고 해석하고 있어 추상적 성질을 가지는 것을 배제하였기 때문에 사실상 동조의 명령-규칙은 일반적, 구체적 명령의 의미로 이해된다고 할 수 있다.[98)99)]

## 라. 제한설

---

98) 한위수, "군형법 제47조의 제문제와 판례동향에 대한 소고" (육군본부, 군사법연구 제2집, 1984),pp.21~22 ; 금홍엽, "군형법상의 제문제에 관한 소고" (육군본부, 군사법론집 제1집, 1983),pp.28~30.
99) 조언-조윤. 전게서, pp234~235.

이 설은 대체적으로 군형법 제47조의 적용범위를 합리적인 범위로 제한함으로써 동조와 죄형법정주의의 조화를 이루려는 견해로서 명령, 규칙을 형사적 명령, 규칙과 행정적 명령, 규칙으로 나누어 명령위반죄의 객체를 형사적 명령, 규칙에 한한다는 주장을 하며 명령, 규칙의 위반이 형사처벌을 가할 성질의 것인가 징계책임만을 가할 것인가를 따져 전자의 경우에만 본조를 적용하자는 주장으로 명령, 규칙 위반행위가 실직적 위법성, 즉 반도덕성, 반사회성 있는 범죄성을 가진 행위로서 평가될 때만 본조의 죄로 처벌하고 단순한 반행정적 행위로서 범죄성을 갖지않는 경우에는 본조의 죄로 처벌할 수 없다는 이론이다.

그러나 이 견해는 명령위반죄의 부당성을 제한해 보고자하는 의도는 높이 평가되나 각 견해에서 주장하는 기준이 분명하지 않고 이러한 기준을 명령위반죄에서 논리필연적으로 도출할 수 없다는 점에서 적절하지 못한 견해라 생각된다.

따라서 본조에서의 '명령, 규칙'이란 행정법학상의 명령, 규칙과 같은 법률적 개념이 아니라 사실적 개념으로 파악함이 타당하다고 생각된다.[100][101]

## 6) 명령위반죄의 입법례

군형법 제47조와 같은 입법례는 미국의 통일군사법전(Uniform Code of Military Justice) 제92조 제1항과 영국의 육군법(The Army Act) 제36조 제1항에서 찾아볼 수 있다. 영미법계의 특색은 행정상의 명령·규칙의 위반을 군사법원 판결에

---

100) 단순한 지침 내지 훈시적 내용의 것은 설령 그것이 법규명령이나 행정규칙의 형식을 취했더라도 동조의명령규칙이 아니라고 해석된다.
101) 영미군법 이외에 불란서 군법이나 舊일본군형법, 필리핀군법에서는 군형법 제47조와 같은 규정이 없다.

의하여 처벌하는 것이며 상관의 개별적 명령에 대한 불복종행위를 처벌하는 규정은 각국 군형법의 공통된 현상이지만 군의 일반적 명령·규칙 위반에 대하여 형사벌을 가하는 국가는 미국과 영국 이외에는 찾아보기 힘들다. 그것은 군사법원제도의 성질상 영미군사법원 제도와 대륙법계가 다른데서 기인한다. 즉 영미의 군사법원은 판결로 형사처벌만이 아니라 징계처벌도 할 수 있으며 그 중점도 오히려 후자에 두고 있는 실정으로 이러한 법체계 아래에서는 징계범의 성격을 가진 명령위반죄를 군사법상의 죄로 규정하여 군사법원의 판결에 의하여 처벌하여도 아무런 무리가 없다고 한다. 그러나 우리 군형법은 형사범만을 규정하고 있고 군사법원의 판결은 형사처분만을 목적으로 하고 있기 때문에 이러한 법체계하에서는 명령·규칙위반을 형사범으로 처벌한다는 것은 법체계상의 차이를 간과한 것이며, 입법자가 영미의 제도를 비판없이 도입한 과오에 기인한 것이라는 비판을 받고 있다.

따라서 이와 같은 명령위반죄에 대하여는 위헌론과 함께 이론상, 실무상의 여러 이유에서 그 부당성과 무용성을 주장하는 견해들이 많다.[102)103)]

## ◀ 명령위반죄와 군무이탈자복귀명령에 대한 위헌성 논의 ▶

1991.10 헌법재판소에 군형법 제47조(명령위반)의 위헌 법률심판재정신청 기각결정에 대한 헌법소원심판청구 사건이 접수되었다. 이 사건의 심판청구서에 의하면, 군형법 제 47조는

---

102) 송문일, "군형법 제47조를 비판한다" (육군본부, 군사법론집 제1집, 1983), p.84.
103) 조윤, "군형법 제47조와 죄형법정주의" (사법행정, 1969) ; 이병진, "군형법 제47조는 위헌이 아닌가?" (법률신문, 1970. 7.13~8.17).

첫째, 헌법상의 죄형법정주의에 위반되는 규정이며, 둘째, 헌법 제37조 제2항의 기본권 제한의 한계를 벗어난 것으로 과잉금지의 원칙, 비례의 원칙에 반하는 규정이며, 셋째, 입법연혁상 입법적 오류가 있는 규정으로서 실제 군사법원 운영상 불필요한 규정이라고 주장되고 있다.

또한 청구인은 예비적으로 군형법 제47조의 명령 중 군무이탈자에 대한 복귀명령에 관하여 첫째 실무상 불필요한 명령이며, 둘째 공소시효제도를 침해하는 명령이며, 셋째, 헌법 제12조 제2항에 의하여 보장된 자기부죄금지(自己負罪禁止)의 특권을 침해하는 명령이며, 넷째, 전투경찰요원, 경비교도대원과 비교할 때 헌법상 평등 원칙에 위반되는 명령이라고 주장되고 있다.

한편 1993.9.30 현재 군사법원에서 다루어진 범죄의 25% 이상이 군무이탈죄이며, 군검찰에서는 군무이탈을 예방하기 위하여 군법교육을 실시함에 있어 "군무이탈자는 공소시효가 경과하여도 명령위반죄로 처벌된다."는 내용을 강조하여 교육하고 있는바, 위에서 살펴본 헌법소원심판의 결론이 어떠하느냐에 따라 군사법의 운영에 막대한 변화가 발생될 사항이기 때문에 매우 중요한 사항인 것이다.

## 가. 명령위반죄의 위헌 여부

### (1) 헌법에 명시된 죄형법정주의 위배여부

헌법 제13조 제1항은 "모든 국민은 행위시의 법률에 의하여 범죄를 구성하지 아니하는 행위로 소추되지 아니한다." 라고 규정하고 있고, 헌법 제12조 제1항은 "누구든지 법률과 적법한 절차에 의하지 아니하고는 처벌… 을 받지 아니한다." 라고 규정하고 있는바, 그렇다면 군형법 제47조가 명령, 규칙을 위반함을 범죄로 취급하여 형벌을 가하는 것은 죄형법정주의 원칙을 명시한 헌법에 위배되는 사항이라는 의견이 있다.

### ▶ 위헌론의 입장

위헌론은 첫째, 죄형법정주의는 권력분립주의와 균형주의에 비추어 범죄의 내용과 형벌을 법률로 정하되, 사법부나 행정부의 자의에 의한 해석을 배제할 수 있도록 구성요건을 명백히 하여야 한다는 원리가 기초로 되어 있는 바, 이러한 죄형법정주의의 근본원리를 고려해 볼 때 명령이나 규칙 자체는 그 위반에 대하여 형벌을 규정할 수 없는 것이 명백함에도 불구하고 군형법 제47조는 실질적으로 명령, 규칙 자체에 대하여 형벌을 과한다고 하고 있으므로 실질적으로 명령, 규칙 자체에 형벌권을 인정하는 것과 다를 바가 없으므로 죄형법정주의에 반하는 규정이며 둘째, 기술적으로 사실상의 이유로 범죄의 내용을 하위규정에 위임하는 이른바 백지형법이론에 의하더라도 처벌대상인 행위의 예측이 가능할 정도로 위임되는 내용과 범위가 구체적으로 법률에 명시되어 있어야 하는 것이며 그 한도 내에서만 백지형법도 죄형법정주의의 테두리를 벗어나지 않는다고 할 것인데, 군형법 제47조는 정당한 명령 또는 규칙에 위반한 경우를 그 구성요건으로 규정하여 백지형법으로서의 외형을 띠고 있으나 그 명령이나 규칙의 발령권자, 내용과 범위, 형식 및 발령조건이 전혀 특정되지 않고 있어 위임입법의 한계를 벗어난 것으로 죄형법정주의에 반한다고 주장한다.

▶ 합헌론의 입장

합헌론은 첫째 "법률 없으면 범죄 없고, 법률 없으면 형벌 없다." 는 죄형법정주의는 사회현상의 복잡화에 따라 사회적 기능이 증대된 현대 국가에서는 그 내용을 다소 완화하여 처벌의 대상 범위를 정함에 있어서 이를 행정부에서 제정한 명령에 위임하는 것을 허용하지 아니할 수 없게 되었는 바, 군형법 제47조는 국군에 대한 통수작용으로서 하명된 정당한 명령이 있었음에도 불구하고 그것을 준수할 의무있는 자가 이를 위반하였을 경우에 그 위반자를 처벌하기 위한 규정으로서 국회가 정한 법률이 통수권을 담당하는 기관에 형벌의 실체적인 내용에 관한 규범에 관하여 그 내용을 정할 것을 위임한데 지나지 않은 것으로 죄형법정주의에 위반한 것이 아니며, 둘째 군형법 제47조의 규정 방식은 구성요건의 내용을 명령이나 규칙으로서 정하도록 위임한 것이 아니라 ─ 형벌 법규의 내용을 법률보다 하위법령에 위임하여 보완하도록 한 것이 아니라 ─ 군내에서 지휘관에 의하여 발하여진 명령, 규칙을 위반한 사실 자체를 처벌한다는 것으로 범죄의 내용과 형벌을 모두 군형법이라는 법률로서 정하고 있으므로 죄형법정주의에 위반한 것이 아니라고 주장한다.

(2) 憲法 第37條 第2項 및 比例의 原則에 違背여부

군형법 제47조가 국민의 기본권 제한과 한계를 규정한 헌법 제37조 제2항 및 조리상 인정되는 비례의 원칙을 위반한 과잉입법으로 위헌이 아닌가 하는 의견이 있다.

▶ 위헌론의 입장

위헌론은 첫째, 군형법 제47조가 제정권자나 명령, 규칙의 내

용에 관한 아무런 제한도 없이 군의 모든 분야의 명령, 규칙을
위반한 자를 형사처벌하도록 규정한 것은 아무리 "국가 안전보
장, 질서유지, 공공복리"를 위한 것이라 해도 "필요한 경우"를
벗어난 규정이며, 둘째, 명령위반에 대하여 그것이 일반 형사법
규에 저촉되지 않는 한 특별권력관계에 의한 징계벌을 과함이
타당함에도 군형법 제47조는 모든 명령, 규칙의 위반행위에 관
하여 형사처벌을 과하도록 규정하고 있으므로 헌법 제37조 제
2항의 기본권 제한의 한계를 벗어난 것이며 과잉금지의 원칙,
또는 비례의 원칙에 반한다고 주장하고 있다.

▶ 합헌론의 입장

합헌론은 국가의 안전보장과 국토방위의 신성한 의무를 수행
하는 군의 특수성에 비추어볼 때, 군인에게 인정되는 특별권력
관계에는 다른 어떤 특별권력관계보다 고도의 특별권력이 인정
되어야 하며, 우리 헌법도 그 특수성을 인정하여야 할 것인 바,
군시상 의무에 관한 것으로 강제적 실현이 필요하고 군 통수작
용상 중요하고 구체성 있는 특정 사안에 대한 명령, 규칙에 대
한 위반행위에 대하여 형사처벌을 가하는 군형법 제47조는 기
본권 제한의 한계를 규정한 헌법 제37조 제2항 및 비례의 원칙
에 위배되는 것이 아니라고 주장한다.

(3) 입법연혁상 오류 및 정책적 불필요성

1962년에 제정된 현행 군형법의 전신은 미군정시대인 1948
년에 제정된 국방경비법과 해안경비법인 바, 위 두 법은 미국의
군사법제도의 직접적 영향 아래서 미국전시법(Article of War)
과 미국 해안경비법을 그대로 전수한 것으로서 위 양법은 개수

되어 미국 통일군사법전(Uniform Code of Military Justice : U.C.M.J.)이 되었으므로 현행 군형법은 이 U.C.M.J.의 영향을 받은 것이다. 그런데 군형법 제47조와 유사한 규정으로서 U.C.M.J. 제92조는 "적법한 일반 명령 또는 규칙을 위반하거나 준수하지 않을 경우에 불명예 제대, 봉급 및 수당의 전부 몰수 및 2년의 구금에 처한다"라고 규정하여 명령위반의 경우에 징계 책임과 형사 책임을 같이 규정하고 있어 징계 책임과 형사 책임을 엄격히 구분하는 우리 법 체계에서는 위 규정을 그대로 전수 받는 것은 오류라는 논의가 있다.

### ▶ 위헌론의 입장

군형법 제47조는 U.C.M.J.를 개수하면서 미국군사법원이 형사벌과 징계벌을 같이 관장하고 있는 것을 간과한 입법적 오류이며 실제 적용상으로도 명령위반죄를 처벌하는 경우는 참모총장이 발하는 군무이탈자 복귀명령위반의 경우와 G.O.P 근무규칙 위반 정도이므로 정책적으로 명령위반죄를 존치할 필요가 없다고 주장한다.

### ▶ 합헌론의 입장

미국의 U.C.M.J. 및 영국의 육군법(The Army Act : A.A.)에서도 우리 군형법 제47조에 해당하는 행위에 대하여 형사벌인 징역형을 규정하고 있으므로 이는 오히려 명령위반 행위에 대하여 내부질서 위반 행위이기 때문에 징계벌만이 가능하고, 형사벌은 부당하다는 주장에 대한 입법례상의 반증이 될 수 있으며, 명령위반죄로 입건하는 예가 감소되고 있기는 하나 일반 예방적 효과를 현재에도 무시할 수 없는 것이며, 휴전선 경계 근무에 관한 D.M.Z. 또는 G.O.P. 근무에 관한 규칙 등은 이러한 규정들이 위반되었을 경우 우리의 안보상황에 미치는 파급효과가 지대하다고 할 것이므로 명령위반죄를 존치해야 할 필요성이 있다고 주장한다.

### (4) 의견

이상에서 살펴본 바와 같이 명령위반죄가 헌법에 위반되는가에 대한 위헌론과 합헌론의 주장은 그 나름의 설득력있는 논거를 갖고 있음을 부정할 수는 없다고 할 것이다. 그러나 현행 헌법이 인간의 존엄과 가치를 핵으로 하는 국민의 기본권을 모든 생활영역에서 보호하기 위하여 국가권력을 기능적으로 입법, 행정, 사법으로 나누어 각각 다른 국가기관에 맡기고 그들 국가권력의 행사를 기본권에 귀속시키고 있다는 점을 고려할 때 어떤 법령이 헌법에 위반하는가를 판단하는 기준은 그 법령을 존치하는 것이 우리 헌법의 핵(최고 가치)인 인간의 존엄과 가치를 보호하기 위해 필요한 것인지 그렇지 않은 것인지 여부라 할 것이다.

그렇다면, 명령위반죄가 대법원의 엄격한 해석으로 제한적으로 운용되기 전에는 단순히 상관에 대한 결례행위, 경범죄 처벌법 위반행위, 죄가 되지 않는 자살미수행위 등을 처벌하기 위해 남용되어 인권을 침해하는데 이용되어 왔다는 저자의 실무상의 경험과 합헌론에서 존치 근거로 주장하는 G.O.P.근무지침 위반행위도 일반 공무원의 징계벌에 없는 강등, 영창 등이 추가되어 있는 징계벌에 의해 처벌할 수 있다는 점 등을 고려한다면 명령위반죄는 인간의 존엄과 가치를 최고 가치로 선언하고 있는 현행 헌법에 위반된다고 할 것이다.

## 나. 군무이탈자 복귀명령

### (1) 군무이탈자 복귀명령의 필요성

▶ 합헌론의 입장

합헌론의 입장에서는 군전투력을 유지, 보전하기 위해서는 전투력의 기본 요소인 병력의 절대수를 확보하고 엄정한 군기 하에서 근무하게 하는 것이 절대적으로 필요하므로 군에서는 군무이탈자 발생의 사전예방을 위하여 모든 노력을 기울이고 있으며 일단 군무 이탈자가 발생한 경우에는 반드시 체포 또는 자진복귀케하여 그에 상응하는 처벌(군형법 제30조 군무이탈죄)을 함으로서 병력유지의 목적을 달성하도록 하고 있다. 따라서 군에서 군무이탈죄는 다른 어떤 범죄보다도 발생 빈도가 높고 군무이탈자의 신속한 체포를 위하여 경찰 등의 협조를 받아 꾸준한 체포 활동을 하고 있지만 군이 기본적으로 전투를 주임무로 하는 조직이라는 한계성 및 사회의 복잡성, 거대화 등으로 인하여 은신하고 있는 군무이탈자의 체포에는 많은 제약이 있어서 군무이탈죄의 공소시효기간인 7년이 경과하도록 군무이탈범을 체포하지 못하는 경우가 상당수 있는데 군무이탈자가 군무이탈죄의 공소시효가 경과된 이후에는 아무런 처벌을 받지 않게 된다면 현재 군무이탈 상태에 있는 자의 체포 및 자수는 더욱 어렵게 되고 잠재적 군무이탈자, 즉 현역 복무자 중 복무 염증이 있는 자에게 비교적 단기간인 7년만 군무이탈 후 숨어 지내면 된다는 안이한 생각을 갖게 할 수 있으므로 군전투력을 유지하기 위하여서라도 군무이탈자는 어떤 경우에도 면책되지 않는다는 것이 제도적으로 보장될 필요가 있다. 군무이탈자 복귀명령 제도의 의의 역시 여기에 있다고 주장한다.

▶ 위헌론의 입장

위헌론의 입장에서는 1975. 4 개정 이전의 군형법상 군무 이탈죄의 법정형이 3년 이하의 징역으로 이때는 공소시효가 3년에 지나지 않는 관계로 실무상 군무이탈자의 검거, 처벌에 많은 곤란이 있었으나 위 개정으로 군무이탈죄의 법정형이 3년 이상 10년 이하의 징역으로 변경되어 공소시효가 7년으로 연장되었으므로 그러한 곤란은 이미 소멸되었으며, 7년이나 검거되지 못한 군무이탈범은 더 이상 평생 추적하여 처벌할 필요성은 없다고 주장하며, 또한 군무이탈범의 탈영동기가 대부분 어려운 가정환경 때문에 불가피하게 군으로부터 이탈하고 있다는 점을 고려한다면 더욱 복귀명령 위반죄로 입건된다 하여도 거의 전원이 기소유예나 집행유예 혹은 단기 징역형을 선고받고 나서 시회로 복귀하고 있는 사건처리 실례를 보아도 군무이탈자 복귀명령의 필요성은 없다고 주장한다.

(2) 공소시효 제도에 위배여부

군사법원법 제291조는 형사소송법과 동일하며 군형법 위반행위에 대한 공소시효제도를 두고 있는 바, 군무이탈범을 복귀명령 위반죄로 처벌하는 것이 공소시효제도에 위배되는가에 대한 논의가 있다.

▶ 위헌론의 입장

공소시효 제도는 일정한 시간의 경과로 사회의 범죄에 대한 비난과 관심이 경하여지고 피고인 또는 피의자의 사회적 활동의 안전을 보장하기 위하여 내란죄나 살인죄 등 모든 범죄에 대하여 인정되는 형사절차상 가장 기본적인 원칙임에도 군무이탈범에 대해서는 시효기간 경과 후에도 처벌 목적으로 발하여지는 복귀명령위반죄로 처벌할 수 있게 하는 것은 사실상 군무이탈죄에 대해서만 공소시효를 인정하지 않은 것이므로 군무이탈자 복귀명령 제도는 공소시효 제도에 위배된다고 주장한다.

▶ 합헌론의 입장

공소시효 제도는 시효의 수혜자라고 할 수 있는 범법자의 새로운 법익침해 행위까지 이를 보호하는 것은 아니라고 할 것인바, 군무이탈자의 경우에는 공소시효기간이 경과하더라도 제적되는 것이 아니라 군인의 신분을 유지하고 있는 것이므로 군형법 제47조가 규정하고 있는 정당한 명령인 각군 참모총장이 발하는 군무이탈자 복귀명령에 복종할 의무가 있는 것이며 따라서 이에 위반하는 행위를 군형법 제47조(명령위반)에 의거하여 처벌하는 것은 전혀 새로운 범죄에 대한 처벌이므로 공소시효제도와 관련하여 문제가 되지 않는다고 주장한다.

(3) 자기부죄금지 원칙(自己負罪禁止原則)에 위배여부

헌법 제12조 제2항은 "모든 국민은 고문을 받지 아니하며, 형사상 자기에게 불리한 진술을 강요당하지 아니한다."고 규정하여 형사책임에 관하여 자기에게 불이익한 진술을 강요당하지 않을 것을 국민의 기본권으로 보장하고 있으며, 이러한 기본권에는 자기부죄금지 원칙도 포함되어 있는 것으로 해석되고 있는 바, 군무이탈과 복귀명령 제도가 이러한 국민의 기본권을 침해하는 것이 아닌가 라는 논의가 있다.

▶ 위헌론의 입장

모든 국민은 형사상 자기부죄금지의 특권이 인정되어 자수나 자백을 강요당하지 않으며, 단지 자수나 자백을 하지 않는다는 이유만으로 처벌받아서는 안됨에도 불구하고 유독 군무이탈자의 경우에만 시효완성된 군무이탈을 근거로 하여 단지 자수하지 않았다는 이유만으로 처벌한다는 것은 헌법상 인정된 국민의 기본권을 침해하는 것이라고 주장한다.

▶ 합헌론의 입장

헌법이 진술거부권을 국민의 기본권으로 보장하는 것은 피의자나 피고인의 인권은 형사소송의 목적인 실체적 진실 발견이나 사회정의의 실현이라는 국가적 이익보다 우선적으로 보호함으로써 인간의 존엄성을 보장하고 나아가 비인간적인 자백의 강요와 고문을 근절하려는데 있는 바, 군무이탈자에 대한 복귀명령은 복귀자에 대한 형사책임을 지우려 거나, 형사 피의자 검거를 수월케하려는 행정 편의적인 조치가 아니라 군병력유지라는 고도의 통수작용의 일환으로써 발령되는 것이므로 자기부죄금지의 원칙에 위배되지 않는다고 주장한다.

(4) 헌법 제11조 제1항 (평등원칙)에 위배여부

▶ 위헌론의 입장

현재 현역병 입영 대상자의 일부는 병역의무의특례규제에 관한법률에 의하여 전투경찰대원과 교정시설 경비교도대원으로 전임되고 있으며 이들에 대하여는 전투경찰대설치법과 교정시설경비교도대설치법에서 별도로 군무이탈이라는 범죄를 규정하고 있으나 이들에 대해서는 군무이탈죄를 범한 후 공소시효기간이 경과하였다고 하여 다시 복귀명령을 발하여 명령위반죄로 처벌하지 않고 있는바, 모병제가 아닌 징병제를 채택하고 있는 우리 군의 실정에 비추어 볼 때 군무이탈자 복귀명령 제도는 헌법에 보장된 평등원칙에 위배되는 제도라고 주장한다.

▶ 합헌론의 입장

전투경찰대원이나 경비교도대원 등은 신분이 군인이 아니며, 군인과 그 임무가 전혀 다르고 적용되는 법률도 군인의 경우 군형법, 전투경찰 및 교도대원의 경우 전투경찰대설치법, 교정시설경비교도대설치법으로서 달리하고 있으며, 병력유지의 필요성과 그 정도가 다르다고 할 것인바, 우리 헌법상 평등원칙의 의미가 절대적 평등을 의미하는 것이 아니므로 군인과 전투경찰, 경비교도대원을 비교하여 군인에 대한 복귀명령 제도를 평등원칙에 위배된다고 볼 수 없다고 주장한다.

## 다. 의견

우리 헌법은 인간의 존엄과 가치를 핵으로 국민의 기본권을 보장하기 위하여 국가권력에게 국민의 기본권을 보장할 의무를 부과하는 한편 국가권력의 행사에 많은 제한을 부과하고 있는데, 공소시효제도와 자기부죄금지의 원칙은 인간의 존엄과 가치에서 파생된 인신권의 주요한 부분으로 인간의 존엄성을 보호하기 위하여 국가 권력의 행사를 제한하고 있는 대표적인 제도라고 할 것이다. 그런데, 위에서 살펴본 바와 같이 군무이탈자 복귀명령은 실질적으로 공소시효 제도와 자기부죄금지의 원칙을 침해하는 것이므로 군무이탈자를 명령위반죄로 처벌하는 것은 헌법에 위반한다고 할 것이다.

현행 헌법은 국가기관에 국민의 기본권을 보장할 의무를 부과하고 있고, 군사재판을 관할하기 위하여 군사법원이라는 국가기관의 설치를 규정하고 있으므로 사법기관의 일원으로서 인간의 존엄과 가치를 핵으로 하는 국민의 기본권을 적극적으로 보호하고 실현시켜야 할 의무가 있다고 할 것이다.

한편 전술한 바와 같이 명령위반죄 (특히 군무이탈자를 복귀명령위반으로 처벌하는 경우)는 국민의 기본권을 침해할 우려가 많다는 의문이 여러 차례 제기 되어 왔음에도 불구하고 그동안 군사법기관은 명령위반죄의 존치가 북한과 대치하고 있는 우리 안보 현실상 G.O.P. 근무규정위반자를 처벌하기 위해 필요하다는 점과 군무이탈자를 공소시효가 완성된 이후에도 처벌할 수 있게 함으로써 군전투력을 유지시킬 수 있다는 안이한 생각으로 헌법이 부여한 기본권 수호 의무를 유기해 왔음을 부인할 수 없다고 할 것이다.

따라서 군사법기관은 G.O.P. 근무규정위반에 대해서는 군형법상 초병에 관한 죄를 보완하고, 군무이탈자에 대해서는 공소시효 만료 전에 수사력을 총동원하여 적극적으로 검거함으로써 군무이탈자는 반드시 검거된다는 인식을 장병에 심어 주어 군무이탈범을 예방하는 노력을 기울이는 것이 헌법이 요구하는 기본권 보호 활동의 바람직한 자세라고 여겨진다.

## 4. 기타 명령관련 범죄

### 1) 허위의 명령, 통보, 보고죄

> 【제38조】 ① 군사에 관하여 허위의 명령, 통보 또는 보고를 한 자 는 다음의 구별에 의하여 처벌한다.
> 1. 적전인 경우에는 사형, 무기 또는 5년 이상의 징역에 처한다.
> 2. 전시, 사변 또는 계엄지역인 경우에는 7년이하의 징역에 처한다.
> 3. 기타의 경우에는 1년 이하의 징역에 처한다.
> ② 군사에 관한 명령, 통보 또는 보고를 할 의무가 있는 자가 전항의 죄를 범한 때에는 전항 각호에 정한 형의 2분의 1까지 가중한다.

본죄는 군사에 관하여 명령, 통보 또는 보고 등을 허위로 발함으로써 군의 기능을 마비시키고 혼란을 초래하는 행위를 벌하는 죄이다. 만약 이적의 목적으로 행해진 경우에는 군형법 제14조 제5호의 일반이적죄가 성립된다.

### 가. 주체

본죄의 주체는 특별한 신분을 요하지 않으나 군사에 관하여 명령·통보·보고할 의무가 있는 자에 한해서는 형을 가중한다. 여기서 의무자란 법령이나 구체적 하명에 의하여 명령, 통보 및 보고의무가 요구되는 자에 한정된 것이 아니라 널리 관습 또는 조리상의 의무까지 포함하는 것으로 본다.

## 나. 행위

본죄의 행위는 군사에 관하여 허위의 명령, 통보, 보고를 하는 것이다.

◆『군사에 관한 것』

군의 전투력 유지, 증강에 관계되는 모든 사항으로서, 군정, 군령에 관한 사항 중 직접, 간접으로 작전(전투 및 군사훈련)에 영향을 미칠 사항을 말한다(1972. 8. 8. 육군 72 고군형항 391).

◆『명령, 통보, 보고』

명령이란 상관이 부하에게 지시하는 의사표시, 즉 상관의 직무상 명령을 의미하는 개별적 명령이며, 통보는 관계관에게 필요한 사항을 적시에 알려주는 의사내용의 전달이며, 반드시 대등한 자간에 있는 것은 아니고 상명하복관계에 있는 자간에도 단순한 의사전달로서 행해질 수 있다. 한편, 보고란 부하가 상관에게 하는 의미내용의 전달로서 의욕의 표시도 가능하며, 신고나 건의 등도 이에 속한다.

◆『허위의 명령, 통보 또는 보고』

이것은 진실에 반하는 것을 말하며, 내용에 관한 허위와 형식에 관한 허위가 있다. 그런데 내용에 관한 허위의 경우에 그것이 주관적 허위를 말하는가, 객관적 허위를 말하는가 하는 문제가 있는데, 이 점은 형법상 위증죄와 마찬가지로 주관적 허위라고 보아야 한다.

즉, 설사 명령 등이 객관적 사실과 부합하는 경우에도 주관적으로 허위라고 인식한 경우에는 본죄가 성립할 것이며, 주관적으로 진실이라고 믿고 한 경우에는 객관적으로 진실과 부합되지 않는 경우라도 본죄가 성립하지 않을 것이다. 또한 허위에 대한 인식은 확정적일 필요는 없고 미필적인 인식으로 족하며, 다만 허위의 내용은 명령, 보고 등의 중요부분에 관한 것이어야 한다. 행위의 동기는 불문하나, 이적의 목적으로 본죄를 범한 경우는 본죄의 특별죄라 할 수 있는 일반이적죄(제14조 제5호)가 성립할 것이다. 또한 본죄의 행위가 문서의 위조나 변조의 방법을 통하여 이루어진 경우에 문서위조의 죄가 성립될 수 있으나, 본죄와 법조경합으로서 본죄에 흡수될 것이다.

## 2) 명령 등 허위전달죄

【제39조】 전시, 사변 또는 계엄지역에서 군사에 관한 명령, 통보 또는 보고를 전달하는 자가 이를 허위전달하거나 전달하지 아니한 때에는 전조의 예에 의한다.

본죄는 전시, 사변 또는 계엄지역에서 군사에 관한 명령, 통보 또는 보고를 전달하는 자가 이를 허위전달 하거나 전달하지 않음으로써 군의 기능을 저해하는 행위를 벌하는 죄이다. 이적의 목적이 있으면 군형법 제14조 제5호의 이적죄를 구성한다. 또한 본죄는 전시, 사변 또는 계엄지역에서만 성립할 수 있으므로 그 이외의 경우에는 군사에 관한 명령, 통보 또는 보고를 허위전달 하거나 전달하지 않더라도 본죄는 성립하지 않는다.

## 가. 주체

본죄의 주체는 군사에 관한 명령, 통보 또는 보고를 전달하는 자이다. 전달의 의무가 있는 자 및 어떠한 사정에 의하여 사실상 전달을 하는 자를 말한다. 전달의무를 지는 자는 법령이나 상관의 명에 의하여 전달의무를 받은 자이며, 조리나 관습 기타의 이유로 전달을 하는 자도 사실상 전달을 수행하는 자로서 본죄의 주체가 될 수 있다. 본 조는 전조(제38조)와는 달리 진정한 명령, 통보 또는 보고를 전제로 하여 이를 전달하는 자의 내용조작이나 전달불이행을 처벌하기 위한 규정이다.

## 나. 행위

본죄의 행위는 전시, 사변 또는 계엄지역에서 군사에 관한 명령, 통보, 보고를 허위전달 하거나 전달하지 않는 것이다.

◆『허위 전달』

진정한 명령 등을 내용을 바꾸어 진실에 반하는 명령 등으로 전달하거나 전달방식이 진실에 반하는 경우를 말하며, 반드시 전달내용의 전부에 대한 조작뿐만 아니라 일부 변조도 본죄를 구성한다. 즉 여기서 말하는 허위전달이란 명령, 통보 또는 보고를 전달하는 경우에 그것이 완전한 진실과 일치되지 않는 모든 경우를 포함한다.

◆『전달하지 않는다』

전달하지 않는다는 것은 명령, 통보 또는 보고를 전달하는 자가 이를 전혀 전달하지 않고 이를 방치하는 것을 말한다. 일부만을 전달하고 일부는 전달하지 않는 경우는 상술한 바와 같이 전달하지 않는 경우에 속하지 않고 허위전달하는 경우에 속한다. 전혀 전달하지 않는 경우에 한하므로 전달을 태만히 하는 정도에 그치는 경우에는 본죄가 성립하지 않는다. 즉 군형법 제14조 제5호의 일반 이적죄는 명백히 명령, 통보 또는 보고를 태만히 하는 경우를 벌하고 있으므로 이와 대비해 볼 때 본죄는 전혀 전달하지 않는 경우에만 성립한다고 보아야 한다.

# 제3절 정당한 명령

　정당한 명령이란 법조문 그대로 '정당한 명령'을 의미하는 지, 미국 통일군사법전 제90조 제2항과 같은 '적법한 명령' (lawful command)을 의미하는지 논란이 되고 있으나 통설적인 견해에 따르면, 정당한 명령이란 곧 적법한 명령을 의미한다고 한다. 따라서 군형법에서는 [정당한 명령]에 관하여 ①상관의 명령이 오직 정당한 경우에만 이에 불복종하는 행위가 죄를 구성한다는 정당성설, ②명령이 적법한 한 부당하더라도 이에 복종하여야 한다는 적법성설, ③상관의 명령에 대해서는 무조건 복종하여야 하고 다만, 그 명령의 이행이 범죄에 해당함이 명백한 경우에만 이에 불복할 수 있다는 세 가지 학설이 대립하고 있는데, 군에 있어서 명령복종관계의 절대성을 고려할 때 부하는 상관의 명령이 합리적이며 정당한지를 심사할 수 없으며 명백히 위법이 아닌 한 이에 복종하여야 하기 때문에 두 번째의 통설인 적법성설이 가장 타당한 해석이라고 생각한다.

　즉, 정당한 명령을 법조문 그대로 해석한다면 상관의 부당한 명령에 대해서는 복종할 필요가 없기 때문에 불복하는 경우에도 항명죄가 성립하지 아니하므로 결과적으로 명령에 복종해야 할 수명자가 상관의 명령에 대해 실질적인 당, 부당을 심사하여야 하고 따라서 군의 지휘체계는 사실상 혼란에 빠지게 될 것이다. 그러므로 수명자는 상관의 명령이 법규에 합치되는가 여부에 대해서만 심사권을 가진다고 보아야 하며, 여기서 정당한 명령이란 바로 적법한 명령을 의미하는 것이라고 보아야 할 것이다.

따라서 상관의 명령이 위법한 경우에는 이에 따르지 아니하더라도 항명죄가 성립하지 아니하나, 적법한 경우에는 그것이 정당하든지 부당하든지 이에 불복하는 경우에는 항명죄가 성립한다 할 수 있으며, 적법한 명령이란 법규에 위반되지 않는 명령으로서 내용상 적법하여야 하며, 내용이 특정되어 복종을 요구하는 것이어야 하고, 그 내용이 부하의 직무범위 내의 것으로서 수행 가능 한 것이어야 함은 전술한 바와 같다.

따라서 군형법상 정당한 명령이란 적법한 명령을 의미한다고 해석하여야 할 것이다. 판례 또한 명백히 불법이라고 보여지지 않는 명령은 적법하다고 판시하여 같은 취지의 판단을 하고 있다.

# 1. 명령의 적법성

## 1) 적법성의 요건

명령이 적법한 것으로 평가되기 위해서는 명령의 주체, 형식, 절차 및 그 내용에 하자가 없어야 하며 이 명령은 발령권자의 추상적 직무권한 내의 것이어야 한다. 또한 그 권한은 법률, 명령 등 법규상에 근거를 두어야 하나, 구체적인 법규상의 근거는 없더라도 군의 사명, 조리, 관례 등에 근거하여 필요한 사항에 대하여는 명령권한이 주어진다 할 수 있다. 예를 들어, 소대장급 이상의 장교만이 상관의 결재 없이도 부하에게 얼차려 명령을 할 수 있도록 규정되어 있는데 분대장이 결재권자의 승인없이 사병에 대하여 얼차려 명령을 하였다면 이는 적법절차를 무시한 명령으로서 결국 상관의 정당한 명령이라 할 수 없으므로 이러한 명령에 불복종하였다고 하더라도 항명죄가 성립되지 아니한다.[104]

또한 명령이라 함은 복종을 요구하는 것이므로 단순한 충고나 희망, 요구와 구별되어야 하며 명령의 형식은 수명자에게 전달되어 수명자가 이행할 것을 인식한 이상, 문서이건 구두이건 불문하나 반드시 수명자에게 명령권자의 의사가 개별적[105]으로 표시되어야 한다.

## 가. 명령의 주체

명령의 주체는 소속 조직의 발령권자로서 적법하게 선임된 자이다. 따라서, 신분을 상실하였거나 적법하게 선임되지 아니한 자, 사항적으로 권한이 없는 자가 발한 명령은 무효이다. 의사능력이 없는 상태에서 발한 명령 또한 마찬가지이다. 다만 착오, 사기, 강박 등에 의한 명령은 당연히 무효가 되는 것은 아니며 취소할 수 있음에 그친다.

## 나. 명령의 형식과 절차

명령의 형식에 있어 문서에 의하여야 함에도 구두에 의하였

---

104) 헌법재판소 1989. 10. 27. 결정 89 헌마 56
105) 개별적 명령이란 상관이 부하(개인 또는 특정할 수 있는 다수인)에게 직접 또는 제3자를 통하여 하달된 특정명령을 말하며 또한 그 명령이 반드시 전달되어야 하고 수명자에게 특정사항에 관하여 구체적 의무를 부과하는 것이어야 한다.

을 때, 필요적 기재사항이 흠결되었을 때, 타 기관의 서명날인이 없었을 때는 형식상의 흠으로 무효원인이 되고, 명령의 절차에 있어 법률상 필요한 상대방의 신청 또는 동의를 결한 명령, 이해관계인의 필요한 참여 또는 협의를 결한 명령, 다른 기관의 필요한 협력을 결한 명령 등은 절차상의 흠으로 무효원인이 된다.

## 다. 명령의 내용

명령의 내용은 직무상의 의무에 관한 것이어야 한다. 따라서 군사상 의무와 전혀 무관한 명령이나, 군사상의 필요성을 넘어 지나치게 개인의 기본권을 침해하는 명령 따위는 명령이라고 할 수 없다. 또한 명령이 불가능하거나 불명확 또는 공서양속(公序良俗)에 위배되는 명령도 명령이라 할 수 없다.

## 2) 명령의 무효

### ▶ 의사전달의 실패

명령은 의사전달의 일종이기 때문에 이것이 제대로 이루어지지 않을 때 명령은 처음부터 효력이 없게 되는데 의사 전달이 실패하는 대표적인 이유로는 수명자가 확정되어 있지 않는 경우와 명령의 내용을 수명자가 이해할 수 없는 경우가 있다. 그래서 영국 해군교범에는, "개인적인 명령(personal order)은 그 명령이 지향하는 사람에 의해서 접수되고 이해되어야만 효력을 갖는다."[106]고 적고 있는 바 여기에서 말하는 '수명자에 의해서 이해되어야 한다.(must be understood)'는 인식의 주관적 기준은 '수명자에게 이해될 수 있었어야 한다(was under-

---

106) British Naval Court Martial Manual, ch.3, sec.12, note 2.  Military Obedience, p.24에서 재인용.

standable)'는 객관적 기준으로 바뀌어야 될 필요가 있다고 판단된다. 왜냐하면 명령의 구속력이 수명자의 주관적인 이해 행위(subjective act of understanding)에 의존한다면, 누구도 그가 명령을 "이해하지 못했다"는 말로 그 명령을 무효화시킬 수 있기 때문이다.

또한 "명령"이 수명자에게 도달하지 못했을 수도 있다. 예를 들면 서류 봉투가 접수는 되었지만 개봉되지 않았을 경우에 명령이 수명자에 도달했다고 하기 어려울 것이다.

### ▶ 수행 불가능성

명령은 그것이 수행될 수 있다는 즉 수행이 가능하다는 전제 하에 발해진다. 따라서 이 전제가 충족되지 않을 때 "명령"은 성립할 수 없다.

즉, 실행이 불가능한 명령에 대한 부하의 의무는 최선을 다하는 것 이외에 다른 방법이 없다. 그렇지만 순전히 이론적인 관점에서 볼 때 실행이 불가능한 명령은 다음과 같은 세 가지 종류로 구분할 수 있다.

**첫째**, 목적마저 없는 명령들이 있다. 이런 "명령"은 무효이고 명령이 아니며, 복종의 의무도 요구하지 않는다. 이미 폭파된 다리를 폭파하라는 명령이 한 예인 것이다. 물론 그 다리가 이미 파괴되었다는 사실을 인지하기 전까지 부하는 폭파 준비를 해야 할 의무가 있다. 그렇지만 파괴되어야 할 교량이 더 이상 존재하지 않는다는 사실을 알아차리는 순간 그 명령은 효력을 잃게 된다.[107]

**둘째**, 절대적으로 불가능한 경우들이 있다. 명령은 정당하나

---

107) Military Obedience, pp.89-91.

어쩔 수 없는 힘에 의해 그 명령에 따를 수 없게 되는 경우가 그 것이다. 이는 질병 때문이거나 명령을 이행하는 데 필요한 수단이 없기 때문일 수도 있다. 이런 경우 그 부하는 불복종의 행위를 했다고 할 수 없다.

**끝으로**, 명령의 수행이 오직 부분적으로 가능하거나("저 감자들을 반시간 내에 껍질을 벗겨 놓아라") 혹은 상당한 고통을 대가로 치러야 가능한 (예를 들면, 과중한 짐을 나르라는 명령이나 부상자에게 걷거나 작업을 하도록 하는 명령) 상대적 불가능성이 있다. 여기에서는 명령이 목적이 없는 것도 아니고 부하가 그 명령을 이행할 능력이 전혀 없는 것도 아니다. 이런 때에는 합리적인 시도가 있어야만 한다.[108]

즉, 목적이 없는, 따라서 '무의미한' 명령과 그 수행이 절대적으로 불가능한 명령은 처음부터 복종의 의무를 구성하지 못한다는 뜻에서 명령의 내재적 결함이라 할 수 있지만, 그 수행이 상대적으로 불가능한 경우에도 복종의 의무가 면제된다는 의미에서 내재적 결함이라고 말하기는 어려울 것이다. 이런 경우 부하의 합리적인 시도가 있어야 한다는 의미에서 복종의 의무가 있다 하겠다.

### ▶ 군직무 목적과의 무관성[109]

명령이란 '상관이 부하에게 발하는 직무상의 지시'라고 할 수 있다. 따라서, "명령은 반드시 군사적 임무와 관계되어야 한다.… 오직 어떤 사적 목적만을 얻기 위한 명령에 복종하지 않는 것은 불복종죄로 처벌되지 않는다"[110]거나 "상관은 그의 군대 계급의

---

108) Military Obedience, pp.90–91.
109) Military Obedience, pp.95–109.
110) 미국 군사재판 교범 Manual for Courts Martial, 1969(Rev.), Para.169b.

이점을 이용하여 군사적 임무 및 관행과 무관하거나 오직 개인적 목적만을 얻기 위한 명령을 내릴 권리가 없다."[111]거나 또는 "군직무 목적을 위해 주어지지 않은 명령을 위반하는 것은 불복종으로 간주되지 않는다"[112]는 규정들은 모두 군직무 목적과 무관한 명령에 대한 복종의 의무의 한계를 명시하고 있다.

군직무란 사기, 군기 및 지휘받는 자들의 유용성을 보호 내지 증진하기 위해 적합하고 필요하며 군의 질서를 유지함에 직접적으로 연관된 모든 활동을 포함하는 개념이다.

그러나 어떤 명령이 군직무 목적과 관계가 있는지 없는지 결정하기란 쉽지 않다. 상관이 그의 자가용 승용차를 세차하도록 지시하는 명령이나 그가 개인적으로 진 빚을 갚도록 하는 명령 등은 군직무 목적과 무관한 명령이라는 사실은 비교적 쉽게 알 수 있겠지만, 일과 이후 술집에서 싸우고 있는 병사들에게 한 장교가 싸우지 말고 밖으로 나가라고 명령했을 때 이 명령은 어떻게 군직무 목적과 관련되어 있는지 판단하기란 쉽지 않을 것이다.[113]

또한 국기 하강식에 참석하기를 거부한 병사가, 국기에 대한 경례는 우상숭배라는 여호와 증인의 교리를 믿기 때문이라고 그 이유를 설명했음에도 불구하고 만일 중대장이 그 병사를 불복종죄로 처벌하기 위하여 "하기식에 참석하라"는 명령을 내렸고 그 병사가 이에 불응했을 때 중대장의 명령이 처벌을 목적으

---

111) 영국 군법교범 British Manual for Military Law, 1971, p.296, Para.3a.
112) 독일 軍刑法 Wehrstrafegesetz, 1957, 제22조 제1항과 군인법 제11조 제1항.
113) 독일의 판례법은 군인법을 인용하여, 이 명령은 군직무 목적을 위해 내려졌다고 판결하고 있다.
Soladengesetz 제17조
(1) 군인은 군기를 지켜야 하고, 상관의 복무중의 지위를 복무하지 않을 때도 존중해야 한다.
(2) 군인은 연방군의 명예와 군인으로서의 근무가 요구하는 존경과 신뢰를 준수해야 한다. 근무시간 외에도 군인은 근무상의 숙소나 건물 밖에서 연방군의 명예 또는 그의 근무상의 지위가 요구하는 존경과 신뢰를 크게 손상시키지 않도록 행동해야 한다.

로 또는 처벌을 가중시킬 목적으로 주어졌다면, 이 명령은 군직무 목적과 무관한 따라서 불법적인 명령이 된다고 미국의 판례법은 말하고 있다.[114)]

이와 같은 사례들과는 달리 어떤 명령이 실제로 군직무 목적에 적합하지 않은지를 결정하기가 어려운 경우도 있을 수 있다. 예를 들어 머리를 깎으라는 상관의 명령에 따르지 않은 부하에게 유죄가 선고되기도 하지만 이와는 반대로 이런 명령은 군직무의 필요성에 의해 정당화되지 않는다고 독일의 판례법에는 명시되어 있기도 하다.

따라서 이처럼 법원도 내리기 어려운 군직무 목적과의 관련성 여부 결정을 개개 군인에게 내리도록 책임을 미룬다는 것은 정당화되기 어렵다. 그러므로 만일 어떤 명령이 군직무 목적과 관계되어 있는지 없는지 의심이 가거나, 또는 어떤 명령이 군직무 범위를 벗어난 것으로 착각하여 복종하지 않았을 경우에는 그 결과는 어떻게 되는지 검토해야 할 필요가 있다.

군대 복종의 규범은 의심이 가는 명령은 일단은 복종하라는 것이다. 즉 "모든 명령은 합법적인 명령으로 추단(infer)될 수 있다"[115)]는 규정은 "모든 명령은 군직무 목적과 관계되어 있는 것으로 추단될 수 있다"고 바꿔 말할 수 있을 것이기 때문이다. 따라서 "명령을 받은 부하가 그 명령이 군직무 목적에 관계되어 있는지 없는지 확신이 서지 않으면, 그는 명령에 우선 따르고 나서 필요하다면 나중에 불평을 하는 것이 현명하다"거나 "의심이 갈 때 부하가 취할 가장 안전한 길은 복종하는 것이다."는 주장은 설득력이 있다.[116)]

---

114) U.S. V. Morgan, ACM 9036, 17 CMR 584(1954).
115) U.S. Manual for Courts Martial, Para.170c.
116) Military Obedience, p.103.

이처럼 어떠한 명령이 군사상의 의무에 관한 것인가를 결정한다는 것은 매우 어려운 문제라고 할 것이므로 결국 특정의 명령에 관하여 그 명령의 군사상 필요성 및 거부시 군에 미치는 영향, 개인의 기본권 보장 등을 비교형량하여 결정할 수밖에 없는 것이다. 따라서 군사상 의무와 무관한 명령(예컨대 일상적 의무에 관한 명령, 개인적 목적달성에만 유일한 취지가 있는 명령, 군사법원의 처벌근거를 마련하기 위한 명령, 주된 목적이 벌을 주기 위한 명령)이나, 군사상 필요성을 넘어 지나치게 개인의 기본적 인권을 침해, 제약하는 명령은 항명죄 등에 있어서의 명령이라고 할 수 없다고 하겠다.

▶ 명령권이 없는 상관의 "명령"[117)]

"사공이 많으면 배가 산으로 올라간다."는 속담을 군대에 적용해 보면 명령권을 가진 사람이 정해져 있지 않거나 정해져 있다 하더라도 명령에 간섭하려는 사람이 있을 때 부대는 그 목표를 달성할 수 없다는 교훈을 얻어 낼 수 있을 것이다. 그래서 군대는 배의 진행방향을 결정하고 이를 명령할 권한을 가진 사람을 규정해 놓고 있다. 그 사람이 바로 함장(지휘관)이다. 함장(지휘관)은 그 배 조직에서 계급이 가장 높은 사람이다. 그래서 계급은 발령권을 갖는 상관을 결정하는 요소가 된다.

그러나 직책에 의해서도 상관이 결정되는 경우가 있다. 부대나 항공기 또는 함정을 지휘하는 직책에 임명된 사람은 이 지휘라는 이름 아래 그 휘하의 모든 군인들에 대해서 명령을 내릴 권한을 갖는다. 어떤 상황에서는 명령권을 갖는 상관의 계급이 낮을 수도 있다. 이런 경우 지휘개념이 계급개념에 우선한다. 그

---

117) Military Obedience, pp. 109-135.

래서 "상관이란 계급이나 지휘상 상위에 있는 장교이다"[118) 거나 "상관이란 계급이나 직책상 상위에 있는 장교이다"고 할 수 있다.

발령권이 없는 사람이 내린 "명령"의 구속력에 관해서는 두 가지 경우를 구별하여 논의해야 할 것이다. 그 하나는, 합법적인 상관이 아닌 사람이 내린 명령의 구속력에 관한 것이며, 다른 하나는 비록 합법적인 상관이라 할지라도 그가 그에게 위임된 권한의 한계를 벗어나 내린 명령에 대한 부하의 복종의 의무에 관한 것이다.

발령권이 없는 사람이 내린 "명령"의 구속력에 관해서는 두 가지 경우를 구별하여 논의해야 할 것이다. 그 하나는, 합법적인 상관이 아닌 사람이 내린 명령의 구속력에 관한 것이며, 다른 하나는 비록 합법적인 상관이라 할지라도 그가 그에게 위임된 권한의 한계를 벗어나 내린 명령에 대한 부하의 복종의 의무에 관한 것이다.

정상적인 상황이라면 지휘계통상에 있지 않는 사람은 명령권을 가질 수 없다. 그래서 A중대의 중대장이 B중대의 중대원들에게 명령을 내릴 수 없다. 명령을 내릴 권한이 없는 사람으로부터 받은 명령은, "명령이란 상관이 부하에게 발하는 지시이다"는 정의에 비추어 볼 때 애초부터 결함이 있으며 따라서 복종의 의무를 구성하지 못하기 때문이다.

또한 합법적인 상관일지라도 그에게 위임된 권한의 한계를 벗어나 내린 명령에 대한 복종의 의무에 관해서는 상관이 법규상의 규범이나 상부의 지시나 명령을 어기고 내린 명령에 관한 논의에서 다루어질 것이다.

다만 한가지 추가로 언급해 둘 것은 한 사람이 정상적인 상황

---

118) 미국 통일군사법전 Uniform Code of Military Justice, 제1조 제6항.

에서는 갖고 있지 않는 명령권을 비상의 상황에서는 가질 수 있다는 점이다. 상관이 유고(有故)시 다른 사람에게 발령권이 승계되거나, 기존의 지휘체계가 파괴되었을 경우 그리고 규율과 질서를 유지하기 위해 필요한 경우 누군가 나서서 명령을 발할수 있다. 독일의 군인법은 후자의 경우를 '독자적 선언'(eigene Erklarung)에 의한 명령권이라고 규정하고 있다.[119]

▶ 형식적 결함[120]

명령의 형식에 관한 일정한 요구사항을 위반한 명령이 하달될 수 있으며, 만일 그 요구사항이 명령이 유효하기 위해 필요로 하는 조건이라면 그것의 위반은 명령을 애초부터 무효로 만들고 말 것이다. 예를 들면 명령지에 발령자나 관계관의 서명이 없거나 무전으로 하달된 명령이 규정에 따른 확인부호가 없을때 그 명령은 복종의 의무를 구성하지 못한다.


## 2. 정당한 명령과 위법성 조각

상관의 정당한 명령에 복종하여 수명자가 이행한 결과가 범죄구성요건에 해당되는 경우 이에 대한 위법성은 조각되어 처벌을 면하게 된다. 특히 군대와 같이 특수한 명령계통의 조직체

---

119) Soldatengesetz 제1조 제4항에는, "독자적 선언에 의한 명령권은 유사시의 보조를 위해서, 군기 또는 안전의 유지를 위해서 또는 하나의 통합된 명령권을 수립하기 위해서 위기적 상황에서 설정될 수 있다."고 규정되어 있다.
120) Military Obedience, p.25.
이하에서는 위법성조각사유로서의 정당행위에 관하여 개괄적으로 알아보고 과연 어떠한 행위들이 위법성이 조각되는지 살펴보기로 하겠다.

에 있어서는 더 말할 나위가 없다. 위법성이란 형법적으로 구성요건에 해당하는 행위가 법질서 전체의 견지에서 허용되는 성질 내지 평가를 말한다. 위법한 명령에 대한 복종행위에 대하여는 뒷장에서 서술하는 바와 같이 이론이 있을 수 있으나 정당한 명령에 복종한 행위에 대하여 위법성이 조각되는 데에는 이론이 없다. 즉, 형법상 '정당행위'로서 구성요건에는 해당되나 처벌되지 않는 것이다.

## ■ 정당행위 ■

형법 제20조는 [정당행위]에 대하여[법령에 의한 행위 또는 업무로 인한 행위, 기타 사회상규에 위배되지 아니하는 행위는 벌하지 아니한다]라고 규정하고 있다. 본래 정당행위란 구성요건에 해당하나 위법성이 조각되는 모든 행위를 의미하는 것이지만, 형법 제20조의 정당행위는 제21조 정당방위 내지 제24조 피해자의 승낙 등의 개별적 · 유형적인 위법성조각사유에 해당하지 않으나 정당성이 인정되는 모든 행위를 의미하는 것으로 해석된다(통설).

형법 제20조의 정당행위는 제21조(정당방위)이하의 개별적 · 특수적 위법성조각사유에 해당하지 않으나 정당성이 인정되는 모든 행위를 포괄한다는 점에서 일반적 위법성조각사유라고 할 수 있다. 이로 인하여 종래에 논의되던 [초법규적] 위법성조각사유는 형법상의 위법성조각사유가 되었다.

정당행위 규정은 위와 같은 법적 성격상 다른 위법성조각사유에 해당하지 않는 경우에 비로소 적용되는 최후수단(ultima ratio)으로서 보충성 · 최종성을 갖는다.

정당행위는 법령에 의한 행위, 업무로 인한 행위, 기타 사회
상규에 위배되지 않는 행위 등 3부분으로 구성되어 있는데 이
들 상호간의 관계에 관하여는, 각자가 독립된 의미와 기능을 갖
는 병존개념이라고 해석하는 견해도 있으나, 통설은 사회상규
에 위배되지 않는 행위에 중점을 두어 법령에 의한 행위나 업무
로 인한 행위는 바로 그 예시에 지나지 않는다고 해석한다. 이
에 의하면 정당행위란 곧 [사회상규에 위배되지 않는 행위]이
고, [사회상규]란 곧 위법성조각의 일반적 원리 내지 실질적 위
법성의 기준을 의미하게 된다.

## 가. 법령에 의한 행위

법령에 의한 행위란 법률 또는 명령에 근거하여 권리 또는 의
무로서 행하여지는 행위를 말한다. 또한 법령에 의한 행위는 그
것이 일정한 법익침해를 수반하여 구성요건해당성이 인정되는
경우에도 위법성이 조각된다.

법령에 의한 행위의 예로는 공무원의 직무행위, 징계권자의
징계행위, 노동쟁의행위, 사인에 의한 현행범인의 체포(형소법
제212조), 모자보건법에 의한 임신중절수술(모자보건법 제14
조) 등을 들 수 있다.

그리고 법령에 의한 행위가 위법성을 조각하는 근거는 단지
법령의 규정 그 자체에 있는 것이 아니라 궁극적으로 사회상규
에 위배되지 않는다는 데 있다. 즉, 법령에 의한 행위는 사회상
규에 위배되지 않는 행위의 예시에 지나지 않는다고 보기 때문
이다. 따라서 형식적으로 법령에 근거를 둔 행위라도 사회상규
에 위배되지 않는 범위 내에서만 허용되며, 사회상규에 비추어
권리(권한)의 남용이라고 볼 수 있을 때에는 위법성이 조각되

지 않는다.

● 공무원의 직무행위

공무원의 직무행위는 법령에 의한 행위의 대표적인 예로서, 공무원이 법령에 규정된 직무를 수행하는 행위를 말한다. 예컨대, 검사 또는 사법경찰관의 긴급구속·압수·수색·검증 등의 강제처분, 집달관의 민사상의 강제집행 등이 이에 속한다.

따라서 공무원의 직무행위가 구성요건에 해당하는 경우 위법성이 조각되기 위해서는, ① 그 행위가 근거로 한 법령에 규정되어 있는 요건이 충족될 것 ② 그 행위가 공무원의 직무범위 내에 속할 것 ③ 그 행위가 정규의 절차에 따라 행하여질 것을 요한다. 그러므로 공무원의 직무범위 내에 속한다고 하기 위해서는 그 직무가 당해 공무원의 담당사무일 뿐 아니라 그 담당지역 내에서 행하여지지 않으면 안된다.

이러한 요건을 구비한 행위는 법령에 의한 행위(정당행위)로서 위법성이 조각되나, 그렇지 아니할 때에는 위법한 직무집행 행위로서 정당방위의 대상이 되고, 직권남용죄(제123, 124, 125조 등) 등에 해당할 수도 있다.[121]

공무원의 직무집행행위는 직접 법령에 의해 행하여지는 경우도 있으나, 상관의 직무상의 명령에 의해 행하여지는 경우도 있다. 이 경우 상관의 명령이 적법한 때에는 문제가 없으나, 위법한 때에는 이에 복종한 부하의 행위를 어떻게 취급할 것인가가 문제된다. 군조직에 있어서의 경우는 제4장에서 상술할 것이다

이에 관하여는 ① 상관의 명령에 구속력이 있는 때에는 상관의 명령에 대한 복종의무가 법질서에 대한 복종의무보다 중요한 경우 의무의 충돌에 의하여 위법성이 조각된다는 견해

---

121) 大判 1971. 3. 9. 70도2406.

(Jescheck)와 ② 상관의 위법한 명령에 의한 부하의 행위는 위법성이 조각되지 아니하고, 다만 절대적 구속력을 가진 명령의 경우에는 기대가능성이 없어 책임이 조각될 뿐이라는 견해(통설)가 있는데, 부하를 이용하였다고 하여 위법한 명령이 적법하게 될 수 없을 뿐 아니라 상대방으로서도 이를 감수할 이유가 없기 때문에 후자의 견해가 타당하다고 생각한다. 판례도 같은 입장이다.[122]

한편, 상관의 명령이 범죄를 지시하는 것인 때에는 직무상 명령이라고 할 수 없으므로 부하의 복종의무 자체가 인정되지 않는다고 판시하고 있다.[123]

● 징계행위

징계행위란 특별권력관계로서 법령상 허용된 징계권의 행사로 간주되는 행위를 말한다. 즉, 친권자의 자녀에 대한 징계행위(민법 제915조), 학교장의 학생에 대한 징계행위(교육법 제76조), 소년원장이나 소년감별소장의 수용된 소년에 대한 징계행위(소년원법 제13조)등이 이에 속한다.

특히, 최근 사회적으로 논란이 되고 있는 '교사의 징계행위'에 대하여는 법령상 교사에게 징계권이 인정된 바 없으므로 업무로 인한 행위 또는 기타 사회상규에 위배되지 않는 행위로 보아야 한다는 견해도 있으나, 교사의 징계행위는 학교장의 법령에 의한 징계권에서 위임된 것으로 해석함이 타당하다.

또한 징계권자의 징계행위가 법령에 의한 행위로서 위법성이 조각되기 위해서는 객관적 요건으로서 1)징계사유가 충분히 존재할 것 2)징계행위가 교육목적을 달성하기 위하여 필요하

---

122) 大判 1961. 4. 15. 4290형상201.
123) 大判 1988. 2. 23. 87도2358.

고 적절한 정도에 그칠 것과, 주관적 요건으로서 3)행위자가 교육의 의사에 의하여 행위 할 것을 요한다.

따라서, 징계권의 행사라고 할지라도 징계사유가 없거나, 그 정도가 심하여 상해를 입힌 경우라던가, 그 방법이 지나치게 가혹하거나, 학대경향의 발로로 보이는 경우 등은 권리의 남용으로서 위법성이 조각될 수 없다.

## ◀ 체벌(體罰)의 허용여부 ▶

징계권의 한계와 관련하여 특히 문제가 되는 것이 부모나 교사의 체벌 허용여부이다. 일반적으로 친권자의 자녀에 대한 체벌은 허용된다는 것이 일반적인 견해이다. 그러나 가혹하거나 잔인한 체벌은 물론 정당화될 수 없다.

또한 학교장 또는 교사의 학생에 대한 체벌에 관하여도 징계권의 행사로서 허용되는 범위 내에서 인정된다는 것이 다수설 및 판례의 입장이나 교육법시행령 제77조에 정한 학교장의 징계내용은 정학이나 퇴학에 국한될 뿐이며 헌법정신이나 교육의 목적에 비추어 감정적이며 신체를 해하는 체벌은 허용될 수 없다는 견해가 타당하다.

## 나. 업무로 인한 행위

업무란 사람이 사회생활상의 지위에 기하여 계속 반복하여 행하는 사무를 말한다. 이러한 사무로 인한 행위는 그것이 형법상의 구성요건을 충족하더라도 위법성이 조각된다.

업무로 인한 행위의 예로는 보통 의사의 치료행위, 변호사 또는 성직자의 직무수행행위 등을 들 수 있다.

또한 업무로 인한 행위가 위법성을 조각하는 근거로는 [업무성]그 자체에 있는 것이 아니라, 궁극적으로 사회상규에 위배되지 않는다는 데 있다. 즉, 업무로 인한 행위도 [사회상규에 위배되지 않는 행위]의 예시에 지나지 않는다고 보기 때문이다.

## ◀ 안락사(安樂死)와 뇌사(腦死)의 문제 ▶

치료행위와 관련하여 안락사(Euthanasie)의 허용여부가 흔히 문제이다. 안락사란 현대의학상 불치의 질병으로 빈사상태에 이른 환자의 격심한 육체적 고통을 제거 또는 완화하여 평온하게 죽게 하는 행위를 말한다.

특히 문제가 되는 것은 생명의 단축이 직접 의도되는 경우인 적극적 안락사의 허용여부로서, 다수설은 엄격한 요건 하에 업무로 인한 행위로서 위법성이 조각될 수 있다고 본다.

한편 우리나라는 2000년 2월 9일부터 뇌사가 공식적으로 인정되었다. 따라서 이후 장기(장기) 매매를 임의로 알선하거나 교사하면 2년 이상의 징역에 처해진다. 정부는 2월 1일 국무회의를 열어 이 같은 내용을 골자로 하는 [장기 등 이식에 관한 법률 시행령] 개정안을 의결했다. 장기이식법은 뇌사 인정을 전제로 한다. 현행법에는 사망의 구체적인 정의가 없지만 그간 '심장정지 상태'만을 사망으로 보는 일반적인 인식에 근거해 뇌사자의 장기를 적출 하는 행위를 처벌한 판례가 있었다. 그러나 개정안의 시행으로 뇌사가 공식적인 '사망상태'로 인정받게 됐다. 이에 따라 뇌사가 공식 인정되며, 돈을 주고 장기를 사고 파는 행위에 대해서는 10년 이하 징역 또는 5천만원 이하의 벌금에 처해진다. 정부가 '뇌사'를 인정하는 '장기 등 이식에 관한 법률' 시행령개정안을 의결, 시행키로 한 것은 공공연히 행해져 온 장기적출과 장기매매 등을 법의 테두리 안에서 관리하기 위한 것이라고 할 수 있다. 참고로 뇌사를 법적으로 인정하는 나라는 핀란드, 미국, 프랑스, 영국, 스페인 등 16개국에 이르고 있다.

## 다. 기타 사회상규에 위배되지 아니하는 행위

사회상규란 불확정개념으로서 다양하게 정의되고 있으나, 일반적으로 법 이전의 일반인의 건전한 도의감 또는 윤리감정을 의미하는 개념으로서, 단순히 사실적인 관행을 넘어 이미 사회적으로 승인된 정상적인 행위규칙을 말한다고 할 수 있다. 판례는 이를 [국가질서의 존중이라는 인식을 바탕으로 한 국민일반의 건전한 도의적 감정] (대판 1983. 11. 22. 83도2224)이라고 정의하고 있다.

### (1) 사회상규의 기능

형법 제20조 후단에 [기타 사회상규에 위배되지 아니하는 행위는 벌하지 아니한다]라고 규정한 것은 사회상규가 위법성조각사유의 일반적 기준이 됨을 명문화한 것이다. 즉, 사회상규는 제21조 이하에 규정된 개개의 전형적인 위법성조각사유와 내용적으로 중첩되는 면이 있지만, 그 독자적 기능은 어떤 구성요건적 행위가 비록 전형적인 위법성조각사유에 해당하지 않더라도 실질적 위법성이 없는 때에는 위법성이 조각되어 처벌할 수 없다고 하는 데 있다. 이러한 의미에서 [사회상규에 위배되지 아니하는 행위]를 일반적·보충적·최종적 위법성조각사유라고 한다.

한편, 형법 제20조 전단의 [법령에 의한 행위 또는 업무로 인한 행위]는 사회상규에 위배되지 아니하는 행위의 예시에 지나지 않는다는 것이 통설이다. 이에 대해, 법령상의 행위 및 업무로 인한 행위는 사회상규와는 별개의 평가기준을 가진 정당행위의 구성요소라고 하는 견해도 있다.

### (2) 사회상규의 판단기준

사회상규는 포괄적 · 추상적 개념이므로 개개의 행위가 사회상규에 위배되는지 여부를 판단하기 위해서는 그 기준을 구체화할 필요가 있다.

사회상규에 위배되지 않는 행위의 판단기준으로는, 결과무가치의 측면에서 ① 법익의 균형성 내지 이익교량의 원칙, 행위무가치의 측면에서 ② 목적의 정당성과 수단의 상당성 ③ 행위의 긴급성과 보충성 등을 드는 것이 보통이다. 판례도 같은 취지이다.[124]

그러나 이러한 기준들도 결국 사회상규의 내용이 무엇인가를 확인하는 유형적 원리에 불과하므로, 구체적인 문제해결에 적용가능한 기준은 현실적인 개개의 사례를 고려하여 위의 기준 중 어느 것을 특히 중시하거나, 그 결합에 의하여 합리적 · 합목적적으로 확정하여야 할 것이다.

## 라. 정당한 명령에 의한 행위와 위법성조각

정당한 명령에 의한 행위는 일반 법감정과 다를 바 없이 형법적으로도 처벌할 수 없게 된다. 여기서 문제되는 것은 그러한 행위가 범죄구성요건에 해당되는 경우 과연 어떠한 요건에 의하여 처벌을 면하게 되느냐는 것이다. 여기서 문제되는 것이 바

---

124) 大判 1986. 10. 28. 86도 1764 등.

로 위법성조각사유이다. 정당한 명령에 의한 당해행위가 범죄구성요건에 해당되더라도 예외적으로 일정한 요건에 의해 규정되어 있는 형법상의 위법성조각사유에 해당되는 경우에는 위법성이 배제되어 처벌되지 않는 것이다. 이하에서는 과연 위법성조각사유란 무엇인가 규명해보고 어떠한 요건에 의해 어떠한 효과가 부여되는지 자세히 고찰해 보기로 한다.

### (1) 위법성조각사유의 의의

구성요건에 해당하는 행위에 대하여 위법성을 배제하는 특별한 사정을 위법성조각사유 또는 정당화사유라고 한다. 행위가 구성요건에 해당하면 위법성이 추정되고, 예외적으로 위법성조각사유가 존재하는 경우에 한하여 위법하지 않게 된다. 따라서 위법성이라는 요건에 있어서는 위법성조각사유의 해명이 주요한 과제가 된다. 형법도 이러한 견지에서 무엇이 위법인가를 적극적으로 규정하지 않고 위법성조각사유를 유형화하여 규정하는 형식을 취하고 있다.

### (2) 위법성조각사유의 종류

형법총칙에 규정된 위법성조각사유는 5가지이다(형법 제20조-제24조). 그 중 정당행위(형법 제20조)를 제외한 나머지 사유는 그 요건이 법률에 구체적으로 규정되어 있을 뿐 아니라 각기 고유한 문제점도 지니고 있다는 점에서 개별적 · 구체적 위법성조각사유에 해당하지 않으나 실질적 위법성이 없는 모든 행위를 포괄하는 것으로서 그 내용 또한 추상적일 수밖에 없다는 점에서 일반적 · 보충적 · 추상적 위법성조각사유라고 할 수 있다.

한편 행위의 정황에 따라 정당행위와 피해자의 승낙(형법 제24조)을 상태적 위법성조각사유, 나머지 3가지는 긴급적 위법성조각사유로 나누는 견해도 있다.

### (3) 위법성조각의 일반원리

여러 가지 위법성조각사유를 체계화하고 해석함에 있어 표준이 되는 일정한 원칙을 위법성조각의 일반원리라고 한다. 위법성조각의 일반원리를 어떻게 파악할 것인가에 관하여 기본적으로 일원론과 다원론의 대립이 있다. 일원론에는 이익형량설, 목적설, 사회적상당설이 있으나 위법성조각사유는 개개의 사유마다 특수한 사정이 존재하고 그 내용도 다양하므로 이를 획일적 기준에 의하여 설명하고자 하는 것은 불명확한 추상적 개념을 만드는 의미밖에 없다. 위법성조각사유란 행위의 실질적 위법성을 조각시키는 사유인 만큼 위법성조각의 일반원리는 실질적 위법성의 기초가 되는 여러 원리를 도출하여 개개의 위법성조각사유에 따라 그 중 어느 원리를 특히 중시하거나, 여러 원리의 결합에 의하여 정당화의 근거를 설명하는 다원론적 관점이 불가피할 뿐 아니라, 그것이 합리적이라고 하겠다.

### (4) 위법성조각사유의 효과

#### ● 행위자에 대한 효과

위법성조각사유가 구비된 경우에는 행위가 구성요건에 해당하여도 위법성이 조각되어 범죄가 성립하지 않는다. 따라서 행위자는 형벌을 받지 아니하며, 보안처분의 대상도 되지 아니한다. 법문에 [벌하지 아니한다]라고 한 것은 이런 뜻으로 해석해야 한다.

● 공범에 대한 효과

행위자(정범)에게 위법성조각사유가 존재하면 그에 대한 교사범이나 종범도 성립하지 않는다. 교사범·종범은 위법한 정범행위를 전제로 하기 때문이다.

● 피해자에 대한 효과

정당화된 행위의 피해자에게는 정당방위가 허용되지 않는다. 정당방위는 [부당한 침해]를 요건으로 하기 때문이다(형법 제21조).

# 제4절 위법한 명령

　일정한 행위가 구성요건에 해당되면 일응 위법한 것으로 되어 책임성이 있는 경우에는 범죄가 성립한다. 그러므로 모든 범죄는 위법성을 갖추어야 하나, 다만 현행 형법은 위법성을 적극적으로 범죄의 성립요건으로 규정하고 있지 않고 소극적으로 위법성이 조각되는 경우만을 열거하고 있다.(형법 제20조 내지 제24조) 위와 같이 위법하다고 함은 행위가 법적인 견지에서 허용되지 아니한다는 성질(법적무가치성), 즉 행위가 국가적 공동생활을 규율하는 법규의 목적에 위반하여 전체 법질서로부터 부정적 가치판단을 받는 것을 말한다.

　위법성과 구별하여야 하는 개념으로 불법이라는 것이 있다.

　일반적으로 위법성은 규범과 행위의 충돌을 의미하고, 불법이란 행위에 의하여 실현되고 법에 의하여 부정적으로 평가된 무가치 자체를 말한다. 즉, 불법은 위법한 행위방법 그 자체이며, 위법성은 불법의 성질, 즉 법질서에 대한 위반을 의미한다. 따라서 불법은 양과 질을 가지며 양적, 질적으로 다를 수 있지만 위법성은 언제나 단일하며 동일하다. 예컨대 살인이 상해보다 더 위법하고 과실치사가 살인보다 덜 위법한 것은 아니다.

　반면에 적법한 명령은 법령상의 근거 있는 명령으로서 그것의 이행행위는 설사 구성요건상의 침해행위를 구성하더라도 형법 제20조상의 [법령에 의한 행위]로서 위법성을 조각하게 된다. 따라서 그러한 행위는 형사법상 문제의 대상이 되지 않는다.

그러나 어떠한 명령의 위법여부는 형사법적인 관점에서 상당한 의의를 갖게 되며 그것이 행위자에게 미치는 영향은 지대하다고 하지 않을 수 없는 것이다.

따라서 이러한 위법성의 본질과 그 판단기준은 무엇이며 그 판단의 책임은 누구에게 물어야 하는가 하는 것이 문제된다. 즉 복종 의무자에게 위법성 여부를 판단할 권한을 주고 그 판단의 책임을 그에게 맡길 것인가, 아니면 극히 예외적인 경우 외에는 무조건적인 복종 의무만을 지울 것인가 하는 것은 매우 중요한 사항이다.

# 1. 위법성의 의의와 본질

## 1) 위법성의 개념

위법성이란 구성요건에 해당하는 행위가 법질서 전체의 견지에서 허용되지 않는 성질(평가)을 말한다. 즉, 범죄란 구성요건에 해당하는 위법·유책한 행위이므로, 위법성은 구성요건해당성에 이어 범죄성립의 제2요건이 된다. 그러나 구성요건에 해당하는 행위는 위법한 것으로 추정되고, 예외적으로 위법성조각사유가 존재하는 경우에 한하여 위법하지 않게 되므로, 위법성이란 요건은 적극적인 형태로는 표면화되지 않는다. 그럼에도 위법성을 독립된 범죄성립요건으로 하여 그 본질 등을 논하는 것은 위법성이 구성요건과 위법성조각사유의 실체적 특징을 이루며, 양자의 해석 및 입법에 통일적 기준을 제시하는 기능을 하기 때문이다.

전술한 바와 같이 위법성(Rechtswidrigkeit)과 불법(Unrecht)은 통상 동의어로 사용되나 개념상 차이가 있다. 위법성이란 행위가 전체법질서에 대해 모순·충돌되는 성질을 뜻함에 대하여, 불법이란 구성요건에 해당하는 위법한 행위 그 자체로서 형법적 구성요건을 전제로 한 특별한 형법적 실체를 말한다. 예컨대, 단순한 채무불이행이나 과실에 의한 재물손괴는 위법한 행위이지만 형법상 구성요건이 없으므로 민법상 불법은 될지언정 형법상 불법은 되지 않는다.

## 2) 위법성의 본질

위법성의 본질에 관하여는 형식적 위법성론과 실질적 위법성론이 대립하여 왔다.

### 가. 형식적 위법성론

위법성을 문자 그대로 법규범에 대한 위반으로 파악하는 견해이다. 이러한 의미의 위법성을 형식적 의의의 위법성 또는 단순히 형식적 위법성이라고 한다. 그러나 이러한 위법성의 정의는 그 내용이 공허할 뿐 아니라 실제로 행위의 위법성을 판단하는데 아무런 기준도 제시하지 못한다.

## 나. 실질적 위법성론

형식적 위법성의 배후에 있는 실질, 즉 실질적 위법성의 내용이 무엇인가를 밝히고자 하는 이론이다. 크게 나누어 다음 2가지 입장이 대립한다.

### ① 법익침해설

형법의 기능이 법익보호에 있다는 견지에서, 위법성의 실질을 법익의 침해 또는 그 위험으로 파악하는 견해이다. 이 견해는 위법성의 실질을 권리침해로 파악한 Feuerbach의 선구적인 주장을 거쳐 Birnbaum이 제창한 이래 Liszt 등에 의해 널리 보급되었다.

### ② 규범위반설

형법의 기능이 도의질서 내지 사회윤리의 유지에 있다-고 보는 견지에서, 위법성의 실질을 규범적으로 파악하는 입장으로서, 위법성은 국가적으로 승인된 문화규범 위반이라는 견해 (Mayer), 법질서의 기초인 사회윤리규범 위반이라는 견해, 사회적 상당성을 일탈한 법익침해라는 견해(Welzel), 사회상규 (형법제20조) 위반이라는 견해 등이 이에 속한다.


## 3) 위법성의 평가방법

위법성의 평가방법과 관련하여 주관적 위법성론과 객관적 위법성론의 대립이 있다. 이는 위법성과 책임과의 관계를 어떻게 구성하는가 하는 문제와도 관련된다.

## 가. 주관적 위법성론

주관적 위법성론은 법규범이란 인간의 의사에 작용하는 명령·금지의 총체이므로(명령설) 위법성은 법규범의 의미를 이해하고 그에 따라 자기의 의사를 결정할 수 있는 책임능력자에 대해서만 문제가 된다고 하는 견해이다(Merkel, Ferneck, Dohna). 이 학설은 법규범이 갖는 의사결정규범으로서의 기능을 위법성에 결합시킨 이론이라고 할 수 있다. 이에 의하면 법규범의 의미를 이해할 수 없는 책임무능력자의 행위는 처음부터 위법판단의 대상이 될 수 없으므로, 책임무능력자의 행위에 대해서는 정당방위를 할 수 없고 긴급피난만이 가능할 뿐이라고 한다. 주관적 위법성론에서는 위법성의 평가 속에 책임평가도 포함하므로 양자의 구별이 불가능하다.

## 나. 객관적 위법성론

객관적 위법성론은 법규범의 기능을 평가규범과 의사결정규범으로 나누어 객관적인 평가규범에 위반하는 것이 위법성이라고 하는 견해이다(Mezger). 즉, 법규범은 인간의 의사에 작용하여 명령·금지를 하기 전에 그 논리적 전제로서 명령·금지되는 사항에 대한 객관적 평가를 선행하므로 법규범은 의사결정규범이기 전에 평가규범이며, 법적 평가에 있어서는 객관적인 평가규범 위반이 위법성이고, 주관적인 의사결정규범 위반이 책임이라는 것이다. 이에 의하면 책임무능력자의 행위도 위법행위가 될 수 있으므로 그에 대한 정당방위도 가능하게 된다. 이러한 객관적 위법성론에 의해 위법성과 책임이 명확하게 구분되고, [위법성은 객관적으로, 책임은 주관적으로]라는 명제가 보편화되게 되었다.

따라서 객관적 위법성론이 오늘날의 통설이다. 다만, 애초의 객관적 위법성론에서는 위법성의 객관성이란 위법성이 행위의 외부적·물리적인 면에만 관계된다는 의미로 해석하였으나, 오늘날의 통설인 객관적 위법성론에서는 위법성의 객관성이란 평가방법(기준)의 객관성만을 의미할 뿐 평가의 대상, 즉 위법(불법)요소에는 객관적 요소뿐 아니라 주관적 요소도 포함된다고 한다.


## 2. 명령의 위법성 판단 기준


위에서 살펴본 바와 같이 일반적으로 어떠한 행위가 위법하다고 할 때 그것은 전체 법질서에 비추어 보아 위법하다는 의미이다. 즉 명령의 위법성 여부 역시 우리의 생활관계를 규율하고 있는 전체 법질서에 따라 결정된다고 할 수 있다. 따라서 법질서 전체의 입장에서 보아 인용할 수 있다고 보여지면 설사 일부의 법질서에 위배된다고 보여지더라도 위법하다고 할 수 없는 것이며 그 대표적인 예가 형법상의 위법성조각사유라 할 수 있다.

이에 반해 명령의 적법성은 일반적으로 형식적 요건과 실질적 요건으로 구별해서 파악하고 있는데 형식적 요건에서는 명령자와 수명자간의 문제와 명령의 형식 등의 문제가 주로 다루어지며 실질적 요건에 있어서는 명령의 내용이 문제된다.

그리고 이러한 요건들이 모두 갖추어져 있을 때 그 명령은 적법하다고 말한다. 또한 적법성은 하나의 가치판단으로 전체 법질서의 가치기준에 대한 교량에 의하여 좌우된다 할 수 있다. 따라서 명령이 형식적으로 적법하다는 의미는 그 명령을 규율하고 있는 일련의 법규정에 합치되고 있다는 것을 의미한다.

그러므로 명령의 적법성 판단은 명령의 실질적인 요건이 확정되어져야 한다. 즉 일반적으로 명령자의 관점에서 법규정에 합치된다고 평가되어야 하는 것이다.

따라서 이하의 적법성 요건에 반대되는 요건이 명령의 위법성 판단의 기준이라 할 수 있다.

## 1) 명령의 형식적 적법성 요건

일반 행정법상 이론에 의하면, 명령의 형식적 적법성 요건으로는 권한 있는 상관이 발한 것일 것, 부하의 직무범위 내에 속하는 것일 것, 부하의 직무상 독립의 직무범위에 속하는 사항이 아닐 것, 법정의 형식, 절차가 있으면 이를 갖출 것 등을 요건으로 한다. 군 조직에 있어서의 명령의 형식적 적법성 요건은 앞에서 언급한 바 있다.

## 2) 명령의 실질적 적법성 요건

명령은 그 내용이 법령 또는 공익에 적합해야 한다.

따라서 해당 명령의 근거가 되는 법령의 규정 취지에 적합, 부응해야 하고 전체 법질서의 견지에서도 타당해야 하며 나아가 공익의 증진에 도움되는 방향으로 발령되어져야 한다.

일반적으로 군과 관련된 명령은 국가방위 내지 국가안전과 관련되는 사항으로서 적법여부의 판단에 있어서 다른 법령의 판단과는 차이점이 있는 것이 사실이다. 즉 그 대부분은 전투 등과 관련된 작전명령일 것이고, 다른 명령보다 명령권자의 재량의 여지가 많을 것이며, 보통의 법질서의 관점에서는 그 위법성 판단이 용이하지도 않고 또 합리적이지도 못할 것이기 때문이다.

그러나 군에 있어서의 명령도 헌법을 기초로 그 안에 내재해 있는 여러 헌법원리들의 지배를 벗어날 수는 없는 것이며 헌법적 이념의 범위 안에서 그 기본이념을 벗어나지 않는 한도에서 발령되어져야 하기 때문에 그 안에서의 적법성이 인정받아야만 한다.

어찌되었든 우리 헌법상의 기본이념들, 예를 들면 국가의 안전보장, 인간의 존엄성 보호, 생명권, 재산권의 보호, 기본권 제한원칙 등의 범위 안에서 내려진 명령이라면 적법성의 부정근거는 상당히 희박해질 것이며 명령의 내용에 있어서의 자율성은 커질 수밖에 없을 것이다. 왜냐하면 군관련 명령은 그 특징상 다른 어떤 분야에서보다 재량의 여지가 많고 그 타당성의 검토가 곤란한 것들 중의 하나이기 때문이다.

이렇게 볼 때 명령의 실질적 적법성은 헌법상의 기본이념들과 기타 상위법령들의 취지에 적합하여야 되기 때문에, 그 내용상 적법여부와 타당여부를 수명자로 하여금 평가하게끔 하는 것은 상당한 주의를 요하는 것이다.

## 3. 위법명령여부에 대한 심사권

전술한 바와 같이, 명령의 형식적 요건은 그 구비여부가 외관상으로도 명백한 것이 보통이므로 부하는 이를 심사할 수 있고 그 요건이 결여되었다고 하면 복종을 거부할 수 있으며, 그 불복종에 대한 아무런 형사책임을 부담하지 않는다는 데 대하여는 이설이 없다.[125]

반면에 실질적 요건에 대해서는 견해가 대립하고 있다.

### 1) 인정설

이 설에 의하면 공무원법상의 성실의무, 법령준수의무를 근거로 하여 부하는 직무명령의 실질적 요건에 관한 흠의 유무도 심사할 수 있으며 심사의 결과의견을 진술할 수 있음은 물론, 의견이 각하 되었을 경우 또는 기타 직무명령이 중대하고 명백한 법규위반으로 절대 무효라고 판단하는 경우에는 복종을 거부할 수 있을 뿐만 아니라 복종을 거부할 의무가 있으므로, 만일에 이에 복종하면 그 결과에 대하여는 책임을 스스로 져야 한다는 견해이다.

### 2) 부인설

부하는 명령이 형식적 요건을 구비하였을 때에는 실질적 요건의 구비여부를 심사할 수 없으며 이에 복종하여야 한다고 하

---

125) 金道昶, 前揭書, p.616;朴鈗炘, 前揭書, p.233.

는 견해로, 그 논거로는 부하에게 실질적 심사권과 복종여부 결정권을 부여하는 것은 법령해석의 하극상과 불통일을 초래하고, 나아가서 상하계층 체계에 의한 직무의 통일적 수행을 저해하기 때문이라고 한다.

## 3) 적법성 추정설

적법성 추정설에 의하면 수명자는 그 명령이 [명백하게 위법이 아닌] 한, 그 적법성에 관해 의문을 제기함이 없이 절대적으로 복종하여야 한다는 견해로, 상관의 명령은 그것이 군사상 의무의 수행을 요구하는 것이라면 명백히 위법이 아닌 한 이는 적법한 것으로 추정되며, 다만 그 추정은 피고인의 증거에 의해 적법성의 문제를 제기함으로써 반전되는 정도의 것이라고 한다.[126)

## 4. 위법성에 대한 거증책임

## 1) 거증책임의 의의[127)

거증책임(Beweislast, burden of proof)이란 요증사실의 존부에 대하여 증명이 불충분한 경우에 불이익을 받을 당사자의

---

126) 大判 67. 3. 21. 선고 63도 4;미국에서는 적법성이 추정된다는 것이 판례에 의해 확립된 이론일 뿐만 아니라 대통령령이라고 할 수 있는 MCM에까지 규정되어 있다. (MCM(1969) 28-20, CL 22-14 參照).
127) 李在祥 '刑法總論' (博英社,1991) p486.

법적 지위를 말한다. 법원은 사실의 존부를 확인하기 위하여 당사자가 제출한 증거와 직권으로 조사한 증거에 의하여 재판에 필요한 심증을 형성한다. 그러나 이러한 증거에 의하여도 법원이 확신을 갖지 못할 때에는 일방의 당사자에게 불이익을 받을 위험부담을 주지 않을 수 없다.

이 위험부담을 바로 거증책임이라고 하며, 실질적 거증책임(materielle Beweislast) 또는 객관적 거증책임(objektive Beweislast)이라고 한다.

거증책임은 당사자의 일방이 불이익을 받을 법적 지위를 의미한다는 점에서 당사자가 아닌 법원이 부담하는 직권에 의한 심리의무와 구별된다. 거증책임은 또한 소송의 종결시, 즉 종국 판결시에 존재하는 위험부담을 말한다.

따라서 거증책임은 소송의 개시부터 종결시까지 고정되어 있으며 소송의 진행에 따라 일방에서 타방으로 이전되는 것이 아니다. 이와 같이 거증책임은 자기에게 불이익한 종국적 사실인 정을 받을 부담을 의미하므로 거증책임을 지는 지는 반대사실이 증명된 경우뿐만 아니라 그 진위가 불명인 경우에도 불이익한 판단을 받지 않을 수 없다.

## 2) 거증책임분배의 원칙

거증책임분배의 원칙이란 거증책임을 어느 당사자에게 부담하게 하는가를 정하는 것을 말한다. 원래 거증책임은 거증의 난이를 고려하여 형평의 관념에 기하여 분배해야 할 것이다. 그러나 형사소송법에는 법치국가원리로서 무죄추정(in dubio pro reo)의 원리 내지 무죄추정의 원칙(presumption of innocence)이 적용되고 있다. 그런데 무죄추정(in dubio pro reo)의 원리는 법관이 어떻게 증거를 판단하는가를 정하는 증거법칙(Beweisregel)이 아니라, 증거평가를 마친 후에도 확신에 이르지 못할 때에 적용되는 판단법칙(Entscheidung-sregeln)에 지나지 않는다. 따라서 무죄추정의 원칙(in dubio pro reo)은 바로 거증책임을 정하는 기준이 되며, 형사소송에서 원칙적으로 검사가 거증책임을 부담하는 이유도 여기에 있다. 결국 거증책임분배의 원칙은 무죄추정의 원칙(in dubio pro reo)의 적용범위의 문제라고도 할 수 있다.

# 5. 의견

상관의 명령에 대한 적법여부의 심사를 수명자가 할 수 있는지에 대한 논란의 핵심은, 적법성 있는 또는 합법적인 직무의 집행과 효율적이고 본래의 취지에 맞는 신속한 직무의 수행 그리고 조직 자체의 유지의 기본이 되는 규율의 정립이라는 어떻게 보면 서로 상치되는 목표들을 가능한 한 달성하기 위한 합리적 절충점을 찾기 위한 과정들이라 할 수 있다.

이런 관점에서 볼 때, 인정설에 의하면 수명자에게 상관의 명령에 대한 심사권을 부여하여 명령 수행에 있어서 합법성과 정당성의 보장을 어느 정도 담보할 수 있게 된다. 즉 명령의 실질적인 요건까지 심사할 수 있도록 함으로써, 명령의 수행에 있어

견제기능을 담당하게 되는 것이다. 그러나 이 견해는 명령 본래의 의의와 기능의 핵심인 신속성과 효율성을 도외시하고, 특히 군과 같은 위계질서가 중시되는 조직에 있어 질서유지의 가장 기본적 도구인 명령이, 그 본연의 기능을 다할 수 없게 된다는 점을 망각한 것이라 할 수 있다. 따라서 인정설은 그 타당성이 미흡하다고 볼 수 있을 것이다.

한편 명령의 절대복종성을 강조하는 부인설은 명령이 형식적 요건을 구비하였을 경우에는 실질적 요건의 구비여부와 관계없이 무조건 이에 복종하여야 한다고 주장하는 바, 이러한 견해는 [명백히 위법한 명령]임에도 불구하고 이러한 명령에 복종하라는 것으로서, 이는 명령의 상위규범인 법률의 취지를 크게 벗어나는 것이기 때문에 타당하다고 할 수 없다.

즉 명령 중에는 발령자의 과오나 고의에 의한 명백한 위법적 요소를 포함한 사항들이 있을 수 있으므로, 이에 대하여는 임무수행의 거부를 할 수 있어야 할 것이다. 이것이 곧 [명령]의 진정한 의의에 부합되는 것이 아닐까 한다. 따라서 부인론에는 찬성할 수 없다.

마지막으로 적법성 추정설에 대하여 살펴보면, 이 설은 정당성의 확립과 효율성의 제고라는 두 가지 목표의 달성을 위한 타협의 산물이라고 할 수 있을 것이다.

즉 상관의 명령이 형식적 요건을 갖추고 있으면 실질적 요건에 대해서 명백히 위법이 아닌 한, 일단 적법한 것으로 추정된다고 하여, 상관의 명령에 대한 무조건적인 복종의무는 부정하였으나 명령의 위법성에 대하여 수명자로 하여금 스스로 증명하도록 함으로써 상관의 명령에 대한 복종거부를 남용하지 못하도록 함과 동시에 명령의 신속하고 효율적인 수행이 가능하도록 하였다. 따라서 이 견해가 가장 타당한 논리를 제공하고 있다고 할 수 있다.

그러나 적법성 추정설도 명령의 적법여부에 대한 위법의 증거를 수명자가 스스로 입증하도록 함으로써, 결과적으로 수명자에게 과중한 부담을 지우고 있다. 이것은 [명백히 위법이 아닌 한]이라는 너무 막연한 기준을 제시함으로써 발생하는 문제라고 할 수 있는 것이다. 이러한 결과로 명령의 정당한 수행을 수명자에게 기대한다는 것이 그의 상당한 자기희생의 정신이 없이는 불가능하고, 구태의연한 임무수행 밖에 기대할 수 없을 것이다. 따라서 이 점에 대한 좀 더 많은 연구가 있어야 할 것으로 보인다.

다음으로 문제가 되는 것은 명령의 위법성의 입증책임에 관한 문제이다.[128)129)]

사후적 판단을 누구의 손에 맡기느냐, 다시 말하면 명령의 위법성의 입증책임을 수명자에게 물어야 하는 것이 아니면 검사에게 또는 법관에게 물어야 하는가 하는 것이 문제되는 것이나 헌법 및 형사소송법의 일반원칙인 무죄추정의 원칙(in dubio pro reo) 원리에 의하여 처리하면 될 것이다.

---

128) 명령의 위법성 여부에 대한 입증책임과 관련해서 형사소송법에 있어서는 일반적으로 거증책임이 소추관에게 있다고 주장하고 있는 반면에 상관의 명령에 대하여는 「명백하게 위법한 경우」를 제외한 모든 경우에는 부하에게 입증책임을 부여하고 있다.
129) Schnorr, "Handeln auf Befehl", Jus, 1963. S. 294.

**3**장

# 명령의 복종의무와
# 그 한계

# 제1절 명령에 대한 복종의무

우리가 알고 있는 야생동물들의 집단행동뿐 아니라 인간에 의해 길들여진 가축에 있어서도 무리를 형성하는 경우에는 집단질서를 위한 복종관계가 형성된다. 같은 집단 속에서 명령을 하는 지배자는 하나이다. 이와 같이 모든 생명체는 집단을 형성하고 있는 한, 집단 내에서의 명령복종관계가 성립되며 반드시 지배자에 의하여 집단이 지휘되면서 생존을 영위하는 것이다.[130] 이러한 현상은 당연한 자연의 실서로 귀결되며 인산사회 역시 사회 및 조직생활을 하면서 조직의 단결과 이익을 위해서 인위적인 질서관계가 새롭게 형성됨으로써 명령복종관계가 성립되는 것이다.[131]

이처럼 명령에 대한 복종관계는 지배를 위한 수단이라기보다는 조직의 이익을 보호하고, 스스로 생존을 하기 위한 방편으로 활용되었다. 그러나 복종이라는 실행이 전제되지 않는 명령이란 무의미하기 때문에 발령자에게는 복종을 강제할 실질적인 수단인 상벌의 권한이나 복종을 요구하는 법령이나 규정 등의 행위규범 등 법적 측면의 복종의무를 강제할 권한이 주어져야 한다.

---

130) 朴慶錫, 「指揮官의 條件」(兵學社, 1982), pp.189-190.
131) 구약성경에 의하면 태초에 인류에게는 계급이 전혀 없었으며 하나님과 인간의 두 가지 계급만 있어 명령복종관계가 없었으나 창세기 3장3절에서 선악과 열매를 따먹지 말라고 하나님이 명령을 내리신게 최초의 명령의 시작이라 함.

그러나 법적 강제력에 의해서 마지못해 수행되는 복종보다는 자발적이고 능동적인 복종을 유도할 수 있는 윤리적 측면의 복종의무 역시 필요하다 할 수 있다. 또한 명령에 대한 복종의 의무가 다른 의무나 규범과 상충될 때 우리는 동시에 양자를 실현할 수 없게 되므로 이중 어느 하나에 대한 복종의무위반은 정당화될 수 있다. 그러므로 어느 상황에서 명령에 대한 복종과 여타의 도덕적 의무 사이에서 수명자가 갈등을 하고 있다면 그러한 상황 속에서 보다 높은 의무가 무엇인지 판단해야 하는 것이다.

특히 전시, 사변 등 급박한 상황 하에서는 이러한 갈등은 더욱 커질 수밖에 없고 그 결과도 한 층 더 심각해 질 수밖에 없다. 일례로 우리는 한때 온 국민들의 비상한 관심을 불러일으킨 12·12 사건 및 5·18 광주민주화항쟁 재판 과정에서 명령과 복종을 둘러싼 심각한 갈등을 지켜본 바 있다.[132]

따라서 국민의 생명과 재산을 보호하고 국가와 헌법을 수호하여야 하는 입장에 있는 군대조직에서는 상관의 명령에 대한 복종의무가 상충할 때 다른 명령준수 의무와 참다운 복종이 무엇인지 심사숙고하여 그러한 명령의 정당성 여부를 판단하여야 할 것이다.

그러나 이러한 명령에 대한 복종의무의 이념적 기저(基底)에는 단순히 법적의무만이 내재되어 있는 것은 아니다. 오히려 근대 이전의 복종의무에는 [충]이라는 윤리적 의무가 그 본래의 이념적 바탕으로 내재해 왔던 것이다. 즉 근대 이전의 군에 대한 무조건적인 혹은 절대적인 복종의 관행은 이를 잘 보여준다.

이에 따라 오늘날에도 질적·양적 차이는 있지만 윤리적 의무는 여전히 왜 명령에 복종하여야 하는가 라는 물음의 상당한 해답이 되고 있다.

---

132) 趙東陽, 前揭論文, p.84.

군대의 업무는 각각 일정한 하위업무와 이에 대한 책임이 수반되는 복합적인 조직을 통해서 그 하위업무들을 수행해야 할 사람들에게 분배된다. 그러나 이 업무들의 수행은 어느 한사람만의 힘에 의해서 만은 결코 이루어질 수가 없다. 업무를 수행하는 사람들 상호간의 의사전달이 반드시 필요한 것이다. 즉 상위 직책의 사람이 어떤 과업의 수행에 대하여 책임이 있다면, 그는 자신의 의사전달이 이행될 것이라는 사실과, 하위 직책의 사람에게 복종을 요구할 수 있다는 사실을 전제하지 않고서는 결코 업무 수행에 대하여 책임질 수가 없을 것이다.

　더구나 전시 상황에 있어서는 지휘관의 명령에 대한 절대적인 이행이라는 확신이 없이는 어떠한 작전이나 계획도 세울 수 없을 뿐만 아니라, 군대의 기능 자체가 마비되고 말 것이다. 즉, "명령에 대한 복종"은 그것 없이는 군대조직이 기능을 발휘할 수 없게 되는 하나의 규범인 것이다. 그러므로 명령에 대한 복종의 규범은 국가에 대한 충성과 더불어 군대윤리의 초석이 아닐 수 없다.

　따라서 명령에 대한 복종의 의무가 군인에게 있어서 절대적으로 중요한 요소임을 부인할 사람은 아무도 없을 것이다. 곧 명령에 대한 즉각적이고 능동적인 복종은 군인에게 있어서 선(善)이다. 그러나 이 말이 어떠한 명령에 대해서도 복종해야 함을 의미하는 것이 아니기 때문에 모든 명령에 대한 무조건적인 복종을 군인의 덕목으로 삼고자 하는 것은 아니다. 왜냐하면 명령의 성립요건을 충족시키지 못하는 명령은 참다운 명령이라 할 수 없으며, 또한 무조건적인 복종이 최선이라고 할 수 없는 상황들이 발생할 수 있기 때문이다. 사실상 복잡한 군대 업무의 수행과정에 있어서 법적, 철학적 성찰이 요구되는 부분들이 생겨날 수 있는데, 그것은 명령에 대한 무조건적 복종의 중요성을 인정하면서도 한편으로 그것의 한계가 있어야 한다는 사실에 기인된다 할 수 있다.

명령의 요건 가운데 하나로서 다른 무엇보다도 중요한 것은 복종을 요구하는 의사전달이다. 복종을 통한 실행이 전제되지 않는 명령이란 무의미할 것이기 때문이다. 그러나 명령이 복종을 요구하는 의사전달이라고 해서 이에 복종해야 할 의무가 아무런 규제도 없이 하급자에게 생겨나는 것은 아니다. 발령자가 복종을 강제할 실질적 수단, 가령 상벌 수단을 갖고 있거나, 복종을 요구하는 법령이나 규정 등의 행위규범이 있을 경우에야 하급자에게 복종의 의무가 주어진다. 이때 행위규범이 법규범이라면 그 명령은 법적 구속력이 있는 명령으로서 수명자가 복종해야 하는 법적인 의무가 있는 명령이 되는 것이다. 그러나 명령에 대한 하급자의 복종에 있어서는 법적인 강제력이 가장 큰 동기가 되겠지만, 그것만이 복종으로 이끄는 유일한 동기는 아니다. 상관의 솔선수범이나 명령이 발해진 상황이나 여건 등도 큰 동기가 될 수 있다. 그러므로 명령의 실행이라는 측면에서 본다면, 법적 강제력에 의해서 마지못해 수행되는 경우보다는 수명자의 자발적이고 능동적인 복종에서 비롯되는 명령 수행이 그 효과나 의미에 있어서 훨씬 나은 것임은 두말할 필요가 없을 것이다.

어쨌거나 일반적인 의미에서 볼 때, 하급자가 상관의 명령에 복종해야 하는 가장 강력한 근거는, 상급자의 명령에 복종하지 않을 경우 이에 대한 처벌 규정에 있다. 가령 군형법 제44조(항명) 및 제47조(명령위반)는 명령에 반항하는 경우 및 위반하는 경우에 대한 처벌 규정들을 다루고 있다.

명령에 대한 복종의 의무에 있어서 논의해야 할 또 하나의 문제는 비록 법적인 복종의 의무가 있다 할지라도 어떠한 명령이건 모든 명령에 복종해야 하는가 하는 문제일 것이다. 과연 하급자에게는 상관의 어떠한 명령이건 모두 복종해야 하는 의무가 있는가? 앞에서도 언급했거니와 명령의 궁극적인 의미는 그것의 실행에 있다. 실행되지 않는 명령은 무의미하기 때문이다. 이런 점에서 본다면 모든 명령은 그것이 명령의 요건을 갖추고 있다면 복종되어야 마땅할 것이다. 그러나 명령의 요건을 모두 갖추고 있다 할지라도 결코 수행할 수 없는 명령들이 있음도 부인할 수 없다. 비합리적인 명령이나 불법적인 명령들이 그러하다.

가령 상급자가 하급자에게 다음과 같이 명령했다고 가정해 보자 "제 1 분대는 부대 앞에 쌓인 돌무더기를 오늘 자정까지 부대 후방으로 옮겨 놓도록 하라." 이것은 상급자에 의해서 발하여졌고, 특정한 행위를 하도록 지시한 구체적인 지령이며, 수명자에게 명백히 전달되었고, 복종을 요구하는 의사전달인 까닭에 명령의 형식을 갖춘 분명한 명령임에 틀림이 없다. 그러나 사정을 아는 제1분대원에게 있어서 이는 결코 실현될 수 없는 명령이다. 부대 앞에 쌓인 돌무더기가 엄청난 것이어서 그 날 자정까지는 결코 옮길 수 가 없기 때문이다. 한마디로 실행 불가능한 명령인 것이다. 이처럼 비합리적인 명령은 비록 그것이 명령의 형식과 요건을 갖추었다 할지라도 복종을 기대할 수 없는 명령이다. 사실상 우리 군에 있어서는 이와 같이 부대나 군의 현실을 이해하지 못한 채 무조건 내려지는 비합리적인 명령들이 적지 않음을 경험을 통해 알 수가 있다. "5초안에 샤워를 끝내라"거나 "0.5초 이내에 집합하라" 등과 같은 농담조의 명령이나, 이미 기한이 지나버렸거나 지나치게 촉박한 공문서에 의한 명령들은 그것이 명령의 요건을 갖추었다 할지라도 복종을 이끌어 낼 수 없는 비합리적인 명령들이 아닐 수 없다. 이처럼 수명자의 능력과 여건을 고려하지 않은 비합리적인 명령은 복종할 수가 없는 것이다.

불법적인 명령도 사정은 마찬가지이다. 비합리적인 명령과의 차이점은, 비합리적인 명령을 하달 받은 수명자는 그것이 수행할 수 없는 불합리한 것임을 즉각 알 수 있지만, 불법적인 명령은 그것이 불법인지를 수명자가 잘 모를 수 있다는 점이다. 따라서 복종에 대한 책임이 문제가 될 때 비합리적인 명령에 대한 복종의 책임은 전적으로 발령자가 지지만, 불법적인 명령에 대한 복종의 책임은 양자 모두가 지게 된다. 그러므로 불법적인 명령에 대한 책임을 물을 때 그 책임의 소재가 불분명하여 논란이 일게 되는 까닭이 여기에 있는 것이다.

그러나 분명한 것은 불법적인 명령에 대한 복종 역시 그것이 불법임이 명백할 때는 불복종한다고 해서 수명자에게 항명죄나 명령위반죄가 성립하지 않는다는 사실이다. 따라서 군형법 제44조나 제47조에서 문제삼는 것도 "정당한 명령"에 대한 반항이나 위반사항이다. 결국 불법적인 명령은 정당한 명령일 수가 없는 것이다.

그러나 하급자의 경우, 불법한 명령에 대한 불복종의 문제는 실제에 있어서는 이론처럼 그리 쉬운 것이 아님도 부인할 수 없다. 상관의 명령에 대한 절대 복종은 전시는 물론이요, 평시에 있어서도 엄격하게 강조되고 있으며, 불복종의 경우 엄벌에 처해지고 있는 군대의 현실을 볼 때, 설사 상관이 불법 명령을 내렸다고 할지라도 그에 맞서 항거할 하급자가 과연 얼마나 될 것인지는 의심스럽다. 불법 명령에 대한 복종의 책임보다는 당장에 떨어질 불복종에 대한 대가가 그들에게는 훨씬 더 크게 느껴지기 때문이다. 이런 경우에 수명자는 어느 쪽을 선택하건 불행한 결과를 예측할 수 있기 때문에 딜레마에 빠지게 된다. 이와 같은 딜레마적 상황에 관해서는 복종의 한계를 다룬 절에서 다시 논의할 것이다. 그러나 불법적인 명령의 경우 이에 대한 복종의 의무까지 하급자에게 부여하는 것은 아니다. 보다 많은 논의가 요구되는 부분은 비도덕적 명령에 대한 불복종의 논의이다. 불법적인 명령과 비도덕적인 명령은 구별된다. 가령 여러 달 동안 방세가 밀린 세입자를 방세를 받을 수 없다는 구실로 한겨울에 길 밖으로 내모는 행위는 불법적인 행위는 분명 아니지만 비도덕적인 행위이다. 반면에 공원에서 잔디밭 안으로 들어가지 말라는 경고문에도 불구하고 잔디밭에 들어가는 행위는 비도덕적인 행위라고 할 수는 없지만 불법적인 행위이다. 군내에서 발생할 수 있는 비도덕적 명령의 경우는 이보다 훨씬 더 심각한 문제를 야기한다. 파리를 불바다로 만들라던 히틀러의 명령이나, 히로시마와 나가사키에 원폭을 두하시키라는 명령은 불법적인 명령은 아닐 지 모르되, 비도덕적인 명령임에 틀림없다. 한 사람은 명령을 따르지 않음으로써 예술과 낭만의 도시, 파리의 아름다움을 보존케 했지만, 다른 사람은 명령을 수행함으로써 수많은 무고한 사람의 생명을 희생시켰음에도 전쟁에 승리를 가져왔다. 비도덕적 명령을 상관으로부터 받았을 때 하급자는 과연 어떻게 해야 하겠는가? 결코 쉽게 대답할 수 없는 물음이지만, 사무엘 헌팅턴(Samuel Huntington)은 다음과 같은 말로써 대답하고 있다. "군인으로서는 복종해야 하지만, 인간으로서는 불복종해야 한다." 비도덕적 명령에 대한 복종의 문제도 하나의 딜레마적 상황이며, 이에 대한 논의도 뒤에서 다시 다룰 것이다.

그러므로 이하에서는 이러한 명령에 대한 복종의무에 내재되어 있는 법적 의무, 윤리적 의무의 내용을 살펴보고 각각의 명령에 대한 복종의무에 어떻게 영향을 미치는지 살펴보고자 한다. 또한 정당한 명령에 복종한 결과가 범죄구성요건에 해당되는 경우 어떻게 위법성이 조각되는가 논의하기로 한다.


# 1. 윤리적 측면의 의무

## 1) 윤리적 의무와 복종

명령의 이행은 법적인 측면에서의 의무와 함께 윤리적인 측면에서의 의무도 충족되어야 한다. 우리는 어떤 명령에나 복종해야 하는 것은 아니다. 예를 들어 아내는 자기의 남편을 사랑하지만 그렇다고 도덕적 · 법률적으로 문제가 되는 남편의 명령에까지 복종하여야 하는 것은 아니다. 이런 경우 우리는 먼저 사랑하는 남편이 과연 윤리적으로 정당하며 사랑을 받을 만한 가치가 있는가 확실히 확인해야 하고, 다음으로 그 사람이 내린 명령이 그 자체로 정당한가를 검토하여야 한다.

이와 같은 경우는 절대자인 신(God)에게도 해당된다. 신의 명령에 대하여 우리는 사랑과 존경을 가지고 복종을 하지만 그러한 신이 사랑과 존경을 받을 만한 가치가 있는가를 먼저 확인해야 한다.

고대의 신 몰랙(Moloch)은 자신을 숭배하고 있음을 보여주려면 장남을 제물로 바치라고 숭배자들에게 명령하였는데, 이러한 신은 숭배할 가치가 전혀 없으며 누구도 이 같은 명령에는 복종할 필요가 없는 것이다. 그러므로 오늘날에는 신이 우리와 세계를 창조하고 위대하기 때문에 신에게는 절대적으로 복종해야 하며 그가 바라는 대로 행위해야 하는 신의 피조물로서 존재할 따름이다[133]라는 논리는 이제 구시대적 사고라 할 수 있다. 그러므로 피조물이 창조자에게 복종해야 하는지 말아야 하는지의 여부는 창조자가 어떤 명령을 요구하느냐에 달려 있다고 할 수 있다.

어떤 존재가 절대적인 능력을 가지고 있고 그것을 사용한다는 사실로 인해 그 같은 능력의 사용이 정당하다든지 또는 무조건적인 복종을 요구할 자격이 있다고는 말할 수 없다.[134]

그러므로 복종을 받을 만한 응분의 자격을 갖추려면 능력을 갖고 있어야 할 뿐만 아니라 명령의 내용이 정당하여야 한다.[135]

이것은 군대조직에서의 상관의 명령에도 해당된다. 즉 명령의 효과는 단순히 법석인 상제에 의해 쇠우되기보나는 상관의 명령에 자발적이고 유쾌하게 복종할 수 있는 마음을 갖도록 윤

---

133) R.C. Mortimer, Christian Ethics(New York : Rinehart, 1950), p.7.
134) 존 호스퍼스 著/최용철 譯,「道德行爲論」(知性의 샘, 1994), p.45.ㅍ
135) 또한 이러한 상황은 어떤 부모가 자식에게 구걸을 해 오도록 명령하였을 때 자기 부모에게 "왜 거리에서 구걸하라고 명령합니까?"라고 묻는 어린아이 물음에 대하여 "너는 내 자식이고 내가 이 세상에 태어나게 했으니 네게 무엇을 명령하든 그것을 따르는 것이 네 의무이다"라고 대답한다면 이러한 답변은 잘못된 것이라 할 수 있다. 자식을 자기 부모가 이 세상에 태어나게 했다는 사실을 문제시하고 있는 것이 아니라 오히려 자식은 부모들이 이러한 명령을 내리는 것이 얼마나 옳은지를 문제시하고 있다. 부모들이 자기의 창조자라는 사실과는 상관없이 이러한 명령은 정당하다고 할 수 없기 때문이다.
136) 상관이나 절대자의 명령에 복종하는 것은 법률적인 의무 때문만이 아니라 그를 사랑하고 존경한다는 믿음에서 비롯된 것일 수도 있다. 그러나 때에 따라서는 이러한 사랑과 존경이 잘못된 것일 수도 있다. 상관을 존경하기 때문에 부하는 상관의 말에 복종하지만 그렇다고 해서 상관의 명령이 모든 경우에 정당하다고는 할 수 없다.

리적으로 유발시켜야 하며 얻어내야 하는 것이다.[136]

복종을 유발시킬 수 있는 명령의 윤리적 가치 측면으로는 **첫째는, 공평(fairness)이다.** 이것은 상관의 명령은 엄격할 수는 있어도 기분에 좌우되어 감정에 치우친 명령을 하달하고 이기심을 갖고 자신의 권위를 과시함으로써 쾌감을 느끼거나 개인의 욕망을 충족시키기 위해 타인을 이용해서도 안 된다는 것이다.[137]

**둘째는, 용기(courage)이다.** 우리 사회는 문명의 성취와 안정에 보다 큰 가치를 두고 있는데 이러한 것에 위협이 될 만한 요소는 많이 제거되었으며 과거보다는 삶이 그다지 불안정하지 않기 때문에 위험에 대처하는 육체적 용기를 필요로 하는 경우는 줄어들었다. 따라서 부도덕한 행위에 대응하고 외부의 부당한 압력을 이겨낼 수 있는 정신적인 용기도 육체적 용기 못지않게 중요하다.

그러나 헌팅턴(Huntington)은 군직업은 국가에 봉사하기 위해 존재하는 복종의 계급구조로 조직되어야 하기 때문에 군직업주의 윤리(Military Professionalism)상 권한이 부여된 상관으로부터 합법적인 명령을 받았을 때 군인은 지체하거나 자신의 견해로 대치시켜서는 안되고 즉각 복종해야 한다고 주장하였다. 즉 군인은 그가 어떤 정책을 수행하는가에 의해서 평가되기보다는 얼마나 신속하고 효율적으로 그 정책을 수행하느냐에 따라서 평가되며 군인의 목표는 복종이라는 수단을 완성하는 것으로 그 수단이 무엇에 사용되는가 하는 문제는 그의 책임을

---

137) 백종천, 이창훈 譯, 美國國防大學院 編著/「軍隊의 倫理」(탐구당, 1989), pp.56-59.
138) Samuel P. Huntington, The Soldier and the State ; The Theory and Politics of Civil-Military Relations (Cambridge, Massachusetts : The Belknap Press of Harvard University Press, 1957), p.73.

벗어난다[138]고 군인의 맹목적인 복종을 주장하였다.

위와 같은 주장에 대해 군인이라 하여도 정치가나 국가의 명령에 기계적으로만 복종할 수 없다는 반론과 정치가도 잘못된 결정을 내릴 수 있으므로 부도덕한 정책에 맹종하는 것은 [의무, 명예, 조국]이라는 군인의 이상적인 가치에 명백히 반하기 때문에 도덕적으로 용납될 수 없는 명령에 대해서는 동의하지 않고 항의해야 한다는 주장이 있다.[139]

## 2) 권위와 복종

### 가. 권위의 의의

권위라는 개념의 뜻을 규정하는 문제에 대하여는 다소간 엇갈리는 입장을 볼 수 있다.

특히 권위가 권력이라는 개념과 어떤 관계와 차이를 갖는지에 대하여서 특히 그리하다. 가장 일반적인 몇 가지 입장을 소개하겠다.

### (1) 정당한 권력(legitimate power) 혹은 무엇인가 할 권한(right)

Katz와 Khan에 의하면 권위란 '정당한 권력'(legitimate power)으로 조직화된 사회 구조 내에서 그의 역할과 지위로 인하여 특정한 인간에게 생기는 권력(power)과 다른 것이라 한다. 즉, 어떤 권력이 권위로서 인정되느냐 안 되느냐는 그것을 행사하는 사람의 사회적 역할과 지위에 비추어 정당한 것이냐

---

139) Richard. A. Gabriel, "Legitimate Avenues of Military Protest in a Democratic Society", U.S. Air Force Academy, Journal of Professional Military Ethics(April 1980), Reprinted in Military Ethics(Washington D.C. : National Defense University Press, 1987), pp.101~124.

아니냐에 달려 있다고 주장한다.

반면에 Herbert G, Hicks는, "권위란 무엇인가 할 수 있는 권한"(the right to do something)을 의미하며, "권력이란 무엇인가 할 수 있는 능력"(ability to do something)이라고 정의한다. 따라서 이와 같이 권위를 일종의 '무엇을 할 수 있는 권한'으로 파악하는 경우에는, 그것은 어떤 사람이 다른 사람에게 구체적으로 결정을 내리고 명령을 할 수 있는 권한으로 개념지을 수 있다.

그러나 권위와 권력이라는 개념은 상호간에 배타적이기보다는 동의어 혹은 중복된 의미를 갖는다. 그것은 마치 동전의 앞뒤와 같은 것이다. 예컨대 조직의 관리자가 권위(즉 권한)는 가지고 있으나 권력(즉 능력)이 없는 경우, 혹은 권력(능력)은 가지고 있으나 권위(권한)가 없는 경우는 효율적으로 조직을 운영할 수 없다. 조직의 특정한 사람이나 지위에 권력과 권위가 균등하게 부여되는 것이 바람직한 것이다. 그러한 조건이 갖추어진 상태를 '실현 가능한 권력'(workable authority)이라고 하는 것이다.

## (2) 의사전달 – 명령의 수용가능성

Banard는 권위를 설명함에 있어서 권위수용원리설 (acceptable theory of authority)을 택하여 권위란 의사전달 (communication), 즉 명령을 부하들이 수용하는 가능성 여하에 따라 상급자(전달자 혹은 명령자)의 권위가 확인 또는 인정된다고 말한다.

## (3) 타인의 행동을 인도할 수 있는 의사결정을 할 수 있는 힘

Banard의 '권력수용원리설'을 변형시켜 Simon은 "권위란 타인의 행동을 인도할 수 있는 의사결정을 행할 수 있는 힘"이라고 정의한다. 상관과 부하의 관계에 있어서 상관은 부하에 의해서 자기의 의사결정이 수용되기를 기대하고 선택행위를 행하여 기대하며, 그에 의하여 자기의 행동을 결정하게 된다. 그러므로 권위관계에는 상관과 부하의 쌍방의 행동이 포함된다.

## 나. 권위의 기능

### ▶ 개인적 책임의 이행

　권위는 집단 혹은 그것을 행사하는 사람만이 만든 규범에 집단성원이 동조하도록 하는 기능을 수행한다. 예컨대 의회에서 제정된 법률은 그 국가에 봉사하는 모든 행정관에 의해서뿐만 아니라 그 법률에 영향을 받는 사람에게 권위있는 것으로 수용되며 불복종이 있는 경우에는 세새(sanctions)가 가해지는 경우가 많다.

### ▶ 의사결정의 전문화 확보

　권위의 극히 중요한 기능의 하나는 고도의 전문화·합리성 및 효율성을 지닌 의사결정을 촉진하고 확보한다는 점이다. 전문화되고 합리적인 결정이 아니고서는 권위를 갖기 힘들다.

### ▶ 활동의 조정

　조직의 모든 성원들이 조직공통의 목적달성을 위하여 공헌하도록 통합하는 기능을 수행한다.

## 다. 권위의 유형

### (1) Weber의 권위유형
Weber는 권위의 유형을 전통적·합법적·카리스마적 권위로 나누었다.

◇ 전통적 권위
전통은 신성하고 그에 복종함이 정당하다는 신념에 따라 복종이 이루어지는 권위이다.

◇ 합법적 권위
법은 신성한 것이고, 그에 따르는 것은 합리적인 것이라는 신념에 따라 그에 복종할 때 성립하는 권위이다.

◇ 카리스마적 권위
카리스마적 능력을 가진 인물에 복종하는 것은 정당하다는 신념에 근거해서 이루어지는 권위이다.

### (2) Simmon 등의 권위 유형
Simmon 등은 조직성원이 타인의 의사결정과 명령에 복종하는 이유와 동기에 따라서 권위의 유형을 다음과 같이 분류하고 있다.

◇ 신뢰의 권위(authority of confidence)
신뢰의 권위란 어떤 사람의 업적·신망·전문적 능력 등을 다른 사람이 신뢰하고 그를 추종할 때 형성되는 권위이다.

◇ 동일화의 권위 (authority of identification)

어떤 집단이나 조직 혹은 인물에 대하여 소속감이나 일체감을 느낄 때 그 집단 혹은 어떤 인물의 의사와 결정을 수용하고 따르는 경우에 성립하는 권위이다,

◇ 제재의 권위 (authority of sanctions)

집단이나 조직 혹은 어떤 인물이 행사하는 제재(예를 들면 벌이나 때로는 상) 때문에 그에 복종할 때 성립되는 권위이다.

◇ 정당성의 권위 (authority of legitimacy)

어떤 조직이나 집단 혹은 인물에게 복종하는 것이 규범적 · 윤리적으로 정당하다는 신념에 따라 복종이 이루어지는 경우에 나타나는 권위이다.

## 라. 권위의 수용 – 무차별권(無差別圈)과 수용권(受容圈)

권위란 상대 행위자에 의하여 수용되어야만 완전하게 성립한다. 여기서는 권위의 수용에 대한 독특한 개념인 '무차별권' (zone of indifference)과 '수용권' (zone of acceptance)에 대하여 특별히 주의할 필요가 있다.

### (1) 무차별권

Banard가 제시한 '무차별권' 혹은 '무관심권'이란 상급자의 명령 혹은 의사전달이 아무 이의 없이 받아들여지는 범위를 말한다. 합리적으로 생각해서 명령이 수용될 가능성은 i) 분명히 받아들여질 수 없다는 것, ii) 중립적인 것, iii) 이의 없이 받아들여지는 것으로 분류할 수 있는데, 이 중 iii)의 경우를 '무차별

권'이라고 한다는 것이다.

Bannard에 의하면 부하가 상급자의 권위를 수용할 수 있기 위해서는 다음의 네 가지 조건, 즉 i) 의사전달(명령)을 이해하며, ii) 의사전달이 조직목적에 부합되며, iii) 정신적으로나 육체적으로나 의사전달에 순응할 수 있어야 한다고 전제하고, 명령은 의심할 바 없는 수용권에 들어감으로써 준수될 수 있다고 주장하였다.

### (2) 수용권

Simmon에 의하면 심리적인 견지에서 본다면 권위의 행사는 두 면 또는 그 이상의 사람의 관계를 포함한다. 그 수용 혹은 복종이 이루어지는 조건은 다음과 같은 세 가지의 경우이다. i) 타인의 제의나 의사결정의 장·단점을 검토하고 확신을 가진 경우, ii) 그 장·단점에 대하여 충분히 검토치 않고 따르는 경우, iii) 제의나 의사결정이 잘못되었다고 확신하더라도 따르는 경우이다. 이러한 세 가지 조건 중 i)·iii)의 경우를 권위의 수용권이라 하는 것이다.

## 2. 법률적 측면의 의무

### 1) 명령의 강제적 성격

명령의 본질은 복종의무에 있다. [누가 이렇게 할 사람은 따라오시오]라는 식의 명령은 없다. 명령은 질문이 아니며 제안도 아니고 암시나 초청도 아니고 더구나 부탁도 아니다. 명령은 명령이며 불복종시에는 처벌이 뒤따른다.

따라서 명령의 효과는 강요 이외의 요소에 의해 좌우되기도 하지만[140] 법적 측면으로 명시된 규범들의 강제나 강요에 의해 좌우되는 경우가 대부분이다. 모든 인간은 평등하며 [하나님으로부터 양도할 수 없는 권리를 부여받았으며 우리는 이 모든 진실을 자명하다고 본다]는 미국 헌법에 있어서의 인간평등은 인간의 존엄성, 기본권 그리고 책임져야 할 의무에 있어서 평등하다는 뜻이지 모든 인간이 체력, 지적 능력 혹은 정치력 면에서 결코 평등하다는 의미가 아니다.

그러므로 조직의 목표를 효율적으로 달성하기 위해서는 어느 누가 다른 사람을 명령할 권리를 가져야 하며 상대방의 복종을 요구하는 것이 매우 힘든 경우도 있으며 상하관계에 서로 충돌을 일으키는 경우도 발생하기 때문에 형법상의 제재수단에 의해 강제하고 불복종을 [범죄]로 규정하여 명령이행을 강제하기도 한다.[141]

따라서 명령이란 수명자에게 복종의 의무를 설정하는 취지를 지닌 의사전달이라 할 수 있으며 상관의 명령에 복종하지 않을 때 불복종죄로 처벌하도록 하는 규정은 한편으로는 명령을 받은 부하에게는 그 명령에 복종할 의무가 있음을 의미하며, 다른 한편으로는 명령을 발하는 상관에게는 법률적으로 구속력이 있는 명령을 내릴 권한이 있음을 함축하고 있다.[142]

---

140) 백종찬, 이창훈 譯, 前揭書, p.55.
141) 명령의 불복종에 대해서는 한국, 미국, 영국, 프랑스 등은 최고 사형에 처하도록 규정하고 있으며 독일, 이스라엘의 경우도 유기징역에 처하도록 각각 규정하고 있다.
142) 曹升玉, "條件附 義務로서의 服從의 義務"(陸軍士官學校, 화랑대 심포지움 論文集, 1989), p.140.

또한 명령이행에 있어서도 인간의 존엄성을 손상시키거나 근무목적과 무관한 명령, 즉 [복종의 의무가 없는 명령]은 복종하지 않더라도 불복종죄가 성립하지 않으며 명령에 의한 행위가 범법행위가 되는 명령인 [불복종의 의무가 있는 명령]은 복종해서는 안된다고 법률적으로 규정하고 제한하는 경우도 있다.[143]

그러나 실제전투 상황하에서는 법적 고려에서 상관의 명령에 복종하는 군인들은 별로 많지 않다는 사실적 증거를 들어 법률상의 강제규범이 복종의 의무를 실제로 성립시키는 데는 그 힘이 미약하다는 견해가 많다.[144]


## 2) 성문법 규정[145]

### 가. 역사적 고찰

명령에 복종하여야 할 법률적 측면의 의무가 성문법 규정에 명시된 것은 역사적으로도 매우 오래되었는데 세계최초의 성문법인 함무라비 법전 제26조에는 [왕의 군대에 소집명령을 받고 입대하지 않은 사람은 사형에 처한다]고 규정되었으나 상관의 명령에 대한 불복종죄에 관한 언급은 없었다.[146]

그러나 고대로마시대에 와서는 노예뿐만 아니라 그의 가족들까지도 생존해 있는 동안 주인에게 복종해야 하였으며 군대에

---

143) 獨逸 軍人法(Solda-tengesetz), 1957, 第11條.
144) 실전에 참가했던 300여명의 퇴역군인을 상대로 설문조사를 한 결과 응답자의 7%만이 처벌이 두려워서 명령을 따른다고 대답했다(曺升玉, 前揭論文, p.142.에서 再引用).
145) 曺升玉, 閔病吉 譯, 前揭書, pp.95-101.
146) 불복종죄에 관한 언급이 없는 것은 그 당시의 군대가 일정한 격식없이 조직되었던 게 이유라 설명될 수 있다.

서도 복종은 당연한 것으로 취급되었는데 이러한 점이 로마가 군사대국으로 성공하는 요소가 되었다고 한다.[147]

또한 중세 이후에 나타난 영국과 미국의 군사법전에도 상관의 명령에 대한 불복종은 형사범죄로 규정되어 있으며 네덜란드의 군율규정(1596)과 군기문서(1799) 및 군사법전에도 규정되는 등, 불복종죄가 성문화되었다.

그러나 1717년의 영국폭동법에는 [상관의 군사명령]에 대한 복종을 거부하는 모든 장교와 병사는 사형에 처하도록 규정하면서 "국왕(국가원수)의 통수나 명령이라도 법의 테두리를 벗어나지 못하며 이에 복종하여야 할 의무는 누구에게도 존재하지 않는다"고 선언하여 위법한 명령에 대하여는 복종이 강요되지 않고 오직 합법적 명령에 대한 불복종만이 처벌대상이 되었으며 뒤이어 영국의 군사법전과 미국의 군사법전 역시 동일하게 규정하고 있다.

또한 불법적인 명령에 대한 불복종은 처벌할 수 없다는 규정은 제2차 세계대전이후에야 서독(1956), 프랑스(1966)의 성문법에 수용되게 되었으나 아직까지 네덜란드 군형법전(WMS)과 이스라엘 군사법(MJL:1955)은 이런 제한을 두지 않고 있다.[148]

## 나. 각국의 입법례

현행 세계 주요국의 불복종행위에 대한 처벌규정으로는 미국의 경우에는 통일군사법전(UCMJ : 1950)의 3개 조문(제90조,

---

147) 이러한 내용은 그 후 유스티아누스 법전(533 A.D.)에 "교전 중에 총사령관이 금지한 행위를 저지른 사람 또는 총사령관의 명령을 위반한 사람은 비록 임무를 성공적으로 완수했다 하더라도 사형에 처한다."고 수록하였다

148) 비록 각국의 성문법이 차이점은 있으나 상관이 내린 명령은 결국 합법적인 명령에 제한되는 것으로 해석하는 게 바람직하다 생각한다.

91조, 92조)에 명시하고[149] 영국은 육군법(AA : 1955) 제34조 및 제36조에 군인의 불복종을 처벌대상으로 규정하고 있다.

또한 프랑스는 군사법전(CJM : 1965) 제427조, 제429조, 제445조, 제447조에, 독일은 군형법(RWSTR : 1957년 제정, 1975년 1월 1일 개정) 제19조 내지 제21조에서 각각 명령에 대한 불복종과 항명을 처벌대상으로 규정하고 있으며 군인법(SG : 1956) 제11조에는 복종에 관해 언급하고 있다.[150]

## 3) 우리 나라의 실정법상 규정

### ● 군인복무규율[151]

군인복무규율 제2절은 [명령 및 복종]이라는 표제 하에 제19조 이하 제24조에 걸쳐 명령의 개념, 명령의 계통, 명령의 하달, 발령자의 책임, 복종의 실행, 의견의 건의에 관해 규정하고 있는 바 특히 이 중 제23조는 복종의무(부하의 의무)의 내용과 한계

---

149) 平時에는 5年 以上 10年以下 懲役이 부과될 수 있도록 하였으나 戰時에는 모두에 대하여 死刑이 부과될 수 있도록 하였다.(MCM Para. 15c).
150) (1) 군인은 그의 상관에게 복종하여야 한다. 부하는 상관의 명령을 최선을 다하여 완벽하게, 성실하게, 그리고 즉각적으로 수행하여야 한다. 인간의 존엄성을 침해하는 명령 또는 군직무 목적을 위해 내려진 것이 아닌 명령을 이행하지 않는 것은 불복종으로 간주되지 않는다.
착오에 의해 어떤 명령을 인간의 존엄성을 침해하는 명령이거나 또는 군직무 목적과 무관한 명령일 것이라고 추측하고 이를 이행하지 않는 군인은, 그 착오가 불가피한 것이었고 또한 그 명령에 대하여는 법에 규정된 구제 조치를 취했어야만 한다고 그에게 요구하는 것이 그가 알고 있었던 상황에 비추어보아, 합리적일 수 없었을 경우에는 책임이 면제될 뿐이다.
한편 네덜란드는 군형법전(WMS : 1903) 제114조, 제115조 및 제135조에, 이스라엘에서는 군사법(MJL : 1955) 제122조 내지 제124조 그리고 제133조에 규정하고 항공기나 함정의 지휘관이 내린 지시에 대한 불이행에 관해서도 다루고 있다.
(2) 특정한 명령의 이행이 어떤 형사범죄의 실행을 의미하는 경우, 그 명령은 이행되어서는 안된다. 그럼에도 불구하고 그 명령을 이행한 부하는, 그 이행이 형사범죄의 실행을 의미한다는 것을 그가 인식하고 있었거나, 또는 그 이행이 형사범죄의 실행을 의미한다는 것이 그가 알고 있던 상황에 비추어보아 명백하였던 경우에 한하여 처벌된다.

에 관해 규정하고 있다. 여기서는 명령의 정의(제19조)를 비롯하여 그 명령 하달의 실질적 및 형식적 내용(제20조 및 제21조)을 규정하고 있다. 나아가 발령자의 책임(제22조)과 부하의 의견 건의(제24조)에 관해서도 언급하고 있음은 특기할 만하다.

『군인복무규율』은 명령에 대한 복종의 의무를 다음과 같이 규정하고 있다.

[군기는 군대의 기율이며 생명과 같다. 군기를 세우는 목적은 지휘체계를 확립하고 질서를 유지하며 일정한 방침에 일률적으로 따르게 하여 전투력을 보존 발휘하는 데 있다. 그러므로 군대는 항상 엄정한 군기를 세워야 한다. 군기를 세우는 으뜸은 법규와 명령에 대한 자발적인 준수와 복종이다. 따라서 군인은 정성을 다하여 상관에게 복종하고 법규와 명령을 지키는 습성을 길러야 한다.] (『군인복무규율』, 제2장 강령, 제4조 군기)

[부하는 상관의 명령에 복종하여야 하며, 명령받은 사항을 신속 · 정확하게 실행하여야 한다.]

(『군인복무규율』, 제3장 복무, 제2절 명령 및 복종, 제23조 1항)

이상 『군인복무규율』의 규정에 의하면 군인 또는 상관으로부터 구체적인 명령을 받은 부하는 상관의 명령을 받았을 때 상관의 판단과 결심을 존중하여 그 명령에 적극 복종하여 주어진 임무를 신속 정확하게 실행해야 한다는 의미를 담고 있다. 따라서

---

151) 군인복무규율은 1966년 3월 15일 대통령령으로 제정된 이래 3차의 개정이 있었으나 부분적인 자구수정에 불과했다. 이에 비해 1991년 1월 5일의 개정에서는 그 내용과 체제를 대폭 개정한 것으로, 특히 명령과 복종에 관한 규범은 (1) 명령을 「상관이 부하에게 지시하는 의사표시」로 규정한 과거의 규정을 「상관이 부하에게 지시하는 직무상의 지시」로 한정시켜 정의를 내렸으며 (2) 발령자는 「자기 권한외의 사항을 명령하여서는 아니된다」는 규정을 「군직무와 무관하거나 법규 및 상관의 명령에 반하는 사항 또는 자기 권한 밖의 사항 등을 명령하여서는 아니된다」고 하여 발령자의 발령권한의 한계를 군형법 체계와 일치하도록 수정하고 「발령자는 자신이 내린 명령의 실행결과에 대하여 책임을 진다」는 규정을 추가했으며 (3) 복종의 태도에 관해서는 「부하는 상관의 명령에 절대로 복종 하여야 하며, 그 원인이나 이유를 물을 수 없다」는 규정을 「부하는 상관의 명령에 복종하여야 하며 그 명령받은 사항을 신속정확하게 실행하여야 한다」고 수정했다. 특히 절대 복종을 삭제한 것은 「정당한 명령」에 복종해야 한다는 군형법 제44조 및 제47조의 법리와 일치시키기 위한 조치 하겠다.

부하는 상관의 명령에 대한 복종의 의무를 지고 있다고 하겠다.

그런데 부하는 상관의 명령에 대한 복종의 의무만을 지는 것이 아니라, 국가와 민족에 대한 충성, 법규의 준수, 직책에 대한 충실 등과 같은 또 다른 의무를 지닌다. 후자의 의무는 구체적 상황에서 어떻게 해야 한다는 것을 명백하게 지시하는 상관의 명령과 그 형식은 다르다 해도 마땅히 실행해야 할 의무로서 포괄적인 내용을 담고 있는 것이다.

● 군형법[152]

군형법에서는 항명(제44조)과 명령위반(제47조)에 대하여 규정하고 있는 바, 여기서는 특히 상관의 정당한 명령에 관해서는 더욱 우월적 효력을 부여하고 있음을 알 수 있다.

【제44조(항명)】 상관의 정당한 명령에 반항하거나 복종하지 아니 한 자는 다음의 구별에 의하여 처벌한다.

1. 적전인 경우에는 사형, 무기 또는 10년 이상의 징역에 처한다.

2. 전시, 사변 또는 계엄지역인 경우에는 1년 이상 7년 이하의 징역에 처한다.

3. 기타의 경우에는 2년 이하의 징역에 처한다.

---

152) 군형법 제44조 및 제47조의 「정당한」 명령이란 「적법한」 명령 모두를 의미하며 「명령이 적법한 경우에는 그것이 정당하든지 부당하든지 이에 불응하면 항명죄가 성립한다」(大法院 1967.3.21. 63도 4判決 參照). 또한 항명죄의 「반항」은 적의 행동과 당시의 수명자의 태도 등에 비추어 보아 명령에 복종하지 아니하였음이 명백하다면 항명죄가 성립한다(陸軍 1982.2.25. 82 高軍刑抗 13). 그러나 「표현방법이 반항적이고 불량하더라도 명령에 대한 단순한 시정건의 또는 애로사항 건의는 항명행위에 해당하지 않는다」(육군 1972.1.11. 71 고군형항 634). 또한 항명죄 및 명령위반죄의 성립에는 고의를 필요로 한다는 취지의 한국 판례로는 大法院, 1965.7.6. 63도 347 ; 大法院, 1967.3.21. 63도 4 ; 大法院, 1972.1.28. 72도 2164 ; 陸軍, 1978.3.8. 77 高軍刑抗 822 ; 陸軍, 1978.6.8. 78 高軍刑抗 256. 等 參照.

【제45조(집단항명)】 집단을 이루어 전조의 죄를 범한 자는 다음의 구별에 의하여 처벌한다.

1. 적전인 경우에는 수괴는 사형에 처하고 기타의 자는 사형 또는 무기징역에 처한다.

2. 전시, 사변 또는 계엄지역인 경우에는 수괴는 무기 또는 7년 이상의 징역에 처하고 기타의 자는 1년 이상의 유기징역에 처한다.

3. 기타의 경우에는 수괴는 3년 이상의 유기징역에 처하고 기타의 자는 7년 이하의 징역에 처한다.

【제47조(명령위반)】 정당한 명령 또는 규칙을 준수할 의무가 있는 자가 이를 위반하거나 준수하지 아니한 때는 2년 이하의 징역이나 금고에 처한다.

(『군형법』제2편 각칙, 제8장 항명의 죄)

군형법은 〈정당한〉 명령에 대해 반항하거나 복종하지 않은 자 및 위반한 자에 대한 처벌을 구체적으로 명시함으로써 복종의 최저기준을 제시하고, 이것을 군인의 복무에 있어서 지켜야 할 기초적 의무로 삼은 것이다.

따라서 군인으로서 복종 및 준수해야 할 명령에 대해 『군인복무규율』은 〈상관의 명령〉으로, 『군형법』은 〈상관의 정당한 명령〉으로 규정하고 있다.

군인복무규율에서 규정하고 있는 〈상관의 명령〉이란 두 가지 측면으로 그 의미를 분석해 볼 수 있다. 즉 명령을 내리는 발령자의 측에서 볼 때 〈상관의 명령〉은 실정법상의 〈적법성〉과 이

성적이고도 논리적인 〈합리성〉을 지닌 명령이라고 할 수 있다. 따라서 복종을 기대하는 상관의 명령은 합리적이고도 적법한 것이어야 함을 의미하는 것이다.

반면 명령에 대한 복종의 의무를 지니는 수명자의 측에서 보면, 〈상관의 명령〉은 명백하게 〈불법적이지 않은 명령〉이라고 하겠다. 따라서 수명자가 복종의 의무를 지니는 명령이란 합법적, 합리적인 명령이나, 때로는 불합리한 명령일 수도 있다. 왜냐하면 복종의 의무를 지니는 명령은 권한이 부여된 상관에 의해 합법적으로 내려진 명령이며 그 명령이 합리적인가, 불합리한 것인가에 대한 판단은 상관의 판단에 따르며, 복종할 의무가 있는 자가 결정하는 것이 아니기 때문이다.

한편 군형법에서 규정하고 있는 〈정당한 명령〉이란 적법성을 지닌 명령을 지칭하는 것으로 볼 수 있다. 상관의 적법한 명령에 대해 수명자는 복종해야 할 의무가 있으며, 반면 적법하지 않은 명령에 대해서는 복종할 의무가 없으며 나아가 복종으로 야기되는 불법적 행위에 대한 책임을 묻는다는 의미를 함축하고 있다.

지금까지 검토한 명령이행에 대한 법률적 측면의 의무를 살펴본 결과 부하는 상관의 명령에 복종하여야 하며 명령받은 사항을 신속·정확히 실행하고 그 실행에 관해 적시에 보고하여야 할 의무가 있다.[153]

---

153) 改正(1991.1.5.) 前 군인복무규율의 군인병영생활규정 제3조 제5호(병의 책임)에서는 단순히 「복종하여야」로 규정하지 않고, 「절대 복종…」으로 규정되어 있었던 바 현재 군내에서 통용되는 「복무신조」는 여전히 이 규정에 따라 「…상관의 명령에 절대 복종한다」는 규정을 두고 있다. 아직도 이와 같은 개념으로 복종이 이해되고 있는 경향이 많다. 그러나 군인복무규율에서 의미하는 것은 명령을 하게 된 원인이나 이유배경을 불문하고 복종하라는 명령의 절대성을 강조한 서언적 규정에 불과하다는 견해가 지배적이다. 따라서 오해의 소지가 없도록 명확하게 「정당한」 명령임을 명시할 필요가 있다.

그러므로 명령에 복종하지 않거나 명령을 회피하는 경우에는 군인복무규율 제7조의 성실의무에 대한 위반(명령의 수행을 회피하는 경우)이 될 수 있으며 나아가 군형법상의 항명죄(제44조)나 명령위반죄(제47조)를 구성하여 형사처벌·징계처분의 대상이 될 수 있다.

그러나 이러한 상관의 명령에 대한 부하의 복종의무의 대상이 되는 명령은 [적법·정당한 명령]에 한하여야 한다. 따라서 위법한 명령에 복종하여 위법한 행위를 한 경우는 공범 내지 간접정범으로 처벌된다 할 수 있겠다.[154]

이에 관하여는 제4장에서 자세히 고찰해 보기로 하겠다.


# 3. 제도적 규범으로서의 복종의무[155]

모든 전투에서의 승리의 내면에는 복종관계의 원만한 상태가 큰 역할이 되어 온 반면, 전투에서의 실패 이면에는 복종관계의 혼선이 잠재된 결과라는 것은 너무나 보편화된 명백한 사실이다. 그러므로 복종관계는 전장에서 가장 기본이 되는 전투력의 무형요소 가운데 하나라고 할 수 있다. 그러나 인간은 지각이 있기 때문에 발령자의 품성, 지능, 공정성, 부하애 등을 감지하면서 복종의 태도가 결정되므로 발령자는 수명자보다 품성, 지능면에서 보다 상위의 조건에 도달하려고 노력하여야 진정한

---

154) 다만 적법성의 외관을 갖춘 경우 또는 강압에 의해 이루어진 경우에는 기대불가능성 또는 강요된 행위를 이유로 형사책임이 조각될 것이다. 광주민주항쟁 무력진압에 동원된 하급지휘관, 사병의 경우 이러한 예에 해당한다고 할 수 있다.

155) 朴慶錫, 前揭書, p.213.

복종을 받을 수 있는 것이다.[156]

또한 전장에서의 복종관계는 앞에서도 기술한 바와 같이 전투력의 무형 요소 가운데 하나이기 때문에 평소에는 보통의 위장된 행위로서 복종을 가장할 수 있지만 전투시에는 적나라하게 드러나게 되기 때문에 전시에 대비하기 위한 진정한 명령복종관계의 확립이 필요한 것이다.

헌팅턴(Huntington)에 따르면 "군사전문직업은 국가에 봉사하기 위하여 존재하기 때문에 될 수 있는 한 최고의 봉사를 하도록 하기 위하여 군대와 군사력은 국가정책의 효과적인 수단으로 구성되어야 하며 정치적 결정은 하향식이기 때문에 군대조직은 복종관계의 계급제도로서 조직되어야 한다고 하였으며, 군대가 그 기능을 수행하기 위하여는 그 내부의 상위계급자가 하위계급자로부터 충실한 복종을 받을 수 있어야 하며 충성과 복종은 군인의 최고 미덕이다."[157]

따라서 군대조직에 있어서의 상급제대의 명령에 대한 하급제대의 충실한 복종은 군대조직기능을 철저히 유지하기 위한 제도적인 규범이라 할 수 있다. 또한 행정법학상 특별권력관계에서는 공법상의 [특정] 목적을 달성하기 위하여 필요한 범위 내에서 상관의 명령에 대한 부하의 복종을 요구하고 있고 불복하는 경우에는 징계사유가 된다. 그러나 군형법 제44조, 제47조에서는 특별권력관계라고 할 수 있는 군 내부에서의 명령불복종행위에 대해서는 형사처벌을 과하고 있다.[158]

---

156) 마키야벨리(Machiavelli, 1469~1527)는 그의 저서 「君主論」에서 인간적이며 윤리적인 방향에서의 복종관계를 철저히 부정하면서 실리적인 방향에서의 정치원리에 바탕을 둔 충격적이면서도 냉혹한 방법으로 복종을 강요할 것을 주장하였다. 그러나 시대적, 정치적, 사회적 환경변화와 정치적 수준이 향상됨으로써 그의 주장은 퇴색되어 가고 있다.
157) S. P. Huntington, op.cit., p.73.
158) 군에 있어서도 명령불복종행위가 징계사유가 됨은 물론이며 사병에 대한 징계에는 신체 구속이 수반되는 영창처분까지 포함된다.

이것은 전승을 최고의 목표로 하고 있는 군조직의 특성상 명령에 대한 신속하고 절대적인 복종이 요구되고 있기 때문이다.[159]

그러나 군의 명령은 형식이나 내용이 다양하고 중요성도 서로 다르므로 모든 사항을 형사 처벌하는 것보다는 명령의 조건이나 내용 등을 국가적 사정이나 시간적 상황 등을 고려, 처벌을 제한할 필요가 있는 문제라고 생각된다.

## 4. 복종의 태도

### 1) 실정법규정

『군인복무규율』은 명령에 대한 복종의 태도를 다음과 같이 규정하고 있다.

> …수명자는 그 임무를 확인할 의무가 있다.
> (『군인복무규율』제3장 복무, 제2절 명령 및 복종, 제21조 2항)
>
> ①부하는 상관의 명령에 복종하여야 하며, 명령받은 사항을 신속 정확하게 실행하여야 한다.
> ②부하는 명령의 실행에 관해서 적시에 보고하여야 한다.
> (『군인복무규율』제3장 복무, 제2절 명령 및 복종, 제23조 1-2항)

---

159) 명령복종관계에 대하여 형사처벌을 과하고 있는 경우도 있다.(例‥ 消防公務員法 第33條 ; 警察公務員法 第37條, 第59條 ; 警察隊設置法 第40條 第1項)

첫째, 수명자는 상관의 명령에 의해 주어지는 자신의 임무가 무엇인지, 상관의 의도가 무엇인지 정확히 확인할 의무를 갖는다. 따라서 부여받은 임무의 내용이 불명확하거나 정당성이 의심스러운 명령을 받았을 때 부하는 이를 확인해야 한다. 적어도 장교의 경우에는 명령이 의심스러울 때에는 확인해야 한다. 그래서 『군형법』에서는 "허위의 명령, 통보, 보고 여부를 확인해야 한다"라고 명시하고 있다.

둘째, 명령을 받은 부하는 신속하고 정확하게 그 명령을 실행해야 한다. 상관으로부터 명령을 받은 부하는 그 명령에 대해 논란하거나 자신의 견해로 임의로 교체할 수 없으며, 부여받은 임무를 명령과 차질 없이 정확하게 그리고 효율적으로 수행해야 한다.

셋째, 상관의 명령에 대해 수명자는 능동적이어야 하며, 명령을 지키는 습성을 길러야 한다. 그런데 여기서 우리가 경계해야 할 것은 '어떻게 복종해야 할 것인가?'에 대한 이러한 복종의 태도만을 강조하다 보면 '무엇을 위해 복종할 것인가?'를 소홀히 할 수 있다는 것이다. 우리는 올바른 복종의 지향 대상과 복종의 방법을 함께 갖추어야 할 것이다. 또한 이른바 "상관의 의도를 명찰해야 하며, 습관화된 복종이 요구된다."고 하는 것이 자신의 생존과 출세를 위한 아부와 굴종 또는 맹목적 복종이 되어서는 안된다는 것이다. 이른바 충성병, 즉 오도된 충성과 복종은 군대윤리를 타락시킨다.

넷째, 수명자는 명령의 실행과정과 결과 및 필요한 사항을 적절한 시기에 정확하고 신속하게 그리고 간명하게 문서나 구술 또는 신호에 의해 상관에게 보고해야 한다.

## 2) 의견의 건의

상관의 명령에 복종해야 하는 것이 부하의 의무이긴 하지만, 부하는 동시에 직책에 대한 책임과 의무도 지니고 있는 것이다. 자신의 직무상의 책임과 의무를 외면한 무조건적 복종은 군직업의 발전을 저해하고 군의 명예를 손상시킨다. 따라서 부하는 자신의 직무와 연관해서 상관의 지시나 명령이 자신의 견해와 다를 경우 건의할 수 있다.

"부하는 군에 유익하거나 정당한 의견이 있는 경우 지휘계통에 따라 단독으로 상관에게 건의 할 수 있다. 이 경우 상관이 자기와 의견이 달리하는 결정을 하더라도 항상 상관의 의도를 존중하고 기꺼이 이에 복종하여야 한다."
(『군인복무규율』, 제3장 복무, 제2절 명령 및 복종, 제24조 의견의 건의, 1항)

군인에게 있어서 명령에 대한 복종은 절대적 의무이기는 하지만 불법적인 명령이나, 불합리한 명령에 대해서까지 반드시 수행해야 한다는 것은 아니다. 군직업의 존재의의 및 목적 그리고 그 책임에 근거하여 군인의 의무가 주어지는 것이다.

따라서 군의 목적에 저해되거나 자신의 책임에 반하는 명령, 또는 군의 목적에 부합하고 정당한 의견이 있을 때에 부하는 상관에게 자신의 의견을 제시할 수 있다. 그러나 상관의 지시나 명령이 명백하게 불법적이지 않는 한 일차적으로 상관의 의도와 결정을 존중하고 기꺼이 복종하여야 한다.

또한 군인에게는 상관에 대한 복종의 의무와 함께 국가와 상관에 대한 충성의 의무도 함께 주어진다. 따라서 상관에 대한 복종의 의무는 때로는 국가와 상관에 대한 충성의 의무와 갈등을 일으킬 수가 있다. 이때 부하는 진실과 성실성을 본질로 하는 충성을 선택하는 것이 합리적이라고 할 수 있다. 그래서 상관의 명령에 무조건 복종하기보다는 불법적이거나 불합리한 상관의 명령을 바로잡아 주는 것이 충성스러운 부하의 태도라 하겠다.

충성심의 발로로서 상관의 명령에 대한 반대 의사의 표시방법은 다음과 같이 간단히 정리해 볼 수 있다.


◎ 상관의 명령에 대해 긍정적 태도를 가져라.

◎ 즉석에서 반대의견을 제시하기보다는 반대견해의 타당한 이유를 신중히 검토하고 후에 의견(대안)을 제시하라.

◎ 상관의 권위를 인정하라.

◎ 상관이 없는 자리에서 불평을 하지 말라. 자기의사가 와전되거나 오해를 일으킬 수 있다.

◎ 평소에 상관에게 전문직업적 신뢰와 도덕적 신뢰를 형성하라. 자신의 정당한 의견을 반영하기 위해서는 평소 상관의 신뢰를 얻어야 한다.

◎ 상관이 자기와 의견을 달리하는 결정을 내렸다 하더라도 항상 상관의 의도를 존중하고 기꺼이 복종하라.

◎ 모든 노력이 실패했을 경우, 차상급자 또는 그 이상의 기관에 상신하거나 자기의 거취의사를 상관에게 말할 수 있다.

# 제2절 복종의무의 충돌 [160]

## 1. 윤리적-법률적 측면간의 상충명령

만일 군인이 정치가나 그의 상관으로부터 점령지역의 선량한 양민을 전멸시키도록 명령받았다면 그는 어떻게 할 것인가? 히틀러로부터 유태인 말살의 명령을 받은 독일군 장교나 유고의 밀로세비치로부터 코소보 알바니아계 주민에 대한 인종 청소를 명령받은 유고군 장교는 어떻게 해야 하는가? 이처럼 개인의 도덕적 확신과 법으로 규정한 명령 또는 상관의 명령이 상호 불기피하게 충돌하는 경우는 수명자에게 많은 혼란을 야기 시킨다. 이러한 경우 우리는 도덕적 확신이 법으로 명시된 명령과 일치되든 일치하지 않든 우리 자신의 도덕적 확신과 판단에 따라 행위하기를 원한다.

그러나 국가나 조직은 권위와 질서를 유지하기 위하여 수명자의 법에 대한 무지를 이유로 명령을 이행하지 않아도 되는 항

---

160) 의무의 충돌(Pflichtenkollision)이란 둘 이상의 의무가 서로 충돌하여 행위자가 하나의 의무만을 이행할 수 있는 긴급상태에서 다른 의무를 이행할 수 없게 되어 구성요건을 실현하는 경우를 말하는 것으로 형법에는 이에 관한 명문의 규정이었으나 의무의 충돌이 책임조각사유뿐만 아니라 일정한 요건 아래 위법성 또는 불법을 조각한다는 점에는 견해가 일치하고 있다. 문제는 높은 가치의 의무를 이행하거나 특히 충돌하는 의무가 같은 가치를 가진 경우에 의무의 충돌이 위법성 조각사유가 될 수 있는지, 또 이 경우에 위법성 조각사유로서의 의무의 충돌의 성질을 어떻게 파악해야 하는가 라는 점에 있다.

변사유로 받아들이지 않는다. 특히 군대집단은 다른 집단에 비해 임무의 특수성과 절대성이 있기 때문에 이런 갈등 속에서 개인의 도덕적 확신보다는 먼저 군대윤리에 충실하여 명령에 복종할 것을 요구하고 있다.

헌팅턴(Huntington)은 이러한 복종의무와 윤리적 측면 사이의 갈등해결에 대하여 "군인의 복종의무와 도덕성 사이에 갈등이 생기면 군인의 입장에서는 명령에 복종해야 하고 인간적 측면에서는 불복종해야 한다. 즉 부득이한 경우를 제외하고는 군인은 명령에 복종하는 것이 합리적이다. 군인이 군대의 복종과 국가의 이익이라는 이중적인 요구에 반대하고 개인적인 윤리적 판단에 의한 명령에 복종하는 것이 정당화되기란 매우 어렵고 드문 일이다."[161]라고 주장하였다. 또한 가브리엘(Gabriel)은 정치가나 군대 상관의 명령과 국가적 이익 및 개인의 윤리적 기준간에 상충이 될 때는 "국가적 이익과 개인적 양심을 지켜 명령에 복종하지 않는 것이 국가적 도덕성과 명예실추방지를 위해 바람직하다"고 주장한다.[162]

이처럼 명령에 대한 법률적·윤리적 의무 사이에서 갈등이 생기면 과연 어느 기준에 따라 행동하는 게 옳은지 결정하기가 곤란한 문제에 다다르게 된다.

결국 이러한 경우에는 개인의 윤리적 판단을 우선시키는 방법과 규정된 명령에 우선권을 부여하는 방식, 그리고 이 양 극단을 타협하여 군인의 이익과 윤리적 반대자의 이익을 비교하

---

161) Huntington, Samuel, P, op.cit., p.78.
162) 전술적인 이유에서 아직도 사람이 살고 있는 마을을 불태우라고 한 명령을 받은 어느 분대장이 자기보다 학식이 많은 한 분대원의 영향을 받아 명령을 거부한 바, 이것은 명령과 인도주의적 측면의 가치의 갈등 사이에서 결국 공식적인 명령을 거역한 행동이 취해졌던 것이다.

고 결정하는 방식 등이 있는데,[163] 일반적으로 행위규범은 그 행위가 현행법에 따른 법익이나 의무가 윤리적 측면의 기준과 충돌하는 가치관계에 따라 결정되어야 하고 보다 우월한 의무가 무엇인지를 판단하여 결정하여야 할 것이다.[164]


## 2. 법률적-법률적 측면간의 상충명령
### -"의무의 충돌이론"-


둘 이상의 법적의무의 충돌이 있는 경우 수명자의 입장에서는 결과적으로 한쪽의 의무를 이행할 수밖에 없는 입장에 처하게 되어 결과적으로 다른 한쪽의 의무를 불이행하게 되는 결과를 초래하게 된다. 이러한 경우 그 결과가 범죄구성요건에 해당되어 법적으로 처벌대상이 된다면 과연 수명자의 행위가 위법하다고 할 수 있는 가에 대하여 논란이 있을 수 있다. 이를 법적으로 '의무의 충돌'이라고 한다.

---

163) Malham M. Wakin, "The Ethics of Leadership" the American Behavioral Scientist 19, No.5(May/June 1976). Reprinted in wakin, M.M.(ed,), war, Morality and the Military Profession(Boulder, Coro-rado : Westview Press, 1979, pp.179-217).

164) 파리를 불바다로 만들라던 히틀러의 명령이나, 히로시마와 나가사키에 원폭을 투하시키라는 명령은 불법적인 명령은 아닐지 모르나, 비도덕적인 명령임에 틀림이 없다. 한 사람은 명령을 따르지 않음으로써 예술과 낭만의 도시 파리의 아름다움을 보존케 했지만, 다른 사람은 명령을 수행함으로써 수많은 무고한 사람의 생명을 희생시켰지만 전쟁에 승리를 가져왔다. 비도덕적 명령을 상관으로부터 받았을 때 하급자는 과연 어떻게 해야 하겠는가? 결코 쉽사리 대답할 수 없는 물음이지만 둘 이상의 의무가 충돌하는 상황에서 보다 중요한 이익을 보존한 행위는 긴급피난의 법리에 따라서 위법성이 배제된다고 할 수 있다.(曺升玉 外 5人, 경희종합출판사 1995), p.209. 參照).

# ■ 의무의 충돌(義務의 衝突) ■

## 가. 의 의

　의무의 충돌이란 둘 이상의 법적 의무가 충돌하여 한 의무를 이행하기 위하여 다른 의무를 불이행할 수밖에 없는 긴급상태에서 다른 의무를 불이행함으로써 구성요건을 실현하는 경우를 말한다. 예컨대, 아버지가 급류에 떠내려가는 두 아들을 구하느라 다른 아들을 익사하게 한 경우가 이에 해당한다.

　형법상 의무의 충돌에 관한 명문규정은 없으나 일반적으로 범죄불성립사유의 하나로 인정되고 있다.

## 나. 종 류

### ▶ 논리적 충돌과 실질적 충돌

　논리적 충돌이란 법규 사이의 모순·저촉으로 인하여 그로부터 도출되는 의무가 논리적으로 충돌되는 경우(예컨대, 전염병예방법 제4조에 따른 의사의 신고의무와 형법 제317조의 비밀유지의무)를 말하고, 실질적 충돌이란 법규 자체와는 관계없이 개인의 일신상 사정에 따라 둘 이상의 의무가 충돌하는 경우를 말한다. 그러나 전자는 법규의 해석에 의해 해결될 수 있으므로 진정한 의무의 충돌이라 할 수 없고, 문제가 되는 것은 후자이다.

### ▶ 해결할 수 있는 충돌과 해결할 수 없는 충돌

　해결할 수 있는 충돌이란 의무 사이의 형량이 가능한 경우를 말하고, 해결할 수 없는 충돌이란 그 형량이 불가능한 경우를 말한다. 예컨대, 사람의 생명을 구조할 의무가 충돌하는 경우는 후자에 해당한다.

## 다. 법적 성질

### (1) 견해의 대립

의무의 충돌의 법적 성질에 관하여는, ① 긴급피난의 특수한 경우라고 보는 견해(다수설)와 ② 정당행위(사회상규에 위배되지 않는 행위)로서 독립된 위법성조각사유에 속한다고 하는 견해가 대립한다. 전자는 의무의 충돌이 긴급피난과 구조적으로 유사하다는 점을 근거로 하나, 후자는 긴급피난과의 차이점을 강조한다.

### (2) 긴급피난과의 차이점

의무의 충돌은 다음과 같은 점에서 긴급피난과 차이가 있다. 즉 ① 긴급피난에서는 이익(법익)이 충돌하니, 의무의 충돌에서는 법적 의무가 충돌하고, ② 긴급피난에서는 위난을 감수할 수도 있으나, 의무의 충돌에서는 어느 의무의 불이행이 필연적이며, ③ 긴급피난에서 피난행위는 작위에 의하는 것이 보통이나, 의무의 충돌에서 구성요건 실현은 반드시 부작위에 의해 이루어지며, ④ 따라서 의무의 충돌에서는 상대적 최소피난의 원칙이나 수단의 적합성의 원리가 적용될 여지가 없다.

이상과 같은 차이점에도 불구하고, 의무의 충돌은 한 의무의 이행을 위해 다른 의무를 불이행할 수밖에 없는 긴급상태를 전제로 하며, 또 법적 의무도 결국은 법익을 보전하기 위한 것이므로 의무의 충돌은 궁극적으로 법익의 충돌과 같은 성질을 가진다는 점에서 긴급피난과 구조적으로 유사하다. 따라서 의무의 충돌을 긴급피난의 특수한 경우라고 이해하는 다수설이 타당하다고 생각한다. 의무의 충돌을 정당행위로 보는 견해는 그 구조적 특수성을 강조하나, 긴급피난의 특수한 경우로 해석한다 하여 그것을 무시하는 것은 아니다.

## 라. 요건

### (1) 둘 이상의 법적 의무의 충돌

둘 이상의 법적 의무의 실질적 충돌이 있어야 한다. [충돌]이란 한 의무를 이행함으로써 다른 의무의 불이행이 필연적인 경우를 말한다. 이러한 의미에서 의무의 충돌의 개념에는 보충성이 전제되어 있다고 할 수 있다.

의무의 충돌에서 [이행되지 않는 의무]는 반드시 형벌법규상의 의무이어야 한다. 즉 의무위반이 가벌적이어야 한다.

그러나 [이행되는 의무]는 법규상의 의무에 한하지 않고, 전체법질서의 견지에서 인정되는 법적 의무이면 족하다. 따라서 관습법이나 조리상의 의무도 포함되나, 단순한 도덕적·종교적 의무는 포함되지 않는다.

의무의 충돌은 작위의무 상호간은 물론 작위의무와 부작위의무 사이에서도 있을 수 있으나, 부작위의무 상호간에는 있을 수 없다. 이 경우에는 동시이행이 가능하기 때문이다.

의무의 충돌상황이 행위자의 고의 또는 과실로 인하여 야기된 때에는 위법 하다고 해석한다. 다만 경미한 과실의 경우까지 배제되는 것은 아니라고 본다(다수설). 이에 대해, 의무의 충돌을 긴급피난의 일종으로 보는 이상 충돌의 원인은 묻지 않는 것

## 3. 상반된 상관의 명령

동일한 상관의 명령이 충돌할 경우에는 당해 상관의 명령으로 해결이 가능하고 통상 뒤의 명령이 앞의 명령을 취소 또는 수정하는 것으로 추정될 수 있기 때문에 문제가 되지 않는다. 그러나 둘 이상의 각기 다른 상관들로부터의 모순되는 명령을 받았을 때에는 어느 명령에 복종해야 하는지 문제가 발생하게 된다.[165]

이 경우에는 무엇보다 상급자와의 의견교환이 최선이라고 할 수 있으나 그것이 불가능한 경우에는 직근상관에게 복종하여야 한다는 직근상관설(우리나라 다수설)과 상급의 상관에게 복종하여야 한다는 상급상관설(일본의 다수설)이 대립하고 있다.

생각하건대, 직근상관설은 행정조직의 계층적 질서에 착안한 것이라 하나, 직근상관과 차상급상관(또는 차차상급상관일 수도 있을 것이다)의 명령이 충돌할 경우, 직근상관의 명령은 이미 차상급상관의 명령에 따르지 아니한 명령으로서 그러한 명령은 공무원의 위계질서를 파괴하는 행위이므로 만일 법질서가 이러한 명령을 보호한다면 오히려 행정조직의 계층적 질서에 서해된다 힐 것이다. 특히 군인의 경우 상관의 정당한 명령에 대한 직근상관의 불복이 항명죄를 구성할 경우 이러한 항명행위에 따르는 부하의 행위도 경우에 따라서는 항명죄의 책임을 질 수 있게 될 것이다.

---

165) 97.4월 大法院 判決은 12. 12사건과 관련하여 다음과 같이 명령복종행위의 위법성 및 책임성을 인정하고 있다. "피고인 신윤희가 수도경비사령부 헌병단장 조홍의 지시를 받고 병력을 이끌고 가서 장태완 수경사령관을 체포한 행위는 앞서 본 바와 같이 모두 상관의 위법한 명령에 따라서 범죄행위를 한 것이므로 위 피고인이 직근상관의 명령에 따라 위와 같은 행위를 하였다고 하여 피고인의 행위가 정당행위가 된다고 할 수는 없다."고 판시하고 있다.

또한 상관은 부하에 대한 감독권을 가지고 있으므로 위와 같은 경우에는 수명자의 직근상관이 내린 명령에 대하여 차상급 상관의 지휘감독권을 보장하기 위해서라도 보다 상급상관의 명령에 따라야 한다고 할 것이다.[166]

따라서 군조직의 특성을 고려할 때, 둘 이상의 명령이 충돌하는 경우에는 그 중 상급상관의 명령에 따라야 한다고 본다.[167]

그렇지만 ①두 상관의 계급과 지위가 동일할 때 ② 두 번째 명령을 내린 상관의 계급이 낮을 때, 그리고 ③ 첫 번째 명령이 하달된 이후에 상황의 변동으로 두 번째 명령이 내려졌으며, 첫 번째 명령을 내린 사람이 상위계급자라면 이 지침은 해결책이 되기 어렵다. 이런 난점들을 피하기 위해서 부하는 이런 문제를 두 번째 명령을 내린 상관에게 알리고 나서 이 상관의 결정에 따라야 한다는 지침이 제안될 수 있다.[168]

그러나 이 규칙도 두 번째 명령을 내린 상관과 연락이 두절되었거나 더욱이 두 번째 명령을 내린 상관이 첫 번째 명령을 내린 상관의 지휘 하에 있을 때 적절한 해결책이 되기 어렵다는 단점을 갖고 있다.

---

166) 曹升玉 外 5人 共著, 前揭書, p.223.
167)「軍事行政法」(陸軍士官學校 1990), p.60.
168) (1) 군형법 제44조 소정의 항명죄란 상관의 정당한 명령을 고의로 불복종하는 경우에 성립하는 유형의 범죄라 할 것인 바 피고인이 연대장의 고지추진지시를 이행 도중 중단한 것은 사실이나, 그것은 당시 그 지역의 최고지휘자였던 부사단장의 변경된 사단 작전지시에 따르기 위한 정당한 행위로서 하등 항명의 고의를 인정할 수 없으므로 이 법리를 오해하여 항명죄를 적용한 원심판결은 위법이 있다 하겠다(陸軍, 1969.3.18. 69 高軍刑抗 59).
(2) 이런 지침은 일부국가에서는 法令에 反映되어 있으며 一部國家에서는 判例法에 적용되고 있다. 美國의 Naval Regulations 제0815조, 英國의 Queens Regulations for The Royal Navy 1829절, 獨逸의 判例法 Bundesdisziplinarhof, 26-4-1973(Military obedience, pp.249-250 : 曹升玉, 前揭論文, p.152.에서 再引用).

# 제3절 복종의무의 한계

군대의 최고가치중의 하나는 복종이다. 따라서 상관의 위법한 명령에 대하여 수명자가 어떠한 복종행위를 하였다면 설령 범죄구성요건에 해당되는 행위라도 특별권력관계에 의한 명령에 대한 복종의무를 이행해야 하는 법적 규정에 의하여 그의 행위가 정당한 행위로 허용되기도 한다. 그러나 복종에도 한계가 있다. 즉 윤리적 측면에서는 옳지 않은 행위라도 형법적 측면에서 보면 그 규정은 정당화 사유로 작용하기도 한다. 따라서 수명자는 상관의 명령에 저항하지 않고 복종하여야 하며 행위자의 처벌 또한 배제된다. 이와 같이 상관의 명령에는 내용의 적합성과는 관계없이 수명자의 복종을 강조하는 게 일반적이지만 그렇다고 해서 어떠한 명령이나 상황 하에서도 무조건적이고 즉각적인 복종이 요구되는 것은 아니다.

독일어로 [kadavergehorsam]이란 단어가 있다. 직역하면 [죽은 자의 복종]이며 다른 말로는 [맹종]이다. 그러나 살아 있는 인간은 생명이 없는 자와 달라서 자신의 머리로 생각하고 판단한다. 따라서 그 살아 있는 인간을 향해 죽은 자에게 하듯 복종을 요구하는 데는 무리가 있다. 이처럼 비록 상관의 명령은 언제나 존중되어야 하고 충실하고 정확하게 그리고 신속히 실행되어야 한다는 보편적 규칙을 받아들이더라도 상관의 명령에 복종하여야 할 부하의 의무는 무조건적이거나 절대적이지 않다고 할 수 있다.[169]

그러므로 직무와 무관한 명령, 법규에 위반되는 명령, 부하가 자기 직무범위 내에서 수행이 불가능한 명령, 조직의 존재목적에 어긋난 명령, 특히 군의 경우는 군 조직 및 국가의 재난을 초래할 수 있는 명령들은 복종을 기대하기 어려운 명령으로 이러한 명령은 오히려 군의 도덕성을 손상시키고 본연의 임무를 수행하는데 저해요인이 되기도 한다.[170]

또한 상관이 어떠한 명령을 내릴 수 있는 법적 권한을 지니고 있다 해도, 그 명령이 시행될 경우 중대한 법익들이 침해받게 되는 특수한 상황 때문에 복종의무가 해제되는 경우도 있다.[171]

이와 같이 명령수행에는 일정한 한계가 있을 수밖에 없는데 이하에서는 상술한 여러 법익들간의 충돌에 의하여 불복종행위의 위법성이나 책임이 배제되는 법리중 하나인 긴급피난이론에 대하여 먼저 고찰해 보고 이어서 명령수행에 있어서의 한계요인을 몇 가지 범주로 나누어 살펴본다.


# 1. 긴급피난의 법리[172]


## 1) 역사적 조명

169) 박연수, 前揭論文, p.64 參照.
170) 曹升玉, 前揭論文, p.134 參照.169).
171) 曹升玉^閔庚吉 譯, 前揭書, p.148.
172) 1994.3. 니코케이저 저 조승옥, 민경길 편역 '군대명령과 복종' p359.

인간에게는, 어떤 법규범을 어기지 않을 수 없는 불가피한 상황이 있을 수 있으며 그러한 법규범 위반을 이유로 그를 처벌하는 것이 무의미한 경우가 있을 수 있다는 것이 먼 과거부터 인정되어 왔다. 그러한 상황들을 일반적으로 "위난" 또는 "긴급상태"라고 부르고 있다. 법규범을 어기는 행위가 이루어진 상황 때문에 그 행위가 처벌대상에서 제외되는 고전적인 예로서 태풍 속에서 침몰하는 배를 구하기 위하여 화물을 바다에 버리는 행위를 들 수 있다.

그러나 이 분야에 있어서도, 그 행위가 결코 자발적이 아닌, 즉 달리 행동하는 것이 절대 불가능한 경우들과 비록 당시의 사정 하에서는 그 선택의 폭이 제한되어 있기는 하였어도 그 행위가 선택의 결과로 행해진 경우들이 오래 전부터 구별되어 오고 있다. 아리스토텔레스는 한편으로는 보다 큰 해악에 대한 두려움 또는 어떤 명예로운 동기로 인한 행위와 다른 한편으로는 강요된 행위를 구별하였다. 키케로의 구별 역시 동일하였다. 그러나 법적인 평가의 측면에서는 두 번째 부류의 행위, 즉 강요에 의한 행위들은 크게 문제시되지 않는다. 왜냐하면 불가항력에 의한 행위는 행위자 자신의 행위라고 할 수 없으며, 따라서 법규범의 침해라 볼 수 없기 때문이다. 오랜 세월 동안 학설상 논쟁의 주제가 되어 온 것은 첫 번째 부류의 행위들인 것이다.

로마법에 있어서는, 자신의 생명이나 재산에 대한 보다 큰 피해를 회피하기 위하여 필요한 때에는 타인의 재산이 희생될 수 있다는 개념을 인정하고 있는 일부 규정들이 있다. 로디아 위난 구호법에 의하면 배를 구하기 위하여 화물이 바다에 던져진 경우 그 손해는 화주들 모두가 공동으로 부담하여야만 했다. 항해 도중 식량 부족사태가 발생한 경우 선박내의 모든 사람들은 각자가 준비한 식량을 타인들과 나누어야만 했다. 또한 태풍에 의해 어느 보우트가 로프나 그물에 말려들어 갔을 경우 다른 방법으로 그 보우트를 구할 수 없을 때는 그 로프나 그물을 절단하는 것이 합법적인 행위로 간주되었다.

이와 같은 발전단계를 거쳐 교회법에서는(주일 및 기타 휴일을 준수하지 않는 것과 관련하여) "긴급상태 하에서는 법에 구속되지 않는다", "법규칙에 위반되는 것도 긴급상태 하에서는 합법화된다"는 법원칙이 정립되었다. 이러한 법원칙의 영향으로, 굶주림이나 결핍으로 인한 절도는 그 피해가 사후에 회복되면 처벌되지 않았다. 또한, 달리 회피할 방도가 없었으며 행위자 자신에게 과실이 없었던 한, 긴급상태에서의 살인은 범죄가 아니었다.

이와 같이 긴급피난이라는 항변사유와 관련된 과거의 법률들이 지니고 있는 특징은 사례별 접근방식이라는 것이었지만, 철학자들은 모든 경우들을 설명할 수 있는 원칙들을 발견하려고 노력하였다.

가령 자연법학파에서는 긴급상태에서의 행위가 일반적으로 항변사유로서 간주되었으며 이 견해에 따르면, "법은 인간의 약점을 인정하면서 만들어져야 한다." 그리고 "인간의 본성상 불가피한 행위들은 인간에 의해 처벌되어서는 안 된다."고 주장하고 있어 일반적 관점에서 입안되는 법규칙에는 긴급상태의 경우에 대한 처방이 포함되어 있지 않다는 것이다. 따라서 자연법학파는 다양한 종류의 긴급상태들을 한 데 모으고 이들을 상호 관련이 있는 것으로 취급함으로써 긴급피난에 관한 일반적인 이론의 발전에 크게 기여하였다.

그 후의 학자들 중에는 긴급상태를 어떤 위협적인 상황 및 그로 인하여 발생되는 행위자에 대한 심리적 영향의 측면, 예를 들면 범죄의 구성요건인 고의성의 결여 측면에서 다루거나, 그렇지 않으면 긴급상태 하에서 침해의 우려가 있는 이익들이 지니고 있는 상대적인 가치의 측면에서 다루는데, 이것은 그들이 논의의 출발점으로 삼고 있는 구체적인 예가 다르기 때문인 것으로 보인다.

일례로서, 칸트는 저 유명한 카르네이아데스 사건(주: 물에 빠진 두 사람이 단 한 명만을 지탱할 수 있는 널빤지를 놓고 서로 다투는 고전적인 예)을 예로 들면서 이 사건에서와 같은 상황 하에서는 형법이 범죄 억제력을 지니지 못한다고 주장하였다. 법원의 심판에 따라 자기에게 닥칠지 모를 불확실한 해악에 대한 공포가 익사라는 확실한 해악에 대한 공포를 능가할 수 없는 것이다. 따라서 칸트는 카르네이아데스 사건에서 타인을 밀어낸 행위가 합법화될 수는 없지만 처벌될 수도 없다고 보았다. 즉 "긴급상태 하에서는 법에 구속되지 않는다"고 하여도 법에 반하는 것을 합법화할 수 있는 긴급상태란 결코 존재할 수 없다고 본 것이다.

긴급피난의 법리가 보다 체계적으로 발전되게 된 데에는 긴급상태라는 개념이 지니고 있는 객관적 측면과 주관적 측면 모두에 관심을 보인 여타 학자들의 공로가 크다. 그 예로서 영국의 법학자 블랙스톤을 들 수 있다. 그는 피고를 무죄로 만들 수 있는 긴급상태를 다음과 같이 세 가지 형태로 구분하였다.

① 자신의 의사에 반하는 어떤 것을 행하도록 하는, 회피할 수 없는 힘 또는 강제력

② 죽음 또는 여타의 신체적 피해에 대한, 정당하고도 충분한 근거를 지닌 공포를 유발시키는 위협 또는 협박으로서의 강박 ③ 목전에 있는 두 가지의 해악중 하나를 선택하여야 할 긴급상태 하에서의 보다 작은 해악의 선택

이와 같은 세 가지 형태로 긴급상태를 구분한 것은 강요된 행위, 보다 큰 해악에 대한 공포로 인한 행위, 그리고 어떤 명예로운 동기에 의한 행위로 구별한 아리스토텔레스의 분류와 큰 차이가 없다. 블랙스톤은 자신이 말한 세 번째 형태의 긴급상태에 관하여, 아리스토텔레스의 전통에 따라, "이러한 경우에 인간이 자신의 마음대로 자유롭게 행동할 수 있다고 우리는 말할 수 없다"고 말했다. 그러한 예로서 블랙스톤은 "살인범의 도주를 허용하기보다 그를 때리거나, 그에게 부상을 입히거나, 때에 따라서는 그를 살해하는 것은 위법성이 배제될 수 있으며, 심지어는 필요한 일이기도 하다"고 예시하고 있다.

## 2) 현재의 입장

유럽 대륙에서의 긴급피난의 법리는 결국 긴급상태의 객관적 측면과 주관적 측면을 훨씬 더 엄격하게 구별하는 형태를 최종적으로 채택하게 되었는데, 이러한 형태는 대륙법 체계에서의 공통적인 현상과 같이 위법성배제와 책임면제를 구분하는 전통 때문이다. 그런데 이와 관련하여 강조되어야 할 중요한 부분은, 보다 귀중한 가치의 보전이 정당하다는 원칙은 양자 중 어느 것이 선택되어야만 하는지에 관하여 생각하는데 필요한 완전한

자유가 행위자에게 허용되는 상황, 즉 법 또는 가치들간의 단순한 충돌 상황, 즉 블랙스톤이 말하는 세 번째 종류의 긴급상태에만 적용되는 것은 아니라는 점이다. 이 원칙은 어떤 사람이 자신에게 어떤 해악을 가하는 위협 하에서 행동하는 경우, 즉 폭력 또는 죽음에 대한 공포의 영향으로 행위자에게 보다 큰 부담을 주는 경우에도 역시 적용될 수 있다.

일례로서, 극도의 굶주림으로 인한 절도죄의 경우, 그에게 음식물을 훔치지 않을 수 없는 의무가 있는 것은 아니지만 그는 음식물을 훔치지 않을 수 없는 상황에 몰려 있는 것이다. 그러나 보다 귀중한 가치를 보존하는 것이 정당하다는 원칙에 의하면 이러한 경우에도 절도행위가 합법적이라 할 수 있다. 강박에 의한 행동의 경우에도 보다 작은 해악을 선택한 것이라면 동일한 원칙이 적용될 수 있다.

이와 같이 추론해 나간다면, 긴급상태를 책임면제사유로서의 긴급상태와 위법성배제사유로서의 긴급상태로 구분하는 것이 가능하다. 두 종류의 해악 중에 불가피하게 하나를 선택해야만 하였던 사람이 어떤 법규칙의 위반을 통하여, 법규칙을 준수함으로써 보존할 수 있는 가치보다 더 큰 가치를 보존한 경우(일례로 배를 구하기 위한 화물의 투하)와 같은 딜레마의 상황에서는 그 법규칙의 준수가 오히려 하위의 가치가 됨이 분명하다. 따라서 그가 한 행위는 위법성이 배제된다.

다시 말하자면, 그의 행위는 당시의 사정 하에서는 법이 요구하는 바와 일치되기 때문에 용인이 된다. 이 때 결정적인 요소는 비교의 대상이 된 가치들이 각기 지니고 있는 상대적인 비중이다. 어떤 법규칙을 위반함으로써 보존된 가치가 그 법규칙이 보호하고 있는 가치보다 비중이 크지 않을 때는 그 법규칙 위반행위가 위법성배제사유가 되지 않는다. 그러나 그러한 위법행위도 행위자에게 가해진 압력이 너무 커서 그와 같이 행동한 것을 비난하는 것이 불합리한 경우가 있을 수 있기 때문에 그 책임이 면제될 수는 있다. 이런 경우 그 행위는 용인되지는 않지만 책임이 면제되는 경우이다. 다시 말해서, 법질서의 관점에서 눈감아 주는 행위인 것이다.

일례로서, 심한 고문을 당한 끝에 동료 네 명을 밀고하여 죽게 만든 레지스탕스 요원에게 무죄가 선고된 적이 있다. 비록 레지스탕스 요원에게는 평상인 보다는 높은 수준의 인내력이 요구된다 하여도 "그에게 자신을 희생할 것을 요구하는 것은 (그러한 요구가 도덕적으로는 정당화될 수 있는지의 문제는 논외로 하고) 그에게 무리한 형사책임을 부과하는 것이다"라는 것이 이 때의 판결이유였다.

이와 같이 발전되어 온 긴급피난의 법리에 의하면, 어떤 법규칙을 위반하는 행위라 해도 다음과 같은 조건 하에서는 적법한 행위(상관명령에 대한 복종행위)가 된다.

## 가. 긴급피난의 법리에 의한 적법한 행위

### ▶ 긴급성

둘 이상의 가치가 직접적으로 충돌하고 있으며, 그 중 하나를 보전하려면 다른 하나가 희생될 수밖에 없고, 이 충돌을 회피할 다른 방도가 없는 상황을 말하는 것이다.

▶ 비례성

법규칙의 위반으로 희생된 가치보다 보전된 가치가 우월한 가치여야 한다는 것이다.

일례로, 선박과 탑승객을 구하기 위하여 화물을 투하하는 행위는 언제나 위법성배제사유로 인정되어 온 것으로 보이지만, 여성승객과 승무원을 구하기 위하여 남자 승객들을 바다로 밀어 넣은 행위나 교통사고를 내고 도주한 행위도 그 도주 행위가 부상자에 대한 구호를 요청하기 위한 것이었을 경우에는 위법성이 배제되지만, 사업상의 약속을 지키기 위한 것이었을 경우에는 위법성 배제사유가 될 수 없다.

물론 문제시 되고 있는 가치들간의 우열에 대한 판단은 그 가치들 중 어느 하나의 가치에 미칠 피해의 심각성 등 당해 사건의 특수성을 고려하여 구체적으로 이루어져야 하며, 추상적인 판단만으로는 안된다.

## 나. 예외적인 경우

희생된 이익과 보전된 이익이 동일한 가치를 지닐 경우에도 위법성 배제가 인정될 수 있을지는 논쟁의 대상이 되는 문제이다. 이러한 경우에는 위법성은 배제되지 않지만 책임이 면제될 수는 있다는 것이 지배적인 견해이다.

위법성 배제여부판단에 있어 군인과 같은 특정의 사회적 직무를 수행하는 자(독일법상의 소위 "보증인적 지위"에 있는 자)에게는, 특정한 종류의 위험을 감수해야 할 특별의무가 있다. 관련된 사람들의 특수한 지위가 중요한 요소로 작용한 예로서는, 레지스탕스 요원들은 여타 시민보다 더 큰 위험부담을 떠

맡고 있기 때문에 그들은 여타 시민보다는 더 큰 요구에 응할 의무가 있다는 판례가 있다. 또한 군인과 관련하여, 이스라엘의 군형법 제19조는 이러한 원칙을 명문으로 규정하고 있다.

반면, 위법행위를 통해서 보전된 가치가 그 행위를 통해서 희생된 가치보다 크지 않을 경우, 그 행위는 적법하지는 않지만 책임이 면제될 수는 있다. 이 때 다음과 같은 조건들이 적용된다.

### ▶ 긴급성

위법행위를 통해서만 회피될 수 있을 뿐 달리 회피할 방도가 없는 긴박한 위협이 현재 존재한다고 믿는 것이 합리적인 상황일 것.

### ▶ 비례성

그 위법행위를 저지르게 한 위협에 저항하도록 요구하는 것이 합리적이지 못할 것.

여기에서도 다시 위협받은 이익, 즉 보전된 이익의 상대적인 가치가 중요한 요소가 된다. 보전된 이익이 희생된 이익보다 반드시 큰 이익이어야만 하는 것은 아니지만, 희생된 이익에 비하여 사소한 것이어서는 안된다.

### ▶ 원인적 과실이 없을 것

위법행위를 저지른 사람이 그와 같이 위협받는 상황에 처하게 된 것이 자신의 과실에 의한 것이 아닐 것.

엄밀하게 분석해 본다면, 일단 긴급사태가 발생된 경우, 보다 큰 가치를 보전하는 행위는 위법성이 배제되는 행위라고도 볼수 있다. 그러나, 보다 큰 가치를 보전하기 위하여 어떤 위법행위를 그가 할 수밖에 없었던 상황이 행위자 자신의 부주의 또는 과실에 의한 경우라면 그 행위자는 처벌대상이 된다. 일례로서, 조난을 당한 비행기 조종사가 인접 공항에 도달키 위하여 화물을 투하한 행위는 위법성이 배제되는 행위임에도 불구하고, 그가 이륙 전에 일상적인 점검을 실시하지 않았다면 그는 처벌대상이 된다.

## 3) 각국의 입법례

이하에서는 우리가 다루고 있는 6개국의 법체계가 각기 어느 정도 긴급피난의 원칙을 수용하고 있는지 간단히 검토하여 보기로 하겠다.

### ■ 미 국

긴급상태 하에서 행하여진 피고인의 행위에 대하여, 그 행위기 어떤 보다 큰 가치를 보전키 위하여 행하여진 것임을 이유로 위법성이 배제된다고 인정한 미국 판례의 수는 얼마 되지 않는다. 그 가운데 한 예로서 다음과 같은 것이 있다.

◇ 악천후 속에서, 선박과 화물 그리고 선박에 탑승한 승객들의 인명을 보전하기 위하여, 입항금지법을 어기고 어느 항구에 입항하기로 선택한 선장이 있었다. 그 선장에게는 무죄가 선고되었다.

◇ 선장에 대한 복종을 거부한 선원들이 함상반란 혐의로 기

소되었으나, 선박은 물이 새고 있었으며 또 그와 같이 항해에 부적합한 상황하에서 폭풍을 만났기 때문에 만약 항구로 돌아가지 않는다면 그들 모두가 죽을지도 모를 급박한 위험이 있었다는 이유에서 그 선원들의 행위를 위법성이 배제되는 행위로 보았다.

지금까지 언급한 판례 및 학설을 종합적으로 고려할 때, 미국법은 긴급피난의 법리를 광범위하게 인정하고 있다는 결론을 얻을 수 있다.

■ 영 국

영국법에서 어느 정도까지 긴급피난을 항변사유로 인정하고 있는지는 분명하지가 않다. 일부학자는 영국법에 있어서도 긴급피난이 항변사유로 인정되고 있다고 주장하고 있으나, 현재의 영국법원의 태도는 긴급피난을 일반적 항변사유로 인정하지 않고 있다고 보는 것이 더 나은 견해일 것이라고 말하는 학자도 있다.

또한 다른 학자(그레이즈부룩)는 보다 큰 가치의 보전 또는 보다 작은 해악의 선택은 위법성조각사유가 된다는 원칙이 다양한 범죄에 대한 정의들 속에 다소 명시적으로 포함되어 있다고 지적하고 있다.[173]

그러나 어떤 범죄에 대한 정의 속에 이미 그러한 원칙이 포함되어 있는지의 문제를 떠나서도, 이 원칙을 인정하고 있는 다음과 같은 판례들이 있다.

───────────────

173) 불법적으로 또는 "면책될 수 있는 합리적 사유가 없이"라는 조건이 범죄구성요건으로 되어 있는 법률 규정도 있으며, 이보다 더 상세하게 긴급피난의 항변이 인정될 수 있는 용어가 삽입되어 있는 법률규정도 있다. 그 예로는 낙태법 제5조 제1항을 들 수 있다.

◇ 폭풍 속에서 승객의 안전을 위하여 선박의 무게를 줄이려고 화물을 투하한 행위가 위법성이 없는 것으로 판결된 바 있다.

◇ 드라스 총독부의 전직 관리들이 총독의 자의적이고 불법적인 행동을 이유로 총독을 감금시키고 그들 스스로가 행정을 장악한 사건이 있었다. 재판장 맨스필드 경은 그 사회와 그 지역주민의 보전을 위하여 시민들이 행정을 장악하는 것을 허용하여야 할 필요성이 있는 상황이었다면 그 전직관리들에게 무죄를 선고해야 한다고 판결하였다.

◇ 오직 산모의 생명을 보전할 목적에서 선의로 행한 낙태수술을(비록 당시에는 성문법상 이러한 행위에 대하여 항변사유를 인정한 조항이 없었음에도 불구하고) 위법성이 배제되는 행위로 본적이 있다.

또한 유명한 미그노네트 사건(3명의 조난자 중 2명이 나머지 1명을 잡아먹고 목숨을 부지한 사건)에서 긴급피난이라는 항변이 기각된 것은 딜레마에서 벗어날 방도가 달리 없어야 그러한 항변이 인정될 수 있다는 것을 보여준 것이다(다음 날 그 곳을 지나가던 선박에 의해 문제의 보우트가 구조될 가능성이 있었기 때문이다). 이 사건에서는 긴급상태가 위법성배제사유가 되기 위해 필요한 비례성의 요건 또한 충족되어 있지 못했다. 왜냐하면 피고인들은 자신들의 생명을 구하기 위하여 타인을 살해한 것이므로 보다 상위의 가치를 보전한 것이 아니었기 때문이다.

지금까지 언급한 상황들은 일반적인 긴급피난에 관한 것으로서, 피고가 형법을 침해하던가 또는 그 형법의 침해가 정당화된 다고 생각될 만큼 본인 또는 타인에 대한 어떤 해악을 감수하던 가 양자중 하나를 선택해야만 하는 경우들이었다. 그런데 일반 적인 긴급피난 외에 긴급피난의 특수한 형태로서 강박이 있다. 이는 범죄 행위를 저지르지 않을 경우 어떤 해악을 가하겠다는 타인의 부당한 위협으로 인하여 그러한 형법침해의 필요성이 발생하는 경우를 말한다. 영국법에서도 강박은 일반적 항변사 유로 인정되고 있다.

결국 긴급피난의 법리가 영국법에 있어서도 생소한 것이 아 님은 분명하다.[174)]

그러나 긴급피난의 법리가 다른 나라의 경우보다 영국에서 체계적으로 확립되어 있지 못한 이유는 아마도 영국에 있어서 는 국왕의 사면권이 지니고 있는 수정기능을 매우 중요시하기 때문인 것으로 생각된다.

한편, 오늘날의 영국법원은 비록 범죄사실이 입증된 경우라 해도 무조건 석방을 허용할 수 있는 매우 넓은 재량권을 지니고 있다. 따라서 긴급상태가 발생한 경우 대부분 이와 같은 방식으 로 처리될 것으로 추정될 수 있다.

## ■ 프랑스

프랑스 형법에서는 물리적 강제나 정신적 강제(강박) 모두가 일반적 항변사유가 된다. 1810년에 제정된 프랑스 형법전 제 64조에 의하면, "저항할 수 없는 힘에 의해 피고가 강제되었을 경우에는 … 범죄가 되지 않는다."고 규정하고 있다. 프랑스 법 원은 형법을 위반하여야 할 절대적인 물리적 긴급성이 있는 경

---

174) 영국의 법률위원회는 긴급피난이 일반적인 항변사유로 인정되어야만 한다고 제 안한 바 있다.

우 뿐 아니라, 피고인에게 직접적이고도 심각한 위협이 가하여진 경우에까지도 이 조항을 적용해 오고 있다. 따라서 후자의 경우에 발생한 범죄행위도 책임이 면제될 수 있다.

프랑스 형법은, 두 개 조문에서, 보통의 경우라면 처벌대상이 될 위법행위에 대한 예외로서 긴급상태를 언급하고는 있지만, 긴급상태 하에서 보다 큰 가치를 보존하는 행위를 정당한 것으로 인정하는 원칙을 일반적 용어로 규정하고 있는 별개의 조항은 두고 있지 않다. 그러나 프랑스 법원은 물리적 강제나 강박 이외에 어떤 긴급성이 인정되는 경우까지도 이를 강박 또는 범죄의사의 결여처럼 별로 적합지 않은 항변사유를 적용하여 가끔 해결하여 왔다.[175)]

프랑스 최고법원은, 비록 흔쾌한 태도를 취하고 있는 것은 아니지만. 두개의 해악 중 보다 작은 해악이 선택된 경우에는 긴급피난을 위법성배제사유로서 인정하고 있다.

긴급상태를 위법성배제사유로 인정한 최고법원 판례로는 위급한 상태 하에서 자신의 부인에게 마취주사를 놓은 남편의 불법 의료행위를 위법성이 배제되는 행위로 본 사건이 있다. 반면, 보다 큰 사고를 방지하기 위하여 다른 어떤 사고를 낸 운전자에 대하여 그가 긴급상태 하에서 행동한 것을 이유로 무죄를 선고한 하급심의 판결을 파기한 사건이 있는데, 그 근거는 하급심이 (a) 그러한 위법행위 이외에는 당시의 위험을 회피할 다른 방도가 없었다는 것, (b) 방지된 사고가 실제 발생된 사고보다 더 심각한 사고였다는 것, (c) 피고가 긴급상태를 자신의 과실에 의해 야기하지 않았다는 것 등을 입증하지 못하였다는 것이었다.

---

175) 그 예로서 극단적인 궁핍으로 인한 절도행위에 관한 유명한 메나르 사건(1888)이 있다.

■ 독 일

　독일에 있어서는, 긴급상태 하에서 보다 작은 해악을 선택하는 행위에 대한 위법성 배제를 대법원이 최초로 인정한 것은 1927년 산모의 생명을 보전하기 위하여 실시된 낙태수술 사건에서였다. 성문법에 긴급피난을 일반적 항변사유(형법전 제34조 : 위법성배제사유로서의 긴급피난, 제35조 : 책임면제사유로서의 긴급피난)로 규정한 것은 최근(1975년)이다.

## 4) 평 가

　지금까지 대략적으로 살펴본 결과만으로도 우리는 비록 현재의 독일의 입법과 같이 모든 나라의 성문법이 긴급피난의 법리를 상세히 규정하고 있는 것은 아니라 해도, 4개국의 법체계 모두가 긴급피난의 법리를 법의 일부로 수용하고 있다는 결론을 분명히 내릴 수 있다.

## 2. 정치적 요인에 따른 한계

　명령을 하달하는 상급자의 정치적인 [정통성]이 문제되어 정통성을 인정치 않는 하급자가 불복종하는 경우 그 불복종은 정당화될 수 있는가? 역사의 교훈처럼 이 [정통성]의 문제는 본질적으로 매우 정치적인 성격이기 때문에 혁명이나 쿠데타가 발생하였을 때 [정통성]을 논리적으로 증명하는 것은 불가능하다. 따라서 그 [정통성]은 일반적으로 무력에 의한 충돌에서 승리한 쪽에 주어지게 된다. 승리자는 권력을 쥐게 되면, 먼저 군인·경찰 그밖에 실력을 지닌 기관에 대하여 전면적인 복종을 요구하고 그 실력을 기초로 자신의 [정통성]을 주장하게 된다.

일본에서는 명치유신 때 '승리하면 관군, 패배하면 적군'이라고 말하였던 사실은 바로 이러한 것을 가리키는 것이다.[176]

또한 세계 제2차 대전 중에 발생한 다음 두 가지 사건은 정치적 상황의 변화와 입장에 따라 명령이행에 대한 한계가 변화될 수 있는 것을 보여주는 바, 그 첫 번째 예는 1944년에 발생한 히틀러 암살미수사건에 가담하였던 장교들이 발각된 내용으로 이 사건은 당시에는 그들 중 대부분이 교수형을 당한 사건이었는데 정치적 상황이 변화된 전후 서독에서는 그러한 행위가 오히려 정당한 것으로서 자랑스럽게 되었다.[177]

그 후 제정된 서독기본법(헌법) 제20조 제4항에서는 다른 구제수단이 없을 때에는 이에 저항할 권리를 갖는다고 규정되어 있었다.[178]

따라서 오늘날 정치적으로[정당치 못한 명령]의 경우 그에 대한 복종을 기대하기는 더욱 힘들게 되었다.

두 번째 예로는 전쟁에서 패전한 국가의 수뇌부가 항복명령

---

176) 프랑스에서는 프랑스 혁명 이후의 격변기에 여러 정권하에서 일했던 프랑스 대외교관 클레랑은 「국가에 대한 반역이란 역사적 시간의 문제이다」라는 유명한 경구를 남겼는데 이것은 상황에 따라 애국과 반역이 결정된다는 의미이다.
177) 전후 서독에서는 공식적으로 사건참가자에 대한 위령제가 행해졌고, 1974년에는 슈미트 수상이 TV, 라디오연설을 통해서 그들의 행동을 자랑스럽게 생각한다고 말하였다.
178) 전후 30주년을 기념하는 논문(독재에 반대하는 장교들‥서독의 교훈)에서 당시 서독 국방장관 레버는 「폭정자의 살해에 이르기까지의 폭력에 대한 저항을 다른 수단이 없는 극한 상황에서는 최후의 수단으로서 허락될 수 있음.… 그러한 극한 상황에서는 최후의 결정을 내리는 권위는 행동하는 자의 양심뿐이다.」라고 말하고 있다.

의 [정통성]이 의심받는 경우로서 이에 대한 불복종, 즉 항복의 거부인 전투행위의 계속에 대해 후세의 정치적 판단이 요구되는 경우가 있다. 이와 같은 정치적 상황의 변화에 따라 과거에는 잘못되었던 명령이 오늘날에는 정당한 명령으로서 역전되는 경우가 발생하기도 한다.[179)]

## 3. 군사적 요인에 따른 한계

### 1) 작전지휘 명령

상급지휘관이 전장에서 현장의 실상을 무시한 작전명령을 내린 경우 부하는 이에 복종하여야 하는가? 이에 대한 예로서는 태평양전쟁 중 일본군이 패망할 무렵 전세가 불리함에도 불구하고 [옥쇄]와 같은 정신을 가지고 돌격하라는 사령부의 명령에 불복종한 사단장이 항명죄로 군사법원에 회부된 바가 있다.[180)]

이런 경우 아무리 형식적으로 명령에 대한 복종을 강조한다 하더라도 하급지휘관은 자신의 부하에 대한 생사를 직접적으로 책임지고 있으므로 쉽사리 자기 부하를 희생시키게 될 명령을

---

179) 세계 제2차대전시 프랑스BC정부가 독일에 대해 항복을 결정했을 때 드골은 항복 명령을 거부하고 대독항전을 부르짖었고 이에 드골은 사형판결을 받는다. 그러나 프랑스 해방후 드골은 정부수반이 되었으며 반대로 BC정부의 수뇌들이 처벌을 받게 되었다.

180) 태평양 전쟁중 인파르작전 당시 일본육군 제31사단장인 사토우는 제5군 사령관의 공격 명령에 따라 전진하면 자신의 사단은 자멸할 수밖에 없다고 생각하여 자신이 직접 사단을 이끌고 후퇴하였다.

지시하기 어렵다.

한편 전투지휘관은 작전명령에 따라 행동할 경우에 자신이 맡은 바 임무가 엄청난 사상자를 발생할 것이라고 판단하는 경우도 있다. 따라서 지휘관은 임무수행이라는 의무와 그것을 즉각 수행함에 의해서 발생하는 부대의 피해와의 갈등을 임무수행의 시기를 적절히 선택함으로써 다시 말하면 시간의 적절한 완급 조절을 통하여 해결하려고 한다.[181]

따라서 이러한 요구사항에 따라 부대원들이 명령을 수행할 때 훨씬 적은 사상자를 내고서도 동일한 임무를 완수할 수 있다.

어느 군인보다도 의무에 관해 많이 언급했던 맥아더장군은 1951년에 트루만(Truman)대통령의 명령에 복종하는 것과 중공군에 대해 공세적으로 전쟁을 수행함으로써 국가이익을 지키는 것 이 양자의 사이에서 선택을 해야 한다고 생각했다. 그는 결국 타협점을 전혀 모색하지 않고 자기의견을 고집하다 사령관직에서 해임되었나. 몇 해가 지난 후에 그는 군인의 첫째 의무란 일시적으로 권력을 장악한 자에 대한 복종보다도 오히려 법에 근거한 명령에 복종하여야 한다고 주상했다.

베트남근무에서 의견을 달리하는 장교들도 이와 비슷한 [높은 차원의 의무]를 주장했다. 왈쩌(Michal Walzer)는 1960년대에 [의무 : 명령불복종, 전쟁 및 시민의식에 관한 평론(Obligation : Essays on Disobedience, War, and Citizenship)]에서 이 급박한 시기에 있어서 명령불복종의 문제를 분석하였는데 명령이 결정과 행동을 지배하기 위해 사용될 때, 군인은 자기복종의무의 한계점과 종착점을 인식하게 된다고 하였다.

---

181) 물론 이 경우에도 명령의 즉각적인 이행이 수반되지 않음으로 해서 명령불복종이 성립할 수는 있겠지만 차후의 임무수행이 그 책임 내지 위법성을 완화시킬 수 있을 것이다.

예를 들어 맥아더와 같은 일부의 군인들은 상관의 무리한 명령에 대하여 위임받은 권한을 포기하고 현역복무를 그만둔다고 할 정도로 불평을 하였다. 그러나 정책에 대한 논쟁이 끝난 후에 결정이 이루어지고 결정된 사항이 정책수행에 필요하다고 여겨지는 대목에서는 지금까지의 불평을 금하고 결정된 사항에 대하여 복종하는 것이 군인으로서 바람직하다.[182]

이처럼 상관의 무리한 명령은 수명자의 불복종으로 나타날 수 있으며 이러한 이유로 불복종한 행위가 정당화되기도 한다. 이는 상관에게 알려져 있지 않거나 과실 또는 무능으로 인하여 알고 있지 못하는 상황에서 수명자가 그러한 명령에 복종하는 것으로는 명령이 추구하는 그 본래의 목적을 달성할 수 없다고 판단되는 경우에만 해당된다고 보여진다.

## 2) 전략사상의 차이

전략사상의 차이로부터 발생하는 불복종은 정당화될 수 있는가? 군대의 공식적인 방침에 의문을 던지고 그것을 개선하려는 시도가 군사법원에 회부되어 명령불복종으로 처벌을 받은 사례가 많았다. 그러나 실제 전쟁사를 살펴보면 공식적인 방침보다는 그것을 수정하려 한 쪽이 오히려 옳았던 경우가 많다.[183]

그러므로 헌팅턴은 이러한 전략사상의 차이로 인한 불복종이 정당화되기 위해서는 지휘체계의 와해에 의해 야기되는 능률의 저하를 상쇄할 정도로 군사적 효과를 증진할 수 있을지를 고려

---

182) 김형모, 「指揮의 挑戰」(한원, 1994), p.184 參照.
183) 공군을 중시한 전략사상을 주장한 미국의 미첼은 당시 진지전을 중시한 군내부의 전략 사상과의 갈등으로 인해 불복종이라는 이유로 군사법원에 회부되어 처벌받기도 하였다.

해야 하며, 만일 현저한 효과가 있다면 정당화될 수 있다고 본다 하였다.[184]

그러나 이러한 전략적 불일치에 의한 명령불복종의 한계선은 원칙적으로 전문가가 판단하기에 전략의 부당성이 명백히 드러날 경우에 한해서 인정되어야 할 것이다. 전략적 판단의 문제는 원칙적으로 최고 수뇌부에 속하는 것이고 전략의 미비는 사전의 조율에 의해 보완되어져야 하기 때문이다.

따라서 전략사상의 차이에 대하여는 가능한 한 상하급자간에 과학적인 검토와 토론의 기회를 갖는 것이 명령과 복종의 갈등을 해소하는데 도움을 줄 것이다.


## 3) 잘못된 명령

군내의 작전행동에 있어서 최대의 [적]은 [항명]이 아니라 오히려 잘못된 명령이라고도 한다. 왜냐하면 전투의 승패를 결정하는 것을 불복종이라기 보다는 작전명령 내용의 옳고 그름이기 때문이다. 명령내용의 옳고 그름은 실질적인 문제이기 때문에 판정하기 어렵다.

그러나 잘못된 명령을 내리고 복종을 강요한다면 이는 불복종의 상황을 유도할 뿐이다. 따라서 명령은 작전계획과 전장의 상황 등 여러 요소들을 정확히 파악한 후에 행하여지는 게 바람직하다.


## 4) 인도적 측면[185]

---

184) Samuel P. Huntingtion, op.cit., p.80.
185) 膽牧新平, 「日本現代軍隊論」(東海大學 出版部, 1977), p.40 參照.

세계 제2차 대전이후 [전쟁범죄]라는 새로운 법 개념이 나타나 이것에 기초하여 독일 및 일본의 전쟁범죄자를 처벌하였다. 이 중 가장 논쟁이 된 문제점이 잔학행위에 대한 상관과 부하의 책임이었다. 즉 상관은 그 부하가 행한 잔학행위에 대해 어디까지 책임을 질 것인가, 또한 부하는 잔학행위를 상관이 명령하여 집행하였다 하더라도 책임을 져야하는가 라는 문제였다.

이 두 가지 견해에 대해서 전범재판은 어느 쪽도 처벌이 가능하다는 입장을 취하였다. 예를 들어 필리핀에서 일본군 사령관은 교수형으로 처형되었고 그 외에 B급 C급 전범 중에서도 멀리 타향에서 처형된 자가 약 1천명이나 되었다.[186)]

또한 전범자에 대한 교수형의 판결을 감면해 달라는 상고에 대하여, 미국 고등법원은 이것을 기각시켰으며 그 당시 판사는 이 기각결정을 두고 앞으로 위로는 군의 최고사령관인 대통령으로부터 아래로는 하사관에 이르기까지 구속하게 되어 중대한 책임을 질 것이라고 예측하였다.[187)]

이러한 것은 제4장 위법한 명령에 따른 행위에서 다시 논의하겠으나 명령이행에 대한 한계로써 작용된다고 할 수 있다.

---

186) 징용으로 끌려간 한국인 중 소수가 남지나해의 포로수용소에서의 포로감독자로서는 일반적으로 하급자였으나 그 때의 행위가 문제되어 전범으로 처형된 바 있다.
187) (1)헤이그 유엔전범재판소는 1997년 7월 14일 보스니아내전에서 학살과 고문 등의 만행을 저지른 혐의로 기소된 세르비아계 전범 두산 타디치에 대해 20년형을 선고했다. 이는 세계 제2차대전 후 뉘른베르크와 도쿄(동경)에서 열린 전범재판이래 반인류적 범죄자에 대해 처음으로 재판을 통해 실형이 선고된 것이다. 이 날 전범재판소에서 재판장은 "칼과 무기, 쇠몽둥이 등을 사용해 회교계 수용자들을 실신할 때까지 고의적이고 야만적으로 폭행했다"며 타디치의 유죄사실을 확인했다. 그는 수용소에서 회교계 포로를 학살하고 반인류적 폭행등에 가담하고 지시한 혐의를 받아 왔다.(중앙일보 1997.7.15일 9면)
(2) 독일 베를린 지방법원은 옛동독의 베를린장벽 탈주자에게 사살명령을 내린 혐의를 받아 온 에곤 크렌츠 옛 동독공산당 서기장에게 6년 6개월의 실형을 선고, 법정구속했다. 이로써 장벽탈주자 사살명령과 관련한 옛동독 고위인사재판은 사실상 막을 내렸다. 그러나 이 판결은 아무리 당시엔 사살명령이 합법적이라 하더라도 사살명령은 반인류적인 처사임을 최종적으로 확인한 셈이다.(조선일보 1997. 8. 26일 9면)

전범자에 대한 이러한 판단이 내려진 배경에는 [인도적 행위의무]의 문제로서 인도적 행위의무는 명령복종의무에 우선시하는 인간에 대한 자연법적 명령이라는 이념이 큰 역할을 하였다고 볼 수 있다.

# 4. 법규범 위반요인에 의한 한계

## 1) 법규범 및 상부훈령 위반

명령을 발하는 사람이 법규범이나 상부의 훈령을 어기면 그 명령은 구속력을 잃게 되는가? 니코케이저에 의하면 엄격한 법해석론적 관점(legalistic point of view)에서는 발령사에게 법적으로 허용되어 있지 않은 명령의 경우에는 그와 같은 개인에 대한 자유의 제한이 정당화될 수 없어 그런 명령은 무효라고 주장하는 반면 실용주의적 관점(pragmatic point of view)에서는 임무수행의 최종 책임자는 상관이며 임무결정권 역시 상관에게 있으므로 실제로 무효화되거나 수정될 때까지 그 명령은 복종되어야 한다고 주장한다.

이에 대해 이스라엘이나 독일의 판례도 후자의 입장이며 영미법 역시 동일한 입장으로[188] 법규나 훈령에 위배된 명령을 받은 부하는 명령이 취소되도록 해야 하지만 만일 이를 상관이 알고도 명령수행을 요구할 때는 그 명령에 따르는 것이 보다 합리

---

188) 이스라엘의 Appeal Court Martial 141/150, 독일의 wehrbeschwerdeordnung, 제3조(1)과 제17조(6).

적이라고 한다. 그러나 이 경우 일률적으로 판단할 수 있는 문제는 아니라고 보여진다. 만약 상관에 의해 침해된 법규범이나 훈령이 헌법상의 중요 원리나 기본권의 보호에 직접적으로 또는 상당한 정도 관련 있는 경우에까지 명령에의 복종을 요구하는 것은 무리가 있다고 보여진다. 따라서 침해된 법규범과 훈령의 질과 양을 판단하여서 그 명령에의 복종여부를 결정해야 할 것이다. 결국 수명자에게 다시 한 번 선택의 무거운 짐을 지우는 것이 될 것이다.

## 2) 위법행위의 요구

만일 상관이 위법한 행위를 행하도록 요구하는 명령을 내릴 경우 그 부하는 난처한 입장에 처하게 된다. 즉 그와 같은 명령을 받은 부하는 명령에 복종하지 않으면 항명죄가 될 수 있으며 명령을 이행하면 그로 인해 저지르게 될 범죄행위로 기소되는 진퇴유곡의 상황에 빠지게 된다. 그렇다면 이런 명령에 대한 부하의 복종의무는 어떻게 되는가?

이 문제에 대해서는 제4장에서 주로 언급하도록 하겠으나 위법행위를 저지르게 하는 명령을 받은 부하는 일차적으로 명령을 발한 상관에게 이를 수행할 수 없음을 알리고, 만일 그래도 상관이 고집할 때는 이를 차상급 상관에게 보고하여야 한다. 그러나 그의 항의가 무시되고 명령의 불법성이 명백할 경우에는 명령을 수행해서는 안된다. 중대한 범죄행위를 저지르게 하는 명령에 대해서는 심지어 불복종의 의무마저 규정되어 있기 때문이다.[189]

---

189) 독일 군인법 제11조 2항 ; 프랑스 군기령 제21조 ; 미육군 육전법규에는 위법한 명령에 대해 불복종토록 규정되어 있다

이와 관련한 대표적인 판례로서 군을 매도하는 글을 썼다는 이유로 특수부대 요원들이 언론인에게 상해를 가한 사건과 관련된 다음과 같은 중요한 판례가 있다.

『월간중앙 8월호에 실린 [청산해야 할 군사문화]라는 칼럼의 내용이 사회의 모든 병폐가 군사문화에 기인한다는 취지로 되어 있어, 이는 군을 일방적으로 매도하고 이간시키는 것이라고 판단하여, 이 글을 쓴 언론인에게 상징적으로 상해를 가함으로써 군에 관련된 기사를 함부로 쓰면 보복 당한다는 경각심을 고취시키기로 3명의 장교가 공모하고 이들 중 2명과 하사관 3명이 위 언론인에게 약 3주간의 치료를 요하는 상해를 가한 사건으로 이들 중 범행에 직접 가담한 3명의 하사관은 "엄격한 상명하복 관계가 지배하는 군조직에서 단순히 명령을 이행한 하급자를 엄히 처벌한다는 것은 군조직 사회의 상명하복 개념에 혼란을 야기할 가능성이 있고 특히 특수부대에서 부하가 상관의 명령에 반항하거나 불복종한다는 것은 극히 기대하기 어려운 점을 인정하고, 위법한 명령을 발하여 이를 실행케 한 상급자를 엄히 처벌하는 대신 하급자를 관용하여 주는 것은 군은 물론 특수부대 본연의 임무수행을 보장하여 주는 것이라고 인정된다고" 판시하여, 이들에게는 형사처벌을 유예하고 징계위원회에 회부하였다.

그러나 2명의 장교들에 대한 제1심의 판결은, 설사 상관의 명령에 따른 범행으로 본다 할지라도 본 건과 같은 상관의 [범죄를 행하라는 명령]에는 군인이라 하더라도 복종할 의무가 없고, 따라서 상관의 명령에 따라 범죄행위를 한 부하의 책임은 그 경중은 있을 수 있으나 면제될 수 없다 할 것이므로 이들에게 폭력행위 등 처벌에 관한 법률 제3조 제1항, 제2조 제1항, 형법 제257조 제1항, 동법 제30조를 적용하여 유죄를 선고했다.」[190]

본 판례에서는 수명자에게도 각각 직위에 따라 판단 내지 행위의 선택에 있어서 재량의 범위에 차이가 있음을 인정하고 본연의 직위에 따른 판단 범위를 벗어나는 판단과 행위를 한 경우에 그 정당성은 인정할 수 없다고 함으로써 위법한 행위의 요구에 거부해야 할 의무를 인정하였다고 볼 수 있다.

## 3) 이익의 침해[191]

부하가 직무상의 이익에 심각한 해를 미치는 것을 방지할 목적으로 상관의 명령을 위반하거나 이행치 않을 때 그 부하의 위법성이 배제될 수 있을까? 예를 들어 식량도 탄약도 없는 상황 하에서 공격명령에 따라 전진하면 작전이 실패하여 자신의 부하는 자멸할 수밖에 없다고 판단되어 부대를 후퇴시켰다든지, 기관총에 대항하여 백병정신으로 돌격하라는 무리한 명령을 실행하면 전투에서도 패배하고 막대한 희생을 가져올 수 있기 때문에 명령에 따르지 않는 경우가 이에 해당된다.

그러나 이러한 상황들에 있어서의 명령의 불이행은 상관의 능력을 의심하고 공공연한 부정을 의미하는 것이므로 상관의 권위가 저하되고 위계질서 확립에 손상을 초래하므로 부하는 직무상의 이익이라는 관점에서 명령이행의 득과 실을 판단하는 경우에도, 이와 같은 측면을 반드시 고려하여야 할 것이다. 따라서 불복종이라는 위법행위의 해악보다 불복종을 통하여 보전된 이익이 현저하게 큰 상태에서 이루어진 것이라면 그 불복종행

---

190) 陸軍. 1988.10.10, 88 공 26.
191) Nico Keijzer, op.cit., pp.241-247.

위는 위법성이 배제된다 할 수 있다.[192]

그러나 헌팅턴은 작전명령에 대한 불복종으로써 야기되는 군대조직의 와해라는 손실은 그러한 명령에 복종함으로써 얻게 되는 손실보다 훨씬 크다고 하면서, 상관은 보다 큰 능력과 지식을 갖추고 있다고 간주되어야 한다고 말하고 있다.[193]

또한 네덜란드 군사법원은 직무상의 이익에 해가 되는 명령은 이를 무시하여도 처벌받지 않는다는 발상 자체가 군대규율의 기반을 흔들어 놓는 것이기 때문에 직무상의 이익과 심각한 충돌을 일으키는 요소라고까지 판결한 바 있다.

따라서 직무상의 이익에 대한 심각한 피해를 방지하기 위한 명령불이행은 극단적인 경우에 한해서만 그 위법성이 배제될 수 있다고 할 수 있다. 또한 명령을 수행해야 할 부하의 개인적 이익을 침해하는 상관의 명령에 대한 복종의무도 이런 맥락에서 제한 받는다 할 수 있다.

결국 어떤 명령이 직무와 객관적으로 관계되어 있고 상황이 급박하다면 부하의 어떤 개인적 이익이라도 극단적으로 침해될 수 있으나 상황과 명령의 내용으로 볼 때 그의 개인적 이익을 희생시켜야 할 의무가 없다면 부하의 권익을 임의적으로 그리고 불필요하게 침해하는 명령은 그 구속력이 제한 받지 않을 수 없다[194]고 해석할 수 있다. 위 사항에 대한 대표적인 판례를 살펴본다.

육군 공병감 최창식 대령은 1950.6.25. 북한공산군의 불법남침이 있은 후, 동년 6.28. 오전 2시 30분 경 적전인 서울특별시 한강

---

192) 曹升玉^関庚吉 譯, 前揭書, pp.385-387.
193) Samuel. P. Huntington, op.cit., p.75.
194) 曹升玉, 前揭論文, p.155 參照.

교 남안에서 육군참모총장으로부터 한강교를 폭파하라는 명령을 실
시함에 있어서, 서울시내에서 후퇴중인 아군의 도강 미완료 부대가
막대한 수임에도 불구하고 이 상황은 고려하지 않고 동교량을 폭파
하는 비행을 함으로써, 아군의 안전을 위태롭게 했다는 공소사실이
인정되어 적전비행죄로 사형을 선고받았다. 그러나 그 후 피고인이
사형된 후 유족들에 의해 이 사건은 재심청구가 있었으며, 재심 판
결요지는 다음과 같다.

[피고인이 공소사실과 같이 한강교량 등을 폭파한 사실 및 그 폭
파의 시기가 이름으로 인하여 아군 장비 및 인마의 후퇴를 불능케
하고 이로 인하여 막대한 손실이 있었음은 인정되나, 피고인이 한
강교를 폭파한 것은 1950.6.27. 육본참모회의에서 결정된 바에 따
라서 1950.6.28. 오전 2시 국방차관과 함께 차량으로 인도교를 거
처 도강하던 당시 참모총장 채병덕으로부터 서울시내에 적 전차가
침입하였으니 즉시 한강교를 폭파하라는 명령을 받고 그 명령에 의
하여 동일 오전 2시 40분 경 동 교량 등을 폭파한 것은 비록 이로
인하여 한강북방의 아군인원과 장비의 손실이 있었다 하더라도 피
고인은 절대적 구속력이 있는 상관의 작전명령에 의해 한강교를 폭
파한 것이고, 피고인은 이에 복종할 뿐 달리 폭파시간을 변경할 수
없는 것이 인정되므로 조급한 폭파로써 초래된 아군인원과 장비의
손실은 피고인의 책임이라 할 수 없고, 이는 형법 제20조의 정당행
위라 인정된다고 하여 피고인에게는 무죄가 선고되었다.][195]

본 판례는 전시에 있어서 직속상관이 내린 전시명령과 실제
그 명령이 수행됨으로써 결과적으로 아군이 입게 되는 손실이
충돌한 경우로써 수명자의 판단능력과 판단의무 즉 적절한 행

---

195) 陸軍, 1964.11.2. 63 보군형재 第57號.

위의무가 전시에 급박하게 내려진 상관의 적법한 명령에 불복종하게끔 할 수는 없다는 것을 보여준다.


## 5. 상황변화요인에 의한 한계 - 사정변경(事情變更)


모든 명령이 즉각적인 이행을 요구하는 것은 아니다. 때로는 차후의 어느 시점에서 시행될 것을 요구하는 명령도 있다. 그러나 이러한 명령의 경우 그 명령이 시행될 시점에 도달하였을 때 상관이 명령을 하달할 당시에 예상했던 바와는 상황이 현저하게 다를 수가 있다.

명령수행 중에 미리 예측하지 못하였던 상황이 발생하여 명령의 수행이 불가능해지거나 원래 의도하였던 것과 다른 상황이 새롭게 전개되었을 경우 명령에 반하는 행동을 하였다면 어떻게 하여야 하는가 하는 문제는 수명자로 하여금 갈등을 낳게 하지만 이에 대하여는 우선 상관에게 상황의 변경을 신속히 보고함으로써 명령을 유보하거나 취소할 수 있게 하고 이것이 불가능한 경우에는 수명자가 스스로 판단하여 결정하여야 한다. 그러나 상황의 변화에 따라 명령에 불복종하는 것이 정당화되려면 명령을 내린 상관이 이러한 상황을 안다면 틀림없이 이미 내린 명령을 변경하거나 취소할 것이라는 것을 확신할 때 가능하며 상관의 명령에 불복종하는 것이 직무상 이익에 최선이라고 판단될 때 명령에 대한 불복종은 정당화된다 할 수 있다.[196]

---

196) 박연수, 前揭論文, p.24 參照.

또한 상황이 불리해졌을 때보다는 상황이 유리하게 전개되었을 때 이전에 받은 명령에 따르지 않으려고 하는 동기가 많이 발생하며 명령을 위반함으로 인해 실패하는 경우보다 성공하는 경우에 불복종죄로 처벌받지 않는다. 이는 "불복종을 옹호하는 데는 성공보다 더 좋은 정당화는 없다."[197]라는 말로 대신할 수 있다.

위 사항과 관련된 판례를 살펴본다.

원심이 피고인에 대하여 사단 작전지시 12호에 의하여 해안선을 완전 봉쇄하고 인접부대간에 긴밀히 협조하여 침투하는 무장공비를 완전히 포착 섬멸하여야 하며 제1 및 제2초소는 취약지점으로 판명된 곳이므로 병력을 배치해야 함에도 불구하고 배치하지 아니하여 적이 침투하게 하였으므로 위 명령을 위반한 것이라고 함으로써 군형법 제47조를 적용하였으나 위 지점은 일찍이 취약지점으로 판명되어 지시 받은 바도 없고 당시 14개 초소를 운영하고 있었으나 병력의 부족으로 12개 초소를 운영함에 당하여 중대장이 융통성을 발휘하여 유동적으로 배치하라는 지시에 의하여 적의 침투 예상지역으로 판단할 수 있는 제3초소로부터 제14초소까지 병력을 배치한 것이고, 인접부대간의 협조는 상급부대의 책임이며, 사단장 지시(1968.6.)에 의하면 단애 및 수중암초가 노출된 지역은 병력을 절약해도 좋다고 하였으므로 그 지시에 따라 위 제1 및 제2초소가 단애지역이고 더구나 당시 해일로 초소가 파괴되었으므로 배치하지 아니한 것이지 고의로 상관의 정당한 명령을 위반한 것이 아니므로 사단 작전지시 제12호만 가지고서는 피고인의 위법행위를 밝힐수 없다.(피고인에게는 전투준비 태만죄가 적용되었다)(육군,1968.7.15.)

197) Nico Keijzer, op.cit., p.241.

어떤 상황은 상관이 몰랐을 가능성이 있고 어떤 상황은 시간이 경과함에 따라 변경되었을 수가 있다. 물론, 상관과 즉시 접촉할 수 있다면 부하는 그러한 상황을 상관에게 보고하여 상관이 그가 내린 명령을 그대로 유지하거나 또는 취소할 수 있는 기회를 제공할 수도 있을 것이다. 그러나 상관과 상의할 수 없을 경우 부하는 어떻게 할 것인지를 스스로 결정하여야만 한다.

자신에게 내려진 대로 명령을 이행하지 않는 부하의 위법성이 배제될 수 있는 조건들은 무엇인가? 이는 몇 가지로 나누어 생각해 볼 수 있다.

**첫째, 명령의 이행이 불가능한 경우가 있을 수 있다.** 예를 들자면, 어떤 교량을 파괴하라는 명령을 받은 어느 정찰대원이 그 다리는 이미 파괴되어 있음을 발견할 수 있다. 어떤 시간에 소대원을 기상시키라는 명령이 어느 하사관에게 하달되었지만 소대원들은 이미 모두 기상한 상태였을 수도 있다. 이러한 때에는, 그 명령은 아무런 의미도 없을 것이며, 그 명령을 수행치 않는 것이 불복종에 해당되지 않는다. 누구도 불가능한 것을 행할 의무는 없다.

**둘째, 명령을 이행할 경우 그 명령의 의도와 명백히 상충되는 방향으로 상황이 새롭게 전개될 수도 있다.** 특정의 시각에 특정의 요새 지에 포격을 가하라는 명령이 포대에 하달되었지만 그 특정의 시각에 그 요새 지는 우연히도 이미 아군에 의해 점령되어 있을 때는, 그 명령을 수행치 않는다 해도 불복종이 되지 않는다. 그 요새 지는 여전히 적의 수중에 있을 것이라는 묵시적인 전제 하에 그 명령이 내려진 것임이 명백하기 때문이다. 일반적으로 말해서, 그와 같은 중요한 성격을 지닌 사정에 관하여는, 사정불변경 조항이 명령 내에 이미 묵시적으로 포함되어 있다고 생각할 수 있다. 그러나 이와 같은 규칙은 만약 상관이 그러한 새로운 사정을 안다면 그 명령을 변경하리라는 점에 관하여 부하와 상관간에 분명한 이해가 존재하는 경우에만 유용한 규칙이 될 수 있을 뿐이다.

그러나 상황이 그와 같이 분명치 않을 때에는, 무엇이 직무상의 이익에 최선의 길인지를 부하 자신이 결정하여야만 할 것이다. 새로운 상황에 적합지 않은 명령을 위반하는 것이 직무상 이익이 될 때에는 그 명령에 대한 불복종이 요청되며, 불복종은 위법성이 배제될 것이다. 이는 그 부하가 상위의 가치를, 즉 보다 큰 직무상 이익을 보전하기 위해서는 불복종 이외의 다른 방도가 불가능한, 즉 긴급상태 하에서 행동하는 것이기 때문이다.

넬슨 제독은, "우리의 상관들이 무엇을 지시할 때, 우리 눈앞에 무슨 일이 전개되고 있는지를 그들이 알고 있을까? 우리의 왕에게 봉사하고 프랑스를 격파하는 일을 나는 모든 명령 중에 가장 큰, 그리고 모든 사소한 명령들이 그로부터 파생되는 명령으로 생각하며, 만약 사소한 명령들 중 하나가 이에 반한다면 나는 나에게 부여된 가장 큰 명령으로 돌아가 이 큰 명령에 복종한다"고 말한 바 있다.

전반적인 작전계획에 맞추어(비록 반드시 그 작전계획과 글자 그대로 일치되는 것은 아니라 해도) 결정을 내리는 것이 얼마나 중요한 것인지가 다음과 같은 두 사례에서 명백히 드러나고 있다. 즉, 연합군이 노르만디에 상륙하기 전날 밤 오트웨이 중령은 700명의 낙하산병을 이끌고 해안의 중포병 부대를 제압하라는 임무를 부여받았다. 그러나 지상에 낙하한 후 그는 4

분의 3 이상의 병력과 거의 모든 중장비가 손실된 사실을 발견
하였다. 사전 계획된 증강부대와의 합류 역시 불가능하였다. 그
가 이끈 병력은 적에 비하여 소수에 불과하였고 장비도 변변치
못하였지만, 그에게 부여되었던 임무는 앞으로 전개될 상륙작
전의 성공을 위해서는 불가결한 것이었다. 그는 결국 공격을 감
행하였으며 막대한 손실 끝에 적의 중포병 부대를 제압하였다.

또한 상륙작전에 참여한 여러 사단들 중 1개 사단의 제1제파
가 엉뚱한 지점에 상륙하였다. 이 때 루즈벨트 장군은 이미 상
급부대로부터 내려진 명령에 따라 공정대와 합류하기 위하여
후속제파들의 상륙방향을 올바른 지점으로 전환시킬 것인지 아
니면 명령을 무시하고 제1제파가 상륙하기 시작한 지점으로 계
속 상륙을 실시할 것인지를 결정하여야만 하였다. 그는 후자를
선택하였으며, 계획된 상륙지점 부근에 위치한 계획되었던 목
표물은 무시하고, 내륙으로 직접 진격하였다. 그의 작전은 성공
하었으니 이 직전으로 인하여 그는 후일 훈장을 받게 되었다.

물론, 부하가 올바르게 선택한다는 것이 항상 쉬운 일은 아닐
것이며[198] (비록 현장의 상황에 대해 부하가 싱관보다 더 많은
것을 알고 있을지라도, 자신의 행동이 따라야 할 일반적인 작전
형태에 대해서는 그가 잘 모르고 있을 수도 있다) 그 결정이 매
우 어려울 수도 있다.

아주 작은 오판 때문에 재판에 회부될 가능성은 별로 없으며,
또한 그렇기 때문에, 이 문제에 관한 판례법도 거의 없는 실정

---

198) 부하측의 오산에 대하여 판결을 내리려면 착오에 관한 법규칙에 의존하여야 한
다. 독일의 군형법전 제22조 (2)항 및 (3)항은 어떤 명령이 구속력이 없는 명령이라는
그릇된 판단 때문에 그 명령에 복종하지 않은 부하에게 항명죄를 적용할 것인지의 문제
를 그와 같은 방식으로 해결하고 있다.

이다.[199]

마지막으로 생각해 보아야 할 것은 명령 불이행의 동기가 사태의 악화 때문이 아니고 예상 밖으로 사태가 호전된 때문일 경우도 종종 있을 수 있다는 점이다.

그 예로서, 1916년에 독일의 보병부대는 프랑스의 두에몽요새 800m 전방까지만 공격하라는 명령을 받았지만, 예상 밖의 사태의 호전으로 인하여, 그 요새까지 공격하여 성공하였다.

또한 유명한 이야기이지만, 1801년의 코펜하겐 전투에서 넬슨제독은 그의 눈을 가리기 위해 안경을 쓰고, 후퇴하라는 신호를 못본척 했으며, 승리할 때까지 전투를 계속하였다는 일화가 있다.

물론 그러한 경우는, 명령을 위반하지 않는 것이 분명히 가능한 경우이기 때문에, 긴급상태라 할 수 없다. 만약 그의 작전이 실패하였다고 가정하고 그가 항명죄로 기소되었다면 그는 어떠한 위법성조각사유도 원용할 수가 없다. 그러나 그의 행동이 잘 되어 갈 때는 소추의 가능성이 사실상 존재하지 않는다. 따라서 항명에 대하여는 성공보다 더 좋은 "위법성조각사유"는 존재하지 않는다고 말할 수 있다.

---

199) 판례는 분대를 이끌고 열차 정거장으로 가라는 명령을 받은 하사관이 그 명령을 이탈하여 상당한 시간동안 상병 1명에게 병력을 지휘토록 맡겨 놓고 자신만이 열차역으로 가서 기차표 검사 작업에 참여한 사건에 관한 것이다. 병사들간에 발생한 난동사건은 그 하사관의 그릇된 결정에 원인이 있었지만 법원은 그 하사관의 책임을 면제하였다. 다른 판례에서는 상관이 특정한 사실적 상황들에 대하여 착각을 하고 있음과, 또 만약 상관이 실제 상황을 알았다면 그러한 명령을 내리지 않을 것이라는 것을 알고 있는 부하에게는 상관의 착각에 대해서 주의를 환기시켜야 할 의무가 있다는 부수의견이 있었다.

# 6. 명령수행의 심리적 요인에 의한 한계

## 1) 양심과 법

양심과 법 사이에 상호 충돌이 있을 때 어떤 특정한 상황과 행동의 옳고 그름에 관하여 어느 것을 따라야 하는가는 매우 어려운 판단이다. 만일 법이 양보한다면 개인들의 주관적 확신이 존중될 수 있을 것이나, 법이 개인의 양심보다 가치가 낮아질 것이다. 반면에 법이 개인적 양심에 우선한다면 개인적 양심 판단은 법률규정에 의해 무시되고 제한될 가능성이 많아진다.[200]

양심적 거부의 문제를 군인의 복종이라는 측면에서 살펴보면 군 복무를 위한 징집에 반대하는 민간인들의 경우와 군인이 자기에게 하달된 특정명령에 관하여 양심적 거부를 주장하는 경우가 있을 수 있다. 즉 적의 전투능력을 상실케 하는데 필요한 이상의 과도한 고통이나 피해를 야기 시키는 특정한 무기의 사용을 거부하는 경우도 있을 수 있고 특성한 시민운동에 대한 진압작전 및 쿠테타 등에 참여하는 것을 그의 양심상의 이유로 인하여 명령을 수행할 수 없는 경우도 발생할 수 있다.

그리니 작전수행 시에는 명령들 가운데 어떤 것은 부하의 눈에는 도덕적 결함이 있는 것으로 비칠지라도 성공적인 작전 수행을 위하여 명령의 수행에 있어서 어떤 지체도 허용되지 않는 상황이 흔히 있게 될 것이다. 그러므로 명령의 절대적 우위 또는 양심의 절대적 우위를 주장하는 극단적인 해결방식은 적절치 못한 것으로 생각된다.[201]

---

200) 양심적 거부란 법적 의무 또는 명령과 다른 한편으로는 관련된 개인에 의해 지각된 도덕적 의무간에 충돌이 발생했음을 의미한다.
201) 曹升玉^閔庚吉 譯, 前揭書 p.426.

양심과 법은 양자가 모두 선을 지향하고 악을 거부하는 것이며 인간생활의 한 측면들로써 둘 중 어느 하나만으로는 절대적인 선을 달성할 수가 없다. 양심의 요구는 자신이 가지고 있는 최선의 지식에 따른 요구이며, 비록 객관성을 지닌 일반적인 도덕원칙들에 근거한 것일지라도 주관적 요소가 개재될 위험성이 늘 도사리고 있으며, 법의 경우에도 잘 규제되고 신뢰할 수 있는 제도로서 각종 분쟁을 예방하고 해결할 것을 요구하고 있지만 모든 요소들을 평가함에 있어 완전한 객관성을 유지할 수는 없는 것이다.[202]

그러나 사회와의 충돌이 일정한 한계를 벗어나지 않는 최소한의 것이 되기 위해서는 무분별한 고집을 버리고 사소한 논쟁점에서는 양보하여야 하며 그의 양심적인 확신은 본질적인 관련이 있는 경우에만 고집을 세워야만 한다.[203]

그러므로 개인의 이익과 사회적 요구를 달성하기 위하여 그러한 법과 양심의 충돌들을 통제하여 그러한 충돌로 인한 부정적 결과들을 가능한 축소시키려고 노력하는 것이 현명한 일이다. 이때는 상호간의 양보가 더욱 요구될 것이다.[204]


## 2) 양심적 거부

"양심이 명하는 대로, 그리고 양심이 옳다고 말하는 대로 행위하라"라는 소리를 우리는 자주 듣는다. 양심은 우리에게 무엇

---

202) 양심이란 내가 내 자신에게 요구하는 것에 관한 것이고 법이란 타인이 나에게 또는 내가 타인에게 요구하는 것에 관한 것이다. 개인의 확신과 사회를 지배하는 확신들은 항상 일치될 수 없으며, 그러한 상호간의 충돌은 어떤 면에서는 발전의 원동력이 될 수도 있다.
203) 그러한 양보에도 불구하고 양심과 법간에는 충돌이 발생하며 그러한 충돌은 영원히 회피할 수 없을 것이다. 따라서 예외를 인정할 수 없는 경우에는 법이 보호되어야 할 것이다.
204) 曹升玉^閔庚吉 譯, 前揭書, pp.437-439.

이 옳고 그른지를 말해주는 일종의 [내면의 소리]이며, 또한 그러한 소리에 기인하는 어떤 특정한 행동을 하거나 하지 아니할 의무에 대한 내면적 확신이라 할 수 있다.[205]

실학자 중에는 양심은 내면에서 우러나오는 신의 소리로서 우리의 도덕적 결단의 지침이라고 주장하기도 하며, 또 심리학자 중에는 양심은 외부의 명령이 내면화된 결과라고 주장한다. 예를 들어 어린아이들은 무엇을 하라는 명령을 따르기보다는 그들 마음대로 하는 편을 더 좋아하면서도 부모의 명령을 어기면 처벌받을 것이기에 명령을 따른다.[206]

또한 양심은 사람에 따라서 천차만별이다. 어떤 사람들의 양심은 자기의 복수를 위해서 살인을 하라고 명령하는데 반해 그렇지 않은 경우도 있다. 그런 경우 옳은 것과 그른 명령에 대해 어떻게 양심이 오류를 범하지 않는 기준이 될 수 있는가는 중요한 일이다. 히틀러는 유대인을 학살하는 일이 잘못된 양심의 명령이라는 사실을 무시하고 그들을 죽이고 싶은 충동이 보다 앞섰던 것이다.[207]

또한 양심에 의한 명령이행여부는 개인적 사항이지 법적인 가치 관념과는 무관하다고 할 수 있다. 따라서 명령에 대한 이행여부를 결정하는 것은 수명자 스스로 양심의 판단에 의해 결정되어야 한다.

조직의 위계질서 확립과 목표달성을 이루기 위하여 개인적으로 양심상 위법한 명령이라도 명령에 따라야 하는지 아니면 조

---

205) 독일의 연방최고행정재판소의 양심에 대한 용어정의로써 이에 반하여 행동한 경우에는 반드시 내면적인 좌절감이 뒤따르게 되는 진지하고 도덕적인 그리고 구속력 있는 결심으로 단순히 지적인 판단에 그칠 때는 이를 양심적 결심이라 할 수 없다고 한다.

206) 최용철 譯, 前揭書, p.19.

207) 히틀러의 명령처럼 부도덕한 명령이라면 그것을 거역하면서 그런 명령을 내리는 존재들을 물리치는 일이야말로 숭고하고 용기있는 일인 듯하다.

직의 목표달성과 분위기에 역행하더라도 양심에 따라 행동하는 것을 택할 것인가 하는 양자택일의 결정은 어느 누구도 대신할 수 없는 개인적 양심의 문제라고 할 수 있다.[208]

그러나 즉각 복종이 요구되는 명령은 논란하거나 지체할 수 없고 자기 자신의 견해로 교체할 수 없으며, 즉각 복종하여야 하는 게 명령·복종관계의 특성이기 때문에 명령에 대한 양심의 갈등이 발생할 때에는 명령이행의 원칙이 우선해야 한다고 볼 것이다. 특히 군대와 같은 조직에서는 개인적인 양심에 어긋난다 해서 무조건 명령을 거부할 수 없는 것이다.

따라서 수명자의 양심적 거부란 개인적·주관적인 종교관, 윤리적 또는 정치적 의견이나 신념을 말하는 것이 아니고 객관적으로 존재하는 사실, 즉 법률적, 객관적, 논리적 양심의 기준에 의한 거부를 지칭한다 할 수 있다. 그러므로 명령이행여부에 대해 양심과의 충돌이 발생하는 경우에 [인간으로서의 양심의 자유]를 주장하는 것은 부득이하게 제한 받을 수 있다고 할 것이다.[209]

## 가. 입법례

### ● 외국의 경우[210]

군인의 명령에 대한 복종의무와 관련하여 양심적 거부는 각국의 실정법상 규정되어 있는 바, 미국은 양심적 거부를 "종교적인 수련 및 신념을 이유로 어떠한 형태의 전쟁에도 참전하는 것을 양심적으로 거부하는 사람에게 미합중국 군대에서의 전투

---

208) K.Hesse著, 계희열 譯, 「西獨憲法原論」(삼영사, 1985), p.50.
209) 崔鍾庫, 「法과 倫理」(經世院, 1992), p.53.
210) 曺升玉^閔庚吉 譯, 前揭書, pp.428-436.

훈련과 복무를 요구하는 것으로 해석되어서는 안된다"고 규정하고 "종교적인 수련 및 신념에는 본질적으로 정치적이거나 사회적이거나 또는 철학적인 신념이나 단순히 개인적인 도덕률도 이에 포함되지 않는다"고 명시하고 있다.[211]

또한 "종교적인 거부가 되기 위해서는 입영 대상자의 도덕적, 윤리적 또는 종교적 신념으로부터 연유된 것이어야 하며, 또 이러한 신념은 전통적인 종교적 확신과 같은 강력한 신념이어야 한다"고 미국의 연방대법원이 해석하고 있다.[212]

그러나 군인에게 있어서는 "명령에 대한 복종이 피고의 종교적 가책의 침해와 관련된다는 사실이 변론의 사유가 되지 않는다"[213]고 군인교범에 규정되어 있어 군인에게 양심상의 이유로 상관의 명령에 복종하지 않는 것을 허용하지 않고 있다.[214]

한편 영국에서는 1966년 7월 이후 의무복무제가 폐지되었으며, 양심적 거부에 대한 실질적인 기준은 어느 곳에도 특별히 제시되어 있지 않으며, 법원에 기소된 사건들은 그 당시 상황에 따라 심리되고 있다.

또한 프랑스에서는 군입대 이전 종교적, 철학직 확신을 이유로 무기사용을 어떠한 경우에도 반대한다고 선언한 사람에게 대하여는 양심적 참전반대자로서의 지위를 허용하였다.[215]

그리고 독일의 경우는 "누구도 자신의 양심에 반하여 무장군복무를 수행하도록 강요받지 않는다"라고 1949년 제정된 헌

211) U.S. Military Service Act. Section 6j
212) Welsh v. U.S. 398 U.S. 333, 90 sub.ct.
213) U.S. Manual for Courts Martial, 1969(Rev. para. 169b).
214) 미육군규정(635-20, 31-7-1970)은 양심적 참전 거부자가 공식적으로 전역을 신청하면 전역시까지 그들이 고수하고자 하는 신념과 가장 적게 갈등을 일으킬 수 있는 직무를 부여받아 수행해야 한다고 명시하고 있다.
215) 1971년 제정된 병역법(법률 제71-424호)에 명시되었는바 군에 입대한 이후 군인은 이 규정의 적용대상에 들어가지 않는 것이 분명하다.

법에 규정(제4조 제3항)되어 있다.[216)

또한 네덜란드 헌법 역시 진정한 양심적 거부자에 대하여, 군복무 면제가 허용될 수 있는 요건은 법률로 정한다고 규정하고 있다. 그러나 이스라엘에서는 양심적 거부자로서 여성에 대해서만 일정한 군복무면제절차가 규정되어 있을 뿐이다.[217)

● 우리나라의 경우

우리나라는 개인의 종교적, 윤리적 신념 하에서 징집에 응하지 않는 입영대상자는 병역기피죄로 처벌을 받게 하고 있으며 판례도 종교상의 이유로 상관의 정당한 명령에 불복한 자를 항명죄로 의율하고 있다.[218)

군인의 불복종과 관련하여 양심적 거부자라해도 그들이 법절차에 따라 군복무가 면제되지 않고, 일단 군에 입대한 이후에는 군대의 명령에 대하여 이행을 거부한 경우 통상 기소되어 불복종죄로 처벌되는 것이 군복무 일반에 대한 양심적 거부자들에 관한 공통된 판례이다.[219)

결국 상관의 명령에 대한 복종의 의무와 부하의 위협의 정도, 징병제도 그리고 사회적 관행과 윤리의식 등을 종합적으로 고

216) 독일에 있어 양심적 거부의 근거는 종교적 신념이나 도덕적 신념에 국한되어 있지 않다. 정치적 신념에 따라서 무기사용에 반대하는 경우에도 양심적 거부로 인정될 수 있다.
217) 전쟁의 위협이 지속적으로 일어나는 국가인 이스라엘은 미국 등 다른 나라 경우보다는 군복무에 대한 양심적 거부자에 대하여 덜 관용적인 태도를 취하고 있다.
218) 헌법상 모든 국민은 법률이 정하는 바에 의하여 국방의 의무를 지고 있으므로 병역법에 정하는 바에 의하여 병역에 복무할 의무를 지고 있다. 한편 헌법상 모든 국민은 종교의 자유를 가진다고 하면서 그 자유 속에는 같은 헌법에 의한 의무인 병역의무를 거부할 수 있는 자유를 포함한 것이 아니라고 할 것이다. 그리고 병역의 의무 중에는 징집으로 군에 입대하여 복무하며 집총훈련을 받을 의무가 있다 할 것이므로 피고인이 예수재림교를 신봉한다고 하여서 징집으로 군에 입대한 피고인이 소속 중대장의 집총훈련을 받으라는 정당한 명령을 거부할 수는 없다고 할 것이다.(大判 1965.12.21 63 도 894).
219) 曺升玉^閔庚吉 譯, 前揭書, p.434.

려하여야겠지만, 군인의 경우는 먼저 군인으로서 행동을 최우선적으로 선택하는 게 바람직하다고 생각한다. 따라서 명령수행에 있어서 양심적 거부에 의한 불복종은 극히 제한적인 경우에 한하여 명령수행의 한계요인으로 기능할 수 있다.

## 나. 위법한 명령을 따르는 심리요인[220]

사람들은 일반적으로 강요, 전문성, 정보성, 준거세력의 합법적 권위의 영향을 받아 타인의 명령을 따른다. 특히 그 중에서도 조직, 법, 종교의 교리 등과 같은 [합법적 권위]는 수명자에게 내용과 관계없이 무조건적인 복종을 잘 유발시킨다. 예를 들어 "조직의 명령이니 당신은 걱정말고 맡은 바 임무에나 충실하시오, 당신의 책임은 없는 것이오" 등 이러한 지시에 의해 명령에 복종하는 사람들은 실로 가공할 만한 사건을 서슴없이 저지르기도 한다.

따라서 수명자가 책임지지 않아도 되는 상황에서는 얼마만큼 산인해질 수 있으며, 이러한 명령에 수명자는 얼마나 복종을 잘 이행하는가를 알아보기 위해 다음과 같은 실험의 예를 들어 살펴보았다.

[미국의 심리학자 밀그램은 피험자들에게 처벌이 학습에 미치는 영향을 알아보기 위한 실험이라고 속이고, 선생의 역할을 맡은 피험자(실험에 참가한 실험 대상자를 일컬음)로 하여금 여기에서 학생에게 기억해야 할 단어들을 읽어 주도록 했다. 그리고 학생이 착오를 일으킬 때마다 그들에게 전기쇼크를 주도록 지시했다. 실험이 시작되기 전에 피험자들은 실제로 고통스

---

220) 최창호, 「무엇이 사람을 움직이는가」(가서원, 1996), pp.209-211.

럽고 강한 전기쇼크를 직접 경험했는데, 실험자는 그 정도의 쇼크는 학생들이 겪게 될 전기쇼크에 비하면 약한 것이라고 설명해 주었다. 실험이 시작되자 학생은 몇 개의 실수를 범했다. 선생은 학생에게 틀렸다고 말을 하고 전기쇼크를 주기 시작했다. 그러자 학생은 투덜거리기 시작했고, 전기쇼크의 수준이 증가함에 따라 학생의 반응은 더욱 거칠어졌다. 쇼크를 멈춰 달라고 사정도 하고, 탁자를 두드리고 발로 벽을 차기도 했다. 실험이 진행될수록 학생은 소리조차 지르지 못했고 종국에는 전혀 말도 하지 못했다.(학생 역할을 하는 사람은 실제로는 실험자와 사전에 짜고 피험자가 누르는 전기쇼크 강도에 따라 연기를 하는 것이었으나 피험자들은 그것을 전혀 모르는 상태였다.)

실험에서 학생이 전기쇼크를 받고 고통을 호소하자 피험자들은 손에 땀이 나고 안절부절못하고 이따금 실험을 거부하기도 했다. 그러나 실험자는 옆에서 계속 쇼크를 주도록 요구했다. 그러면서 실험에 관한 모든 책임은 자신이 질 것이므로 선생역할을 하는 피험자는 책임질 필요가 전혀 없다고 말해 주었다.]

위 실험에서 과연 피험자들은 어느 정도의 전기쇼크를 학생에게 주었으며, 즉 사람들은 얼마나 잔인해질 수 있는가? 실험 결과는 매우 충격적이었다. 실험에 참가한 모든 피험자들이 300V의 전기쇼크를 학생에게 주었다. 그리고 절반 이상인 65%가 450V의 전기쇼크를 주었다. 가정에서 쓰는 전기인 110V 또는 220V의 전압에 감전되어도 위험한데 하물며 300V 아니 450V의 전기라면 얼마나 위험한 것인가는 가히 짐작이 간다. 그러나 이 실험은 합법적인 권위가 있는 상황이라면 정상적인 사람일지라도 남에게 심한 해가 될 수 있는 명령에 충분히 복종할 수 있음을 보여주었다. 이렇게 다른 사람들의 명령에 복

종하는 사람들의 심리와 행동을 심리학에서는 응종(應從)[221]이
라고 한다.

이 실험결과는 상관의 잘못된 명령에 따른 수명자의 복종행
위가 어느 정도 설득력을 갖고 있긴 하지만 그렇다고 반드시 수
명자의 행위가 정당성을 가질 수는 없으며 잘못된 권위에 의해
명령된 사항을 복종한 행위자에 대한 처리문제에 많은 시사점
을 주고 있다.

# 7. 의견

법률에 의해 강제되는 복종의무에 대한 불복종행위는 군대와 같
은 특별조직에서는 형사범죄로써 규정하여 처벌하게 되어 있다.

그러나 강제성 있는 명령이라 하더라도 수명자의 불복종행위
를 처벌할 수 없는 경우가 발생하는데, 이러한 사유에는 수명자
의 양심상의 이유 등 심리적요인에 의한 한계 등 주관적 이유와
정치적, 군사적 요인 및 법규범위반, 상황변화요인 등 객관적 이
유가 있으며 이에 의해 불가항력적으로 불복종행위가 발생될
수 있다. 왜냐하면 아무리 군인이라 하더라도 절대적으로 명령
이행이 불가능한 경우까지 복종해야 할 법적의무는 없기 때문
이다.

또한 이러한 경우 상술한 의무의 충돌이론 등에 의해 수명자

---

221) 이는 타인의 요구나 명령과 같은 외부 압력에 복종하는 사람들의 심리현상과 행
동을 일컫는 말. 남의 요구나 명령이 없어도 타인의 행동을 자발적으로 따라하는 동조
(同調, conformity)와는 구분되는 개념이다.

의 명령불복종행위는 위법성이 조각되어 처벌받지 않게 된다.

따라서 특별한 성격을 가지는 군대와 같은 특수조직에서의 명령불복종행위는 위와 같은 명령이행의 한계요인들 사이에 합리적인 관계를 고려하여야 하고 수명자 스스로도 최대한 명령을 이행하려는 노력을 기울여야 하겠다.

# 4장

위법한 명령에 의한
행위책임

THE COMMAND RELATIVISM

군의 존재의의는 전시에 적과 싸워서 승리를 쟁취하는 데 있으며, 이를 위해 가능한 모든 수단과 방법을 총동원해야 한다. 이러한 군 임무의 특수성과 절대성은 군대 집단을 다른 집단과는 다른 조직성을 갖도록 한다. 군 조직에 있어서는 그 조직 내부에서 질서, 위엄, 계급구조와 같은 규범적 가치체계를 생성, 발전시키고, 군의 특수한 임무를 효율적으로 수행하기 위하여 엄격한 위계질서를 확립하고 신속하고 명확한 상명하복의 명령체계를 준수하도록 요구하고 있다.

이에 따라 군인복무규율 제23조1항에서는 "부하는 상관의 명령에 복종하여야 하며, 명령받은 사항을 신속·정확하게 실행하여야 한다"고 규정하여 명령에 대한 복종의무를 천명하고 있다. 또한 군형법에서는 항명죄(제44조), 집단항명죄(제45조), 상관제지불복종죄(제46조), 명령위반죄(제47조) 등을 규정하여 상관의 명령에 반항·불복종하거나, 상관의 폭행제지에 따르지 않거나, 명령·규칙의 준수의무를 위반하는 행위를 형사 처벌할 수 있도록 함으로써 상관의 명령 및 군의 질서를 엄격하게 보호하고 있다.[222]

그러나 군 조직에서 이처럼 상관의 명령에 절대적인 권위를 부여하고 있기 때문에 상관의 명령이 위법한 것일 때에는 필연적으로 많은 갈등과 문제를 야기 시킨다. 특히 상관에 대한 절대 충성과 복종을 가장 큰 덕목으로 여기는 우리나라 군대의 특

---

222) 국가공무원법 제57조에서도 "공무원은 직무를 수행함에 있어서 소속상관 의 직무상 명령에 복종하여야 한다."고 규정하여 '복종의무'를 명문화하고 있으나, 이를 위반할 경우에도 형사처벌은 받지 아니하고 징계처분을 받는데 그친다.

성상 이러한 문제점은 더욱 심각하게 노정 된다.[223]

더욱이 우리 군 조직의 구성원 중 임관 후 10년 이상 근무한 소령 이상의 장교와 상사 이상의 하사관들은 대부분이 "상관의 명령이 불합리하더라도 복종해야 한다"는 가치관을 가지고 있는 반면, 이른바 신세대 장병들은 "상관의 명령이 불합리한 경우에는 복종할 필요가 없다"는 상반된 가치관을 가지고 있어[224] 명령과 복종을 둘러싼 갈등은 훨씬 복잡다단하게 나타날 수 있다.

---

223) 제1,2,3장章에서 前述한 바와 같이 군관련 법률의 불완전성 및 국토분단으로 인한 군대와 사회와의 괴리현상등으로 인하여 지휘관에 대한 견제와 균형장치가 매우 미비한 것이 현실이다.
224) 임병택, "한국군의 가치관에 관한 실증적 연구"(연세대학교 대학원 석사학위 논문,1990),p.37.

# 제1절 위법한 명령의 구속성과 이의권

　형사적 책임이나 징계책임을 감수하지 않는 한 그에 복종해야만 하는 명령복종체계 하에서의 명령은 사법상의 명령복종체계 하에서의 복종의무보다 훨씬 더 강력하게 준수될 것을 요구한다.[225][226]

　즉, 공무원 관계 또는 군사상의 관계에서는 명령에 복종할 의무가 명시적으로 요구되고 있을 뿐만 아니라 이러한 복종의무를 위반하는 자는 형사책임 내지 징계의 대상자가 된다. 이처럼 강력한 명령복종관계에서의 직무에 관한 명령에 따르는 행위는 자기 행동의 적법성에 대하어 스스로 책임지는 여타의 행위와 구분되지 않으면 안된다.

　특히 이러한 구분은 위법한 명령을 이행한 경우에만 그 의미를 갖게 된다. 일반적으로 적법한 직무상의 명령은 국가기관의 정당한 의사의 실현을 의미하며 이에 따르는 행위가 타인의 법익을 침해하더라도 형법상 '정당행위'로서 위법성을 조각하기 때문이다.

　반면 위법한 직무상의 명령에 따른 행위는 행정법상의 책임문제와 관련하여 논의의 대상이 되지만, 형법상의 책임문제와

---

225) 李炯國, 前揭論文, p. 23 參照.
226) 國家公務員法 第57條, 軍人服務規律 第23條.

관련하여 볼 때에 더욱 중요한 의미를 갖는다. 더욱이 이에 관한 문제가 현실에서 드물지 않게 발생하고 있음에도 불구하고 현행법에 이에 관한 규정이 미비한 상태이므로 학설 상이라도 이에 대한 타당한 해결책의 제시가 필요한 것이다.

그리고 이와 같은 논의에 들어가기에 앞서 위법한 명령에 있어서의 [위법성]의 개념 확정의 문제와 위법 여부의 판단의 기준이 무엇이며 그것을 누구의 판단에 맡기느냐를 먼저 확정해야 한다. 즉 어떠한 명령이 위법 하다고 할 때 그 판단은 사전적으로 혹은 사후적으로 내려야 할 것이다. 이 때 판단의 기준을 확정하는 문제와 복종의무자에 의한 위법성의 판단은 어느 한도까지 가능한가 하는 것을 살펴보고 위법한 명령의 구속성의 문제와 함께 위법명령과 관련되는 문제로서 독일 등에서 현재 논란이 되고 있는 수명자의 이의권의 문제를 검토해 본다.

## 1. 명령의 구속성

명령은 그에 대한 복종을 전제로 하여 발령되므로 수명자에 대한 구속성을 가진다. 즉 명령이란 상하의 위계질서가 엄격한 사회에서 그 사회의 기본목적을 달성하기 위해 발령되는 것으로, 목표달성을 위한 가장 기본적인 수단이며 그 사회관계에서의 인적 구성원들을 가장 효율적으로 운용하기 위한 도구이다. 따라서 [명령]이 지켜지지 않으면 그러한 [사회관계]의 존재가 그 의의를 발하지 못할 수밖에 없는 것이다. 이런 이유로 명령에 있어서 구속성은 가장 근본적인 개념요소라 할 수 있다.

그러나 상관이 부하에게 발한 모든 명령이 그 명령의 내용이나 성격에 관계없이 해당 부하들을 절대적으로 구속하는가에 관하여는 의문의 여지가 있다. 또한 명령이 위법 하다는 사실이 곧 복종의무자가 불복종하여야 한다는 것을 의미하지는 않는다. 즉 명령권의 한계를 벗어난 상관의 명령이 부하에게 있어 곧 복종거절의 사유가 되는 것은 아니다.

적법한 명령은 곧 구속적인 명령을, 위법한 명령은 곧 비구속적인 명령을 의미하는 것은 아니며, 위법하지만 구속적인 명령이 존재하며 적법하나 비구속적인 명령이 존재한다. 따라서 명령에 의한 행위에 대한 법적 평가는 합목적적으로 명령의 구속성 여부에 따라 검토하는 것이 좋을 것이다.

즉 명령이 엄격한 위계질서를 기본으로 구성되어 있는 군대조직에서 근본적인 기능을 수행하고 있는 것은 사실이지만, 그러한 명령도 근거가 되는 법률의 범위 안에서 그 타딩성과 정당성을 인정받아야 하기 때문에 법질서를 초월한 명령은 있을 수 없는 것이다. 따라서 상관으로부터 발령된 명령이 법질서에 위반한 내용을 가지고 있는 경우에 부하는 그러한 명령에 복종하여 위법한 명령을 수행하여야 하는가에 관해 현재 많은 견해의 대립이 있다.[227][228]

---

227) Scholz, op. cit., p. 40.
228) 이 문제는 독일의 학자들 사이에서 오랫동안 논쟁의 대상이 되어 왔다. 독일에서 특히 이러한 문제가 논쟁이 되고 깊이 다루어진 이유는 독일의 1872년의 군형법전 (MSTG) 제47조가 그 문헌상 구속적 위법명령이 가능하다는 것을 뒷받침하고 있었기 때문이었다. MSTG의 제47조의 규정에는 「직무상 명령의 수행을 통하여 군형법을 위반할 경우 그에 대하여 상관만이 책임이 있으므로 다음과 같은 경우에는 복종한 부하에게도 공범으로서의 형벌이 주어진다」고 하였다.
① 그가 그에게 하달된 명령을 초과하였거나 ② 그에게 하달된 상관의 명령이 시민법상 또는 군법상 중죄 또는 경죄를 목적으로 하는 어떤 행위와 관련되어 있음이 알려져 있는 경우 이에 관해 論 爭을 가졌던 學者는 M.E.Mayer Der rechtwidrige Befehl des Vorgestzen in··Festchirift fur Laband, Tubingen 1908, 1921, 162;vam auf Befehl begangenes Verbrechen 1981;Bulgaren Giriginoff, "Der bindende Befehl im Stratrecht" 1904. 등이 있다.

위법한 명령에 의한 행위책임

또한 이러한 문제에 있어서 논의의 핵심은 구속적 위법명령이라는 개념을 현행의 법질서 하에서 명령의 한 형식으로서 어떻게 인정할 것인가에 관한 것이다. 만일 구속적 위법명령의 개념이 인정된다면 부하는 당연히 그 명령을 수행해야 할 것이다.

그러나 여기에는 몇 가지 이론적 난점들이 내포되어 있다. 첫째로 구속적 위법명령의 개념자체의 모순성이다. M. E. Mayer가 주장하는 바와 같이 입법자가 상관에게 위법한 명령의 공포를 승인하지 않으면서 동시에 그러한 명령에 대한 부하의 복종의무를 인정하는 것은 불가능한 일이다.

따라서 구속적 위법명령의 개념은 논리적으로 구성되기가 힘들다.[229]

둘째로, 구속적 위법명령이 인정된다고 할 때 그 한계가 명확하지 않다는 문제가 있다. 이미 언급한 바와 같이 모든 명령이 구속적일 수는 없고, 특히 위법한 명령의 경우 그 위법성이 명백한 경우에는 구속성을 인정할 수 없다는 것이 대부분의 학설의 태도이다. 이에 따라 어떤 요건 하에서 어느 범위까지 구속적 위법명령이 가능한가에 관한 구속적 위법명령의 인정한계가 문제된다. 특히 이 점은 외관상 위법한 것으로 보이는 명령에 불복한 부하가 있을 경우에 그를 과연 항명죄로 처벌할 것인가 하는 문제에 직접 영향을 미치게 된다.


다음으로 구속적 위법명령을 수행한 부하의 책임을 어떻게 이론 구성할 것인가 하는 것이 주요 논점중 하나이다. 즉 위법한 명령이 구속적이라면 그것을 수행한 부하에게 그 행위의 책임을 돌릴 수는 없으므로, 이 때 부하의 책임을 배제하는 이론

---

229) M.E.Mayer, "Der recht Widrige Befehl des Vorgeseten", in:Festschrift P. Laband, 1908, p. 124 參照.

적 근거에 대하여 견해의 대립이 있어 왔다. 이러한 구속적 위법명령에 대한 격론의 근거지인 독일에서는 대부분의 학자들[230]이 구속적 위법명령의 개념은 입법부의 권한사항에 해당한다는 견해를 보인다. 그러나 독일과는 법률 등 여러 가지 사항이 다른 우리나라에 있어서 독일의 이론은 참고가 될 수 있을 뿐이다.

## 1) 입법례

영미[231]와 프랑스[232]에서는 적법한 명령에 대해서만 구속력이 있다. 반면에 독일 및 네덜란드[233]에서는 그 시행이 위법행위의 실행을 의미하더라도 구속력을 지닌 경우에는 그에 대한 복종이 인정되고 있다. 또한 이스라엘에서는 항명죄가 적법한 명령뿐 아니라 그 위법성이 명백하지 않는 명령에도 적용된다.

특히 독일 학계에서는 앞에서 언급한 바와 같이 [구속적 위법명령]이라는 개념, 다시 말하면 위법행위를 실행하라는 명령에 대한 복종의무가 타당한 개념인지 하는 여부가 현재까지도 논쟁의 대상이 되고 있다.

---

230) Ramm, "Der rechtwidrige Verbindende Befehl", Zeitschrift die gesamte Strafrechtwissenschaft, 1983, pp. 363~404;Stratenwerth,"Verantwortung und Gehorsam", Tubingen, 1958;Jescheck;AT, p. 283.
231) 영국 육군법(Army Act) 제34조 및 제36조에 의하면 적법한 명령에 대해서만 불복종이 처벌된다고 규정되어 있다. "Sec. 34 any person...... disobey any lawful command..."(Nico kijer, p180).
232) 프랑스 일반군기규정(Regulation on General Discipline) 제8조 (3)에 의하면 "부하는 명백하게 위법한 또는 전쟁의 관습 및 국제협약에 위배되는 행위를 행하라는 명령을 시행해서는 안된다."고 規定되어 있다.(Nico Keizer, p180).
233) 네덜란드 군형법전(WMS) 제114조에 의하면 군인이 「직무상명령」을 이행하지 않으면 처벌의 대상이 된다고만 규정하고 있다.(Nico keizer, p180).

## 2) 학설

만약 하급자가 그의 상관에 의해 주어진 명령의 적법성 문제를 결정하고자 한다면, 그의 판단에 따라 상관의 명령에 불복할 수 있고 결국은 명령의 권위에 심각한 타격을 가하는 일이 될 것이며, 위법명령의 구속성은 당연히 부인될 것이다. 반면에 명령의 적법여부는 오로지 명령의 발령자에게 맡기고 단지 사후적 판단만이 가능하다라면 위법한 명령은 당연히 구속성을 가질 것이며, 부하의 복종의무의 짐은 덜어지지 않을 것이다. 이러한 위법명령의 구속성 문제는 M.E.Mayer가 그의 논문[234]에서 "독일법은 위법한 명령에 대해서 명시적으로 구속력을 부여하고 있는 법률과 법률관계를 알지 못한다."고 하여 구속적 위법명령의 개념자체를 부인하면서부터 학설상 크게 다루어지기 시작했다.

▶ 위법명령의 구속성을 부인하는 견해

M. E. Mayer가 법에 위반하여 행동하라는 법적의무라는 것이 [명백히 모순된 개념]이라고 주장한 이래 상당수 학자들이 지지를 하고 있다. 그는 "구속적 위법명령에서와 같이 모순으로 가득 찬 구조는 법률 또는 법률관계를 근거로 승인될 수 없다. 왜냐하면 법질서는 반대의 증명도 항상 논리적이기 때문"이라고 하면서[235]" 위법하고 또한 구속적인 명령은 결코 어떠한 법질서에서도 승인될 수 없다. 즉 구속성과 위법성은 서로 배척하기 때문에 어딘가에서 입법자가 위법한 명령에 구속성을 부여한다면, 그 모순을 해결해야만 하는 문제에 봉착하기 때문에 그 해

---

234) M.E.Mayer, op. cit., p. 125 參照.
235) Ibid, p. 128.

석은 곤란한 입장에 처하고 말 것이다."[236] 라고 주장하였다.

한편 Dohna는 "구속적 명령은 반드시 그의 복종을 정당화해야 한다. 그러나 위법한 명령에 있어서는 그 복종을 정당화하는 것은 개념적으로 불가능하다"고 하면서 역시 위법성 있는 명령의 구속성을 부인하였다.[237]

이러한 구속성 부인론자들이 드는 가장 중요한 근거는 위법한 명령에 구속성을 인정함으로써 일어나는 개념 논리적 모순과 그 당위성 정립의 불가능함이다. 위법에 법질서 내에서 공인될 힘을 부여함으로써 그 위법을 유지하고자 하는 것은 어느 모로 보나 명백히 모순성을 안고 있고, 따라서 그 법력에 복종하는 자들에 대한 설득력을 잃게 된다. 이러한 개념논리적 모순은 [적법만이 구속력을 가진다]는 입장의 부인론자에게는 용인될 수 없는 것이며, 아주 근본적인 논리의 결함이기 때문에 구속적 위법명령이라는 명백히 모순적인 개념은 인정될 수 없는 것이다. 이 견해에 의하면 구속성은 언제나 법직 구속을 의미하는 것이며 위법한 명령은 여하한 경우에도 구속적일 수 없는 것이다.

그리하여 적법한 명령만이 구속성이 있는 것으로서 수명자의 행동을 정당화시킬 수 있고, 위법한 명령은 구속성이 없으나 책임조각 사유로서 작용할 수 있게 된다.

즉 사물논리적 관점에서 파악할 때 법질서 존재의 기본이념인 정의의 요구에 반하는 불법에게 법질서의 존재 유지를 위한 법력을 부여하고, 그러한 힘에 거부를 보인 법질서의 추종자에게 오히려 제재를 가하는 것은 타당성을 잃었다고 볼 수밖에 없

---

236) Ibid, S. 172.
237) Grafzu Dohna, A. "Recht und Irrtum", Mannheim, 1925. SS. 114-115. 그밖에 否認論의 立場에서는 見解는 Dolaptschieff, sind rechtwidrige binende Befehl moglich? in;Zeitschrift fur die gesamte stratrechswissenschaft, 1938, S. 249;Baumann, AT, 1975, S.346.

다. 따라서 적법한 명령만이 그 준수를 기대하여야 한다는 부인론의 견해는 그 논리적 구조면에서 일부 수긍할 만하다 하겠다.

▶ 위법명령의 구속성을 인정하는 견해

위법명령의 구속성을 긍정하는 견해는 그러한 명령에 따른 자의 책임과 관련하여 그의 책임을 배제하는 근거를 무엇으로 할 것인가에 대해 입장의 차이를 보이고 있다. 이러한 입장의 차이는 명령에 따른 행위를 한 자의 책임을 덜어 주려는 것이고 위법한 명령의 구속성을 인정하는 근거에 있어서는 근본적인 차이가 있는 것 같지는 않다.

먼저 위법한 직무상의 명령에 있어서는 그 위법성이 경미한 정도(예컨대 그 명령의 이행이 경범죄에 해당하는 정도)인 경우에 한하여 구속성을 인정하는 견해가 있는데, 이에 따르면 위법하지만 구속성이 있는 명령은 적법한 명령처럼 위법성 조각사유가 되지만 여타의 경우는 비구속적인 명령으로서 단지 책임조각에만 관련된다고 한다.

그 대표적 학자인 Jescheck에 따르면, 부하의 복종의무는 구속적 명령에 기인한다고 전제하고, 구속적 명령에 따르는 부하는 복종의무 때문에 비록 그 명령의 내용이 법질서에 위배된다고 하더라도 적법하다고 주장하면서, 법질서에 위배되는 예로써 명령의 이행이 경범죄 또는 허용되지 않는 행위에 해당하는 경우를 제시한다.[238]

---

238) Jescheck, "Befehl and Gehorsam in der Bundeswehr", in··Bundeswehr und Recht, 1965, p. 400.

그리고 책임조각의 문제는 오직 비구속적 직무상의 명령을 따랐을 경우에만 논의될 수 있다고 보았다.[239]

이러한 견해를 취하는 학자들은 위법하나 구속적인 명령의 한계를 앞의 견해보다 폭넓게 인정하려는 경향을 갖는다.

결국 이러한 두 견해는 위법한 명령의 구속성을 인정하는 데는 변함이 없으나 그 범위에 있어서 후자의 견해가 좀 더 널리 인정하려 하고 있고, 그 결과는 위법한 명령에 따른 행위자의 책임을 배제하는 이론구성에서 차이를 보여줄 뿐이다.

한편 위법하지만 구속적인 명령이 있음을 인정하면서 이러한 명령에 따르는 행위는 위법성을 조각하는 것이 아니라 책임을 조각할 수 있다고 보는 견해도 있다.[240]

긍정설의 입장에 있는 견해의 논거는 첫째, 위법한 명령의 구속성을 부정하면 결과적으로 부하에게 명령의 이행여부를 판단할 권한을 부여하는 결과가 되어 군기를 생명으로 하는 군대사회에서 이는 명령복종관계의 존립자체를 해하는 것이라고 한다.[241]

한편 복종의 근거는 공적권위에 있으며 이러한 공석권위는 옳은 선택을 행할 수 있는 보다 큰 능력을 지니고 있어야 하므로 복종의무는 어떤 특정명령의 적법성 때문에 좌우되는 것은 아니라는 주장을 펴는 학자도 있다.[242]

---

239) Wessels도 위법성과 구속성을 구분하면서 Jescheck와 같은 입장을 취한다. Wessels는 또한 구속성 없는 명령의 징표로서 ① 명령이 형법상의 범죄에 해당하거나 ② 인간의 존엄성을 해치거나 ③ 일반적으로 승인된 국제법규에 저촉되는 경우를 들고 있다.(Wessels, Strafrecht, Allgemeiner Teil, 6. Aufl., 1976, s, 79)그리고 책임조각의 문제는 오직 비구속적 직무상의 명령을 따랐을 경우에만 논의될 수 있다고 보았다.
240) 黃山德, 「刑法總論」(博英社, 1987), p. 150;8人共著/李建鎬 外, 「新稿刑法總論」 (高大出版部, 1978), p. 294;mezger, Strafrecht, AT, 7. Aufl., 121f;Dreher, Stragfesctrbuch, Kommentar, 37. Aufl,. s. 148등이 이러한 見解에 속한다.
241) Hirschmann, p. 162.;Mezger-Blei, AT, 1970, p. 141.
242) Stratenwerth, "verantwortung und Gehorsam", 1958. p. 120.

둘째로는 구속적 위법명령을 인정하는 것은 그것을 통하여 생기는 결과가 법질서에 대하여 호감이 가는 것이기 때문이 아니라 일정한 특별권력관계에서는 부하가 상관의 명령에 신속하고 효율적으로 복종하는 것이 더 필요하기 때문이라는 것이다.[243]

긍정설의 논거는 결국 현실적으로 구속적 위법명령이 필요하다는 것에서 찾을 수 있다. 즉 상관이 발한 명령이 부하의 판단으로 보아 위법한 요소를 가지고 있음에도 불구하고 그에 따를 수밖에 없는 수명자의 입장을 고려하고 신속한 명령의 수행을 담보하기 위해서라는 현실적 필요성에서 그 논거가 제시되는 것이다. 물론 긍정설에서도 무조건적인 복종을 요구하지는 않는다.

▶ 비판

(i) 위법한 명령의 구속성을 긍정하는 견해의 논거는 그러한 구속성의 현실적 필요성에서 비롯된다. 즉 군기를 생명으로 하는 군대사회에서 명령에의 복종을 담보하고 신속한 명령의 이행을 위하여 구속성을 긍정하지 않을 수 없는 것이다. 그러나 긍정설은 스스로 불법을 저지르면서 타인의 복종을 요구하는 자, 다시 말해서 타인의 위법을 요구하는 자에게 법질서가 힘을 빌려주는 결과를 낳는다. 아무리 명령이 군대사회 기타 중요한 특수조직에서 중요한 역할을 수행한다 해도 그 역시 법질서 전체의 범위 내에서 존재가치를 인정받는 것이므로 법을 초월하는 명령은 있을 수 없는 것이다. 따라서 그것이 단지 명령이라는 형식을 취하고 있다 해서 복종의무가 반드시 주어져서는 안

---

243) Ammon, "der bimdende rechtwidrtge Befehl", 1926;Schmidt, "Militarstrafrecht", 1936, S. 58;Wiesner, op. cit, S. 35.

되며, 법질서의 타당한 범위 내에서 복종의무가 요구되어야 한다. 결국 M.E.Mayer가 제기한 바와 같이 구속적 위법명령의 개념논리적 모순은 긍정설이 제시하는 논거로서는 극복하기 힘들다고 보여진다.

(ii) 한편 부정설이 구속적 위법명령의 근본적 문제점을 인식하고 이를 제시하였다는 점은 높이 평가받을 수 있다. 그러나 현실적으로는 그 위법함에 의하여 부하에 대한 구속성을 전혀 가질 수 없는 명령이 실제로는 상관의 명령권 하에 있는 부하에게 거의 절대적 구속성을 띠는 경우가 다수 존재하는 것이 사실이다. 또한 이러한 경우 위법한 명령에 대한 구속성을 부정함으로써 오히려 실제적 피해자라고 할 수 있는 명령의 이행자가 오히려 더 엄한 형사적 책임을 지게 되는 불합리한 결과가 발생되기도 한다.
이러한 사례에 비추어 볼 때 준법성신이 강하지 못하고 상관의 위법한 명령에 대해서는 강력한 소신과 의지를 가지고 상관의 위법한 명령을 거부하지 못한 부하가 오로지 자기 의지의 박약함만을 한탄하며 스스로 책임을 져야 하는가? 부정설은 이러한 물음에 대하여 책임 있는 해결책을 제시하지 못하는 것으로 보인다.

## 3) 우리나라의 견해

우리나라의 판례[244]는 개정전의 군인복무규율 제10조와 관련하여 [군인복무규율 제10조 소정의 상관의 명령에 대한 복종

244) 軍法會議 判例 73. 6. 30. 陸軍 73 高軍刑抗 298;軍判 73.7.30. 陸軍 73 高軍刑抗 309.

의무도 상관의 명령이 명백히 범죄를 저지르는 것을 명하는 것인 경우까지도 절대 복종하는 것을 요구한다고는 보여지지 않을 뿐만 아니라 오히려 이와 같은 명령에 대해서는 거부하여야 할 의무가 있다고 함이 타당하다 할 것인 바…]라고 판시한 바 있다.

또한 대법원은 항명죄의 명령을 [명백히 불법이라고 보여지지 않는 명령]이라고 하였고[245] 10 · 26 사건의 판결에서는 [상관의 명령에 따른 행위이므로 형법 제20조의 정당행위에 해당한다는 주장에 대하여 공무원은 그 직무를 수행함에 있어서 상관은 하관에 대하여 범죄행위 등 위법한 행위를 하도록 명령할 직권이 없는 것이며 또한 하관은 소속상관의 적법한 명령에 복종할 의무는 있으나 그 명령이 명백한 위법 내지 불법한 명령인 때에는 이는 직무상의 지시명령이라 할 수 없으므로 이에 따라야 할 의무는 없다…]라고 판시하고 있다.[246]

이러한 일련의 판시에서 보여진 대법원의 태도는 명백한 위법 내지 불법한 명령에 대한 복종의무를 부정하는 것으로 해석된다. 그러나 문제는 위법성이 명백하지 않은 경우에 일단은 복종의무가 인정된다고 여겨지는데, 이러한 태도가 위법한 명령의 구속성을 인정하는 것으로 확대 해석될 수 있는가 이다.

판례의 문헌상 위법한 명령에 복종의무를 부과하지 않고 있고, 오히려 위법이 명백히 드러날 때 그러한 명령에 복종할 의무는 없다고 함으로써 위법명령의 구속성을 간접적으로나마 부

---

244) 軍法會議 判例 73. 6. 30. 陸軍 73 高軍刑抗 298;軍判 73.7.30. 陸軍 73 高軍刑抗 309.
245) 大判 67.3.21, 宣告 63 오 4.
246) 공무원은 직무를 수행함에 있어서 소속상관의 명백히 위법한 명령에 대해서까지 복종할 의무는 없을 뿐만 아니라, 중앙정보부직원은 상관의 명령에 절대 복종하여야 한다는 것이 불문율로 되어 있다는 점만으로는 이 사건에서와 같이 중대하고 명백한 위법명령에 따른 범법행위까지 강요된 행위거나 적법행위에 대한 기대가능성이 없는 경우에 해당한다고는 도저히 볼 수 없다(大判 1980. 5. 20. 宣告 80 도 306).

인하고 있는 것으로 판단된다. 다만 명백한 위법이 아닌 한 그에 관한 판단책임은 복종의무자 자신에게 있게 되고 결과적으로 스스로 명령의 위법성을 증명해야 하는 부담을 지우는 것으로 보인다. 즉 명백히 위법이 아니면 전부 구속적이라는 의미는 아니고 단지 위법여부는 사후에 판단되어 진다는 의미인 것으로 해석할 수 있다.

## 4) 의견

위법한 명령의 구속성을 인정하는 견해는 만약 구속성을 부정한다면 명령에 대한 적법의 심사여부를 부하가 판단하게 되어 명령복종관계가 전도될 것으로 보고 이러한 사태를 막기 위해서 구속성을 긍정하여야 한다고 한다. 하지만 그렇다고 하여 위법에 법질서의 조력을 줄 수는 없는 일이다. 또한 위법한 명령의 구속성을 부정한다고 하여 명령복종관계가 전도된다고 단언할 수는 없다.

결국 어떠한 명령의 적법여부는 법원의 사후적 판단에 의하여 결정되어지며 법원이 사후에 여러 가지 사정을 종합하여 내린 판단 결과에 따라 적법여부가 결정되므로 그러한 결정이전에 부하가 내린 판단은 유효하지 않은 것이라 할 수 있다.

다시 말해서 적법하다고 믿고 수행한 명령이 사후 판단 결과 명백히 위법한 경우가 있고 반대로 위법 하다고 믿고 불복하였는데 적법하다는 결론이 나는 경우도 있을 것이다. 이러한 명령 수행시에 부하가 내린 판단은 명령의 위법여부에는 영향을 미치지 않는 것이다.[247]

---

247) 이와같은 경우에는 착오이론에 의거 책임 등에 영향을 미칠 수는 있을 것이다.

또한 위법명령에 구속성을 인정하려는 주된 논거 중의 하나는 제한된 행동의 자유를 가지는 부하의 죄책을 덜어주기 위한 것인데, 그러한 목적은 구속성을 인정함으로써 형법 제20조의 정당행위 이론을 적용하는 것보다 오히려 기대가능성에 의한 책임조각으로서 충분히 달성할 수 있는 것이므로 구태여 구속적 위법명령이라는 모순된 개념을 인정할 필요는 없을 것이라 생각된다.

위법명령의 구속성을 인정하는 견해들 중에는 위법성이 경미한 경우에 구속성을 인정하여야 한다고 주장하는데,[248] 이러한 견해들에 의하면 교통법규위반, 기타 사소한 행정법규 등의 위반을 위법성이 있는 것으로 제시하는데, 이러한 절차상 혹은 사소한 행정법규 위반은 명령을 위법하게 하지는 못한다고 생각된다.

따라서 위법한 명령이 되기 위해서는 최소한 명령이 법질서의 본지에 어긋날 정도의 중요한 법요건의 결함을 안고 있어야 하는데 위와 같은 예들은 단지 명령의 본질에 어긋나지 않는 하자에 불과할 뿐이므로 이러한 하자가 사후의 조치에 의하여 치유 가능하다면 그것은 적법한 명령이 될 수 있을 것이다. 따라서 위법성이 경미한 경우에는 구속성이 인정된다는 논리는 부적합하다고 여겨진다.

또한 대법원은 [명백한 위법 내지 불법한 명령]에 대한 복종의무를 부정하고 있으나 그에 대한 구체적인 기준은 제시하지 않는다. [명백성]의 구체적인 기준에 대해 세계 제1차대전 이후의 전범재판에서 그 판단에 도움을 줄 수 있는 기준을 제시하고 있어 몇 가지 예를 들어보겠다.

---

248) 金日秀, 「刑法學原論」(博英社, 1988), p. 589.

독일 대법원은 Llandovery Castle 사건[249]에서 "만약 그러한 명령이 피고인을 포함하여 모든 사람들에게 보편적으로 (universaly) 의문의 여지없이 법에 위반되는 것으로 알려진 것이면 적법성의 확신은 존재할 수 없을 것이다…"라고 판결했고, 세계 제2차대전 후 독일 최고사령부재판(German High Command Trial, 1948, Case Wo. 119)에서 미군사재판소는 "명백한 범죄의 명령을 수령한 피고들은 이 사건에서 난처한 처지에 있었다. 그러나 즉각적으로 위협받지 않는 처벌이나, 어떤 불이익에 대한 공포 때문에 명백한 범죄의 명령에 굴욕적인 복종을 한 것은 항명으로 승인될 수 없다. 강박의 항변 혹은 위험에 직면한 긴급피난의 항변이 성립되기 위해서는, 분별 있는 사람(reasonable man)이라면 [정의를 택하는 자유]와 [부정을 억제하는 자유]가 박탈되도록 절박한 육체적 위험 속에 있었다는 것을 감지할 수 있는 제 상황 등을 보여주어야 한다."라고 판결하였다.

한편 동 재판소는 다른 판결(Hostages trial, 1948, No. 215)에서 "만일 명령의 불법성이 하급자에게 알려지지 않았고, 그가 그 불법성을 아는 것이 합리적으로 기대될 수 없었다면, 범죄의 실행에 필요한 불법의 의도는 존재하지 않으며 하급자는 보호될 것"이라고 판시했다. 또한 독일에 설치된 영국군사법원의 한 판결(Buck and others, 1946, No.122)에서는 "만일 피고가 그 명령이 불법한 것을 알았거나, 주어진 상황을 고려한다면 불법한 것을 알았어야 했다면 그는 유죄가 되어야 한다."라고 판시

---

249) 任德圭, "상관명령과 하급자 책임-전쟁범죄와 관련하여-"(국제법학회론총 제33권 제1호, 1988. 6), pp. 98~99 참조;1918년 258명이 승선하고 있는 영국의 병원선 Llandovery castle호를 독일군이 격침시키고 구조선으로 옮겨 탄 사람들에게도 사격하여 사살한 사건으로 사령관의 사살명령에 복종한 장교들에게 유죄판결을 내린 사건이다.

하였다.

위와 같은 판결들을 통해서 볼 때 상관의 위법한 명령에 대해 위법성과 구속성을 판단하기 위해서는(명백한 위법성을 인정하기 위해서는) 명령의 불법성에 대한 주관적 인식과 함께 객관적 인식가능성이 없어야 한다는 점을 확인할 수 있다.


## 2. 위법한 명령에 대한 이의권

위법의 의심이 있는 명령에 대해서는 부하가 상관에게 명령이행 전에 명령권자의 과오나 오류 등에 대하여 최소한 조언하거나 의견을 제시할 수 있다면 명령의 적법성과 타당성은 한층 더 보장될 것이며, 더구나 기계적이거나 무책임한 복종을 통하여 야기될 수 있는 불행한 결과를 피할 수도 있게 될 것이다. 특히 군대조직에서는 [신속한 복종]과 [책임있는 복종]을 동시에 달성하여야 하기 때문에 자칫 조직에 대한 명령의 일방적인 복종이행 행위가, 일반 법질서에 위배되는 결과를 초래할 수 있으므로, 이러한 수명자의 의견제시 문제가 군대명령복종체계 속에서 올바르게 기능하게 된다면 명령수행의 결과가 형사적으로 의미 있는 경우 상관과 부하 중 누구로 하여금 그 결과에 대한 책임을 부담하도록 할 것인가 하는 책임소재를 보다 명백히 할 수 있을 것이다.[250)]

---

250) 高奭, "命令과 服從體系에 있어서의 部下의 異議權"(陸軍本部 軍事法 硏究. 13집, 1996), p.80.

그러나 이의권에 관한 국내의 학설[251]이 아직은 거의 없는 편이어서 독일에서 전개되어온 이의이론(異議理論, Gegen-vorstellug)[252]을 중점하여 살펴보도록 하겠다.

## 1) 수명자의 이의의무

이의란 내용적으로 부하가 그에게 하달된 명령을 재심사하거나 취소하거나 변경하도록 상관에게 문제를 제기하는 것을 의미하는 것으로 독일에서는 공무원법(BBG : Bundesbea-mtengesetz)제56조 제1항에 [공무원은 그 직무행위의 적법성에 대한 개인적 책임을 진다]고 규정하고 있으며, 동조 제2항은 [공무원은 직무상의 지시가 적법성에 대한 의심]이 있으면 직속상관에게 주저 없이 이의를 제기하도록 의무를 규정하고 있다. 또한 [그의 결정이 최종적인 것이며 그 지시가 형법위반이 아니거나 인간의 존엄을 해치지 않는 한, 지시를 받아 이를 수행한 사는 그 고유의 직무상의 책임으로부터 자유로와 질 수 있다]고 규정하여, 이의에 관한 직접적 근거규정을 마련하고 있다.[253]

한편 군인의 이의의무에 관해서는 독일연방대법원(BGH : Bundes gerichtshof)[254]에서 "군인은 명령하는 상관이 그 명령 하달에 당하여 [사실적 전제에 대한 착오]에 빠져 있음을 발견

---

251) 우리의 군인복무규율에서는 명령과 복종의 절에서 「건의」라는 표현을 쓰고 있으나 독일의 경우에는 Gegenvorstellung(반대의견)이라는 용어를 사용하고 있음. 구체적인 사건에 대한 반대의견 개진이라는 의미에서 「이의」라는 표현이 더 적합한 것으로 보여 「이의」라는 용어를 사용함.
252) Hans-Gunter Schwenck, Dic Gegenvors tellung im System von Befehl und Gehorsam;Plog-Window, Bundesbeamtengesetz, Rz, Tzu S56 參照 ; 國內論文으로는 高奭, 前揭論文 參照.
253) 高奭, 上揭論文, p.85 參照.
254) BGH-urteil V. 31.1.64.-4StR 514/63.

하거나, [진실한 사정을 알았더라면 그 명령을 아마도 내리지 않았을 것임]을 알았을 경우에 그는 그의 상관에게 그 [착오를 알려줄 의무]가 있다. 이것은 명령을 부여받음을 알고 있는 군인에게 그에게 주어진 사정으로 보아, 그러한 상관의 착오가 명백할 경우에도 동일하다. 군인이 그렇게 한 경우에도 그 명령을 이의함이 없이 실행하면 그는 원칙적으로 그 결과에 대한 책임을 진다"라고 판시함으로써 공무원법에서 채택된 이의의무를 군대조직에서 받아들이는 것을 일반화시켰다.[255]

## 2) 이의의무에 관한 견해

독일 공무원법상 이의권과 이의의무의 존재여부에 대하여는 대부분 긍정적 입장으로 지지하고 있으나 공무원법(BBG)의 이의의무로부터 출발하여 여기에서 확립된 기본원칙이 특수한 군사적 관계의 영역에서 어느 정도까지 응용될 수 있는지에 관하여 많은 논의가 있다.

전술한 바와 같이 Rosteck[256]은 독일연방대법원(BGH)의 "군인은 명령하는 상관이 그 명령하달에 대하여 사실적 전제에 대한 착오에 빠져 있음을 발견하거나 진실한 사정을 알았더라면 그 명령을 아마도 내리지 않았을 것임을 알았을 경우 그의 상관에게 그 착오를 알려줄 의무가 있다"라는 판결에 대해서 부하가 상관의 사실적 착오에 대한 [의심]을 가지는 경우까지도

---

255) 가장 대표적으로 복종관계에 있어서의 명령을 명백히 규정한 내용은 과거 일본군의 「군대내무령」에서 볼 수 있는데 제2장 「복종」에서 부하는 상관에게 여하한 경우를 불문하고 복종하도록 강조하면서 「명령은 근엄하게 이를 지키고 즉시 이를 시행하여야 한다. 결코 명령의 옳고 그른 것을 논하거나 원인과 이유 등을 질문하는 것을 허용치 않는다」라고 못박고 있다. 즉 복종관계에 있어서 부하는 상관의 명령에 이의를 제기할 수 없을 뿐만 아니라 질문조차 못하게 하고 있는 것이다.
256) A.a.o Nr.3c urteilsgrunde.

부하의 이의의무가 발생한다고 함으로써 부하의 이의의무의 폭을 더욱 넓히고 있다.

우리나라의 경우에는 독일과 달리 BBG 56조에 해당하는 법규정이 존재하지 않는다. 이러한 상황에서 부하에게 과도한 책임을 지우는 [이의권]이라든가 [이의의무]를 인정하는 것은 현실적으로 어렵다고 본다. 독일의 경우도 [이의의무]의 인정여부에 대하여 논란이 많고, 또한 군인의 경우 그 신분의 특수성으로 인하여 [이의의무]를 인정하는 것은 부하에게 지나친 책임을 지우는 것이라고 할 수밖에 없다. 따라서 우리의 경우 형사적 책임을 지우는 이의의무는 물론 징계책임을 지우는 이의의무도 인정하기는 어려울 것으로 본다.

따라서 명령의 적법성과 타당성을 보장하기 위해서는 명령권자 뿐만 아니라 수명자도 명령의 수행결과에 대한 책임을 지우게 하는 것은 일면 타당하다고 할 수 있다. 하지만 징계책임은 별론으로 하고 형사적 책임을 묻기 위해서 명령의 수명자인 부하에게 [이의의무]를 지우는 것은 지나치게 가혹할 뿐만 아니라 현행법상 인정될 수 없는 것이다. 따라서 현행법 체계 하에서는 명령의 적법성과 타당성은 부하의 적극적인 임무수행의지와 노력으로 보충되어야 할 것이다. 하지만, [이의권]과 [이의의무]는 입법론적으로는 적극적으로 검토할 필요성이 있고 앞으로 많은 연구가 있어야 할 것으로 생각된다.

# 제2절 위법한 명령에 에 대한 항변

상관의 위법한 명령에 따라 복종한 부하의 책임을 묻게 될 때 나타나는 부하의 항변의 문제는 주로 엄격한 위계체제하에 있는 군대조직에서 발생할 수 있는 현상이라 볼 수 있다. 전술한 바와 같이 군대의 최고 가치는 상관의 명령에 대한 복종이다. 따라서 명령의 권위와 군대의 질서를 보호하기 위하여 각국의 군법은 복종의 절대성을 법적으로 규정해 놓고 있으며 우리나라도 군형법상 상관의 명령에 반항, 불복종하거나 명령규칙을 위반한 경우에는 엄하게 처벌토록 처벌규정을 두고 있다.[257]

그러나 군인이라고 해서 상관의 어떠한 명령에도 복종해야 하는가? 예컨대 지휘관이 부하에게 포로를 사살하라고 하거나 가옥을 불태우라고 하였을 때 이러한 명령에 복종한 것이 전쟁법 위반이었다는 이유로 형사책임을 물을 수 있는가? 이러한 문제들은 전범재판에서 [상관명령(Superior Orders)의 복종]이라는 항변으로서 나타난다.[258]

---

257) 우리나라 軍刑法 第44條(抗命)規定.
258) Telford Taylor, Nuremberg and Vietnam(Chicago··Qudrangle Books, 1970), p. 42. 참조.  Taylor는 한 예로써 다음과 같이 영국의 Axtell's Case를 들고 있다. 1660년에 영국의 스튜어트 왕정복고 후 Charls 1세의 처형에 대한 반역과 살인죄로 근위대장이 재판에 회부되었을 때 벌써 법적인 항변으로 나타났다. 그 장교는 그가 했던 모든 것은 한 부하로서 그가 복종하든지 아니면 죽음을 당하든지 해야 하는 자신의 상관명령에 따랐다는 이유로 자신을 변호하였다. 그러나 법원은 그 명령이 반역이었을 때, 그 명령에 복종하는 것 역시 반역이라고 판결하면서 즉시 처형하였다.

명령관계론
314

오늘날 상관의 명령이라 하여도 무조건, 무제한적으로 복종할 수는 없고,[259] 그가 수행하여야 하는 명령의 내용과 그것의 수행이 어떠한 의미를 가지는 것인가를 판단한 후에 수행여부를 결정하여야 한다. 그럼에도 불구하고 신속하고 일사불란하여야 하는 군조직의 특수성에 기인하여 명령에 대해 사전판단함이 없이 상관의 위법명령에 복종하여 범죄를 범하였다면 그 하급자는 명령에 복종할 수밖에 없었다는 항변을 제기할 것이다. 따라서 본 장에서는 이러한 [명령수행의 항변]에 대한 처리가 각 국가별로 견해의 차이는 있으나 세 가지 원칙으로 제시, 논의된다는 점과 주요국가의 입법례와 위법한 명령책임에 대한 국제법상의 입장을 검토해 보겠다.

## 1. 위법한 명령에 대한 항변이론

상관의 위법한 명령에 복종한 부하의 책임과 관련해서는 i) 명령에 따라 복종했을 뿐이라는 사실 그 자체만으로는 범죄를 행한 하급자의 행위가 정당화 또는 면책되기에 충분하지 않다는 완전책임설, ii) 명령은 항상 명령에 따라 수행되었다는 그 자체만으로도 정당화를 제공할 수 있다는 상급자 책임설, iii) 명

---

259) Michael Walzer는 월남전하에서의 My Lai촌 학살사건과 관련하여 다음과 같이 언급하고 있다. "전투의 극렬성과 군대의 군기에 대한 주의를 기울이지 않으면서 너무 쉽게 숙고와 의문없이 이들을 판단할 수 없다. 그러나 만일 병사들이 전혀 판단하지 않는 자동기계인 것처럼 병사들을 취급하는 것은 잘못이다. 대신에 우리는 그들이 처한 위치의 특이한 특징들을 주의깊게 보면서, 그러한 환경에서 그 순간에 군사명령을 수용 혹은 거부하는 것이 의미하는 바를 이해하도록 노력해야 한다." Michael Walzer, Just and Unjust Warsf(New York··Basic Books, Inc., 1977), pp. 311-312.

령에 따라 행동했다는 사실이 그 자체로 항변으로 성립하는 경우와 그렇지 않는 경우를 나누어서 평가하는 제한책임설로 구분할 수 있다.[260]

## 1) 완전책임설(doctrine of full responsibility)

이 설은 항변이 결코 허용될 수 없다는 견해로 상관의 명령에 따라서 단지 위법한 행위를 수행하였다는 사실, 그 자체만으로는 범죄를 행한 부하의 행위가 정당화되거나 면책되기에 충분하지 않다는 원칙으로 수명자는 항상 적법한 명령에 대해서만 수행하여야 하며 그가 범한 범죄에 대해서는 개인적으로 책임을 져야 한다는 것이다.[261]

이 이론의 단점은 부하가 책임을 회피하기 위하여 애매모호한 명령에 대해서는 명령수행을 주저할 것이라는 사실이다.

## 2) 상급자책임설(doctrine of respondent Superior)

이 설에 의하면 수명자의 항변이 항상 허용된다고 인정하는 이론으로 상관의 명령에 따라 이행된 부하의 위법행위에 대해서는 정당화를 제공할 수 있어 면책될 수 있다는 소위 [명령은 명령이다(Befehl ist Befehl)]의 원칙으로 불려지는 이론이다. 따라서 이 원칙은 상관의 명령을 법의 유지보다 우선순위에 두고 있으며 불법한 명령이라도 명령수행은 주저함이나 거절없이 복종되어야 한다고 주장한다.[262] 그러나 이 논의는 군인이라고 하여 위법행위를 하도록 하는 명령에도 이유없이 복종해야 하

260) 47) Nico, Keijzer, op.cl, S. 152.
261) 이런 입장에서 불법적인 상관명령에 대하여 하급자가 할 수 있는 길은 고급장교의 경우에는 사표하는 것이라고 한다. Peter Karsten, Law, Soldiers, and Combat(Westport··Greenwoo Press, 1978), p. 158.259) 47) Nico, Keijzer, op.cl, S. 152.
262) 미국의 남북전쟁 중에 한 병사가 장교로부터 집에 불을 지르라는 명령을 받았는

는가의 여부와 어느 범위까지 복종해야 하는가 하는 문제는 앞으로 정확하게 결정되어야 할 것이다.[263] 또한 상관의 위법한 명령에 마지못해 응한 것이 아니라 오히려 적극적으로 위법행위를 수행하는 경우도 문제가 된다.

### 3) 제한책임설(doctrine of Limited responsibility)

제한책임설은 명령에 따라서 행위 했다는 사실 자체가 명령에 따라 행위한 부하의 범행에 변호를 제공할 수 있는지 없는지를 구분하여 부하에게 책임을 물어야 한다는 이론이다. 그래서 명백히(manifestly) 불법적인 명령의 경우에는 상관의 명령이 변호를 제공할 수 없다는 것이다. 이 [명백성의 기준]은 보통사람의 상식과 이해력으로 그 상황에서 그 명령이 불법적이라는 사실을 알 수 있거나, 부하가 그 명령이 불법적이라는 사실을 실제로 알았다는 두 가지 기준으로 나누어질 수 있으며, 이 가운데 어느 하나나 혹은 둘 다 만족될 때 명령에 복종함으로써 저지르게 된 범법행위에 대해서 부하는 책임을 져야 한다는 이론이다.[264]

---

데 그 후 그 병사는 방화죄로 기소되었으나 기각되었다. 법원의 판결사유는 다음과 같다. "그 혐의는 지휘권을 가진 장교로부터 명령되었으며 그 병사는 명령에 복종하지 않을 수 없었다. 그 병사는 감히 어떻게 할 수 있었겠는가? 그는 자기 상관의 권위를 의심할 수 없다. 군정하에서는 이런 경우 복종이냐, 죽음이냐는 선택밖에 없다." Clark V. State(1867), 135 ALR 52.
263) 미라이 학살에 참가한 장병들 가운데 비록 소수이지만 일부는 주민을 사살하라는 명령을 거절했으며 그중 한 병사는 자기 다리에 스스로 총을 쏴 현장을 모면하려고 했던 반면에 일부 군인은 아무 거리낌없이 심지어 살의에 가득 차서 명령을 수행했던 것이다. Michael Walzer, Just and Unjust War(New York : Basic Books, Inc., 1977), p.310.
264) 任德圭, 前揭論文, pp. 89-90.

## 2. 주요국가의 입법례

과거에 있어 명령은 절대권자가 휘두르던 무소불위의 절대적 권력을 의미하는 것으로 통치의 가장 유용한 수단으로 사용되었으며 사회적으로도 봉건주의와 절대왕조 등 권위주의 시대에 있어 명령은 한 국가체계 혹은 사회체계를 유지하던 기본적이고 필수불가결의 수단이었다.[265]

이렇게 국가구조의 정점에서 내려진 명령은 조직구조의 지휘체계에 따라 최하의 조직단위에까지 그대로 적용되어 [명령]은 그 사회의 법규로서 작용을 하게 되었으며 강자가 약자에게 상명하복을 행하도록 하는 것이 명령이라고 이해되었다.[266]

그러나 오늘날 사회의 민주적 발전과 점차 증가하는 정치의식은 과거의 위계질서에 따른 무조건적인 복종이 이념적, 법적으로 불가능하게끔 만들었고 상관의 권위적인 지위 역시 더욱더 침식되고 있는 등 계급의 위계질서에 부합되는 과거의 단순한 직선형 지휘구조가 상당한 정도로 변화되고 조직의 노력을 통합하고 조정하는 수단으로서의 명령·복종관계의 역할이 점차 바뀌어지고 있다.[267]

이렇게 변화하고 있는 명령복종관계에 대한 내용을 파악하기 위해서는 우리나라뿐만 아니라 타국의 입법례를 비교법적으로 검토할 필요가 있을 것이다. 따라서 상관의 위법한 명령에 따라

---

265) 과거 왕명, 어명, 황명이라는 명목으로 내려진 명령의 권위는 그 타당여하에 불구하고 가장 기본적인 법으로서 중요시되었다는 사실은 역사에서 유수하게 찾아볼 수 있다.
266) 절대주의 시대의 사상가들은 복종의무를 절대적 의무로 보고 있으며 자유주의 사상가들은 합법적 명령에 대해서만 복종이 이루어져야 한다고 보았다.
267) 曺升玉, 閔庚吉 譯, 前揭書, p. 68.

위법한 행위를 실행한 부하의 책임은 어떻게 규율되어져야 할 것인지를 이해하고 해결방안을 모색하기 위해서 먼저 주요 국가의 입법례를 고찰해 보고자 한다.

■ 미국

부하에게 복종의 이행을 요구하는 명령은 반드시 적법한 명령이어야 하며 위법한 상관의 명령에 대하여는 불복종하여도 처벌의 대상이 되지 않는다고 미국 통일군사법전(uniform code of Military Justice)은 명시하고 있다.[268]

또한 미군사재판교범(Manual for court-matial)에서는 [군사적 의무 또는 행위의 수행을 요구하는 명령은 적법한 명령이라고 추정될 수 있으며[269] 정상적인 상식과 이해를 가진 자가 위법한 것으로 아는 명령에 대해 복종하는 행위는 변명될 수 없

---

268) UCMJ, Art. 90. Assaulting or wilfully disobeying superior commissioned officer.
Any person subject to this chapter who
(1)...
(2) wilfully disobeys a lawful command of his superior commissioned officer, shall be punished, if the offense is committed in time of war, by death or such other punishment as a court-martial may direct, and if the offense is committed at any other time, by such punishment, other than death, as a court-martial may direct.
Art. 91. Insubordinate conduct toward warrant officer, noncommissioned officer, or pretty officer
Any warrant officer or enlisted member who
(1)...
(2) wlifully disobeys the lawful order of a warrant officer noncommissioned officer or pretty officer ; or
(3)...
shall be punished as a courtmartial may direct.
Art. 92. Failure to obey a regulation.
Any person subject to this chapter who
(1) violates or fails to obey any lawful general order or regulation ;
(2) having knowledge of any other lawful order issued by a member of the armed forces, which it is his duty to obey, fails to obey the order ; or
(3) is direlict in the performance of his duties ; shall be punished as a court-martial may direct.
269) MCM Para 169(b)

으며 그 명령이 외견상 적법한 것이라면 실질적으로 위법한 것이라도 항변사유가 된다]고 하여 [명백한 불법성(manifest illegality)]이라는 객관적 기준에 따라서 하급자의 책임을 결정하고 있는 것으로 보는 제한책임설을 주장하고 있다.[270]

그러나 영국에서는 완전책임설을 주장하는 입장으로 명령을 합법적인 명령에 국한하고 있어 부하가 위법한 행위를 행하도록 요구하는 상관의 명령에 대해서는 복종의무가 없다고 규정하고 있다.[271]

한편, 상관의 명령이 위법하다는 사실을 입증하여야 할 책임에 대하여는 수명자인 부하의 판단력보다는 공식적인 상관이 내린 군대명령의 권위에 더욱 큰 비중을 두고 있는 것이 법의 일반적 추정으로 그와 같은 추정에 반론하기 위해서는 분명하고 설득력 있는 증거가 요구되기 때문에 그 명령이 명백하게 위법한 경우를 제외하고는 모두 부하에게 책임이 있다고 주장하고 있다.

또한 부하의 잘못된 판단으로 상관의 명령을 불법적인 명령으로 착오하여 불복종이 발생한 경우에는 상관의 명령은 일단 합법적인 것으로 추정되기 때문에 그 부하의 위법성은 배제되지 않는다고 하나, 수명자의 입장에서는 복종의 합법·위법 여부를 판단하는 것이 어려운 일이기 때문에 착오에 상당한 사유가 있을 경우에는 감경이 이루어진다고 본다.

---

270) 「明白한 不法性」이라는 客觀的 要素와 더불어 主觀的 認識基準(subjective knowledge test)이 적용되고 있으며 제한책임이론에 의한 判例들로서는 United States v. Bright(1809), United States v. Jones(1813), Riggs v. States(1866), Mccall v. McDowell(1867), United States v. Clark(1887) In re Fair et al. (1900), Commowealth ex, rel. Wadsworth v. Shortall(1903), Herlily v. Donehue(1916), U.S. v. Bough(1944), United States v. Kinder(1953), U.S. v. Whatley(1955), United States v. Keenan(1969), United States v. Calley(1969)등이 있다. (Nico, Keijzer, op.cit., p.153.)
271) AA(英國 陸軍法) 第34條, 第36條.

결국 미국의 법체계 내에서는 합법적인 명령에 대해서만 복종하여야 하는 것이 원칙이지만 위법한 명령에 대해서도 역시 복종하게 만드는 강력한 동기가 존재한다는 입장이다.

### ■ 프랑스

프랑스 군기령(RDG)은 제21조(상관의 의무와 책임)에서 부하에 대해 내리면 안되는 명령의 내용을 열거하고 제22조(부하의 의무와 책임)에서는 상관의 명령 중 위법한 명령으로 간주되어지는 것에 대해서, 어떻게 대처할 것인가를 상세하게 규정하고 있다. 주요내용은 만일 부하가 상관의 위법한 명령에 직면하였다면, 그 명령을 내린 권위에 대해서 문제되는 명령의 위법적 사항을 명료하게 지적하고, 그것에 반대한다고 통보할 의무가 있다고 하고, 또한 상관의 명령에 대한 위법성을 부하가 계속 주장하였음에도 불구하고 시정되지 않는다면, 부하는 그 명령을 실행치 않아도 된다고 규정하고 있다. 그러나 시후에 문제가 된 명령을 엄밀히 평가한 결과 그것이 정당하다고 인정되면 그러한 명령에 대한 불복종은 책임을 피할 수 없다고 하고 있나.

프랑스에 있어서 19세기 이전까지는 무조건 복종이론 또는 상관책임이론을 주장하여 군인은 그가 복종해야하는 상관으로부터 명령을 받은 경우 부당하고 불법적인 것이라도 즉각적으로 복종하여야 한다고 하였으나, 19세기 이후에는 그 동안 여러번 시도되었던 군대의 반란이 수명자들이 불법 명령에 대한 복종을 거부함으로써 실패하는 등, 무조건 복종이론이 부인되고 이제는 창의적이고 독자적인 판단과 도덕성이 요구되었다. 따라서 현재의 지배적인 견해는 완전책임설이 주장되고 있다.

## ■ 독일

독일에서는 원칙적으로 군인은 상관에 복종해야 하지만 상관의 명령으로 인해 형사범죄를 저지르는 경우에는 그 명령에 대해서는 복종의무가 없다고 하고 있으며 독일의 군인법(SG) 제11조 제2항은, [명령에 복종함으로써 범죄 또는 과실을 행하게 되는 경우에는 그 명령에 복종치 않아도 된다. 그럼에도 불구하고 부하가 명령에 복종한 경우에는 그가 범죄 또는 과실이 행해질 것을 인식하고 있든지 또는 주지의 상황 하에서 범죄 또는 과실이 행해질 것이 틀림없는 경우에만 책임을 추궁 당한다]고 규정하고 있다. 즉 여기서는 적법한 명령에 반하는 명령에 대해서는 복종이 아니라 반대로 항명하도록 의무가 지워져 있다.

또한 독일 군형법 제19조(불복종), 제20조(복종거절), 제21조(복종실패)에서는 불복종 내지 불이행의 책임은 단지 적법한 명령에 대해서만 국한되지 않는다고 규정하고 있다.[272]

---

272) RWSTR, § 19 Ungehorsam

(1) Wer einen Befehl nicht befolgt und dadurch wenigstens fahrlassig eine schwerwiegende Folge(§ 2 Nr.3) verursacht, wird mit Freiheitsstrafe bis zu drei Jahren bestraft.

(2) Der Versuch ist strafbar

(3) In besonders schweren Fallen ist die Strafe Freiheitstrafe von sechs Monaten bis zu funf Jahren. Ein besonders schwerer Fall liegt in der Regelvor, wenn der Tater durch die Tat

1. wenigstens fahrlassig die Gefahr eines schweren Nachteils fur die Sichergeit der Bundesrepulick Deutschland oder die Schlagkraft der Truppe oder.

2. fahrlassig den Tod oder eine schwere Korperverletzung eines anderen(§ 224 des Srafgesetzbuches)

(4) Die Vorschriften uber den versuch der Beteiligung nach 30 Abs. 1 des Strafgesetzbuches gelten fur Straftaten nach Absatz 1 entsperchend.

§ 20 Gehorsamsverweigerung

(1) Mit Freiheitsstrafe bis zu drei Jahren wird bestraft,

1. wer die Befolgung eines Befogung dadurch verweigert, daß er sich mit wort oder Tat gegen ihn auflehnt, oder.

2. wer darauf beharrt, einen Befehl nicht zu befolgen, nachdem dieser wiederholt woeden ist.

(2) Verweigert der Tater in der Fallen des Absatzes 1 Nr. 1 den Gehorsam gegenuber einem Befehl, der nicht sofrot auszufuhren ist, befolgt er ihn aber

그러나 동 제22조 ①항에 의하면 구속력 없는 위법명령인 경우에는 그 명령에 대한 불복종은 처벌되지 않으나 위법하지만 구속력이 인정되는 명령에 대한 불복종은 처벌의 대상이 된다고 하고 있다.

그러나 일부 학자들은 어느 행위가 위법하면서도 동시에 적법하다는 것은 명백히 모순이며 위법한 행위가 상관의 명령에 따라 부하가 행하였다고 하여 적법한 것으로 변화된다는 것은 법치국가의 개념에 반하는 것이라고 주장한다.

또한 명령의 구속성에 대해 부하가 착오에 의해 명령된 행위가 형사범죄를 목적으로 한 것으로 잘못 생각하여 불복종하였을 경우 그 착오가 불가피하였을 경우에는 면책의 대상이 된다고 규정하고 있다.[273]

또한 상관의 위법한 명령이 형사범죄에 미치지 않는 위법행위, 즉 민사상의 권리침해나 징계범죄 또는 행정범죄 등을 행하

---

rechtzeitig und freiwilling, so kann das Gericht von Strafe absehen.

§ 21 Leichtfertiges Nichtbefolgen eines Befehls

Wer leichtfertig einen befehl nicht befolgt und dadurch weigstens fahrlassign eine schwerwiegende Folge(§ 2 N.3) verursacht, wird mit Freiheitstrafe bis zu zvei Jahren bestraft.

273) § 22 Verbindlichkeit des Befenll : Irrtum

(1) In den Fallen der §§ 19 bis handelt der Untargebene nicht rechtwidrig, wenn der Befehl nicht verbindlich ist, insbesondere wenn er micht zu dienstlichen Zwecken erteilt hat oder die Menschenwurde verletzt oder wenn durch das Befolgen eine Straftat begangen wurde. Dies gilt auch, wenn der Untergebene irrig annimmt, der Befehl sei verbindlich.

(2) Befolgt ein Untergebener einen Befehl nicht, weil er irrig annimmt, daß durch die Ausfuhrung eine Straftat begangen wurde.

So ist er nach den §§ 19 bis 21 nicht strafbar, wenn er der Irrtum nicht vermeiden konnte.

(3) Nimmt ein Untergebener irrig an, daß ein Befehl aus anderen Grunden nicht verbindlich ist, und befolgt er ihn deshalb nicht, so ist er nach den §§ 19 bis 21 nicht strafbar, wenn er der Irrtum nicht vermeiden konnte und ihn nach den ihn bekannten Umstanden auch nicht zuzumuten war, sich mit Rechtsbehelfen gegen den vermeintlich nicht verbindlichen Befehl zu wehren ; war ihm dies zuzumuten, so kann das Gericht von einer Bestrafung nach den §§ 19 bis 21 absehen.

도록 요구하는 경우의 복종의무에 대해서는 상당수의 학자들이
구속성을 인정, 복종의무가 있다고 한다.[274]

따라서 독일에 있어서는 제한책임설이 다수설의 입장이다.

### ■ 이스라엘

이스라엘에서는 상관의 명령이 [명백하게] 위법한 경우에만
복종의무가 없다고 하나, 그 명령의 위법성이 명백하지 않는 한,
적법한 명령과 위법적인 명령 모두 복종의무가 있다고 한다.[275]

따라서 명령에 대한 위법성이 [명백한] 것이 아닌 한 위법명
령에 대한 불복종도 처벌의 대상이 된다.

따라서 명령이 적합하거나 위법성이 조각되는 경우에는 그
명령을 이행한 부하는 처벌받지 않으나 위법성이 조각되지 않
을 경우라도 그 위법성이 명백하지 않을 경우에는 부하는 상관
의 명령을 항변사유로 삼을 수 있게 된다.[276]

결과적으로 군인은 그 위법성이 명백하지 않는 한, 위법한 행
위를 행하도록 요구하는 명령과 합법적ㆍ불법적 명령 모두에
복종하여야 하나, 단지 명백하게 위법한 명령에는 절대 복종하
지 말아야 한다는 견해이며, 부하의 명령에 대한 착오는 그것이
진실되고 합리적인 경우는 항변사유가 되지만 법에 대한 무지
는 항변사유가 될 수 없다고 주장하고 있어 제한책임설의 입장
이라 할 수 있다.

---

274) 曺升玉ㆍ閔庚吉 譯, 前揭書, pp.304-305 參照.
275) 이스라엘 軍刑法 第122-125條.
276) 이스라엘 刑法(CCO) 第19條, 軍刑法 第17條 參照.

■ 러시아

구 소련군 복무규율(Disciplinary Code of the Armed Forces of the U.S.S.R., Junel, 1950) 제6조에 의하면 [상관명령은 하급자에게는 법이다. 명령은 유보없이 정확하게 그리고 즉각적으로 수행되어야 한다]고 규정하여 상관 명령에 대한 복종은 위법한 명령이라도 절대적 규정으로 명시되어 있어[277] 상급자 책임설의 입장이다.

그러나 이 규정은 일반적으로 징계사범에 관한 것이며 군사범죄에 관한 입장은 제한책임설로 변화되어 가고 있는 분위기이다.

■ 우리나라

우리나라 군형법 제44조의 항명죄는 [상관의 정당한 명령에 반항하거나 복종하지 아니한 자]에 대하여, 제47조 명령위반죄는 [정당한 명령 또는 규칙을 준수할 의무가 있는 자가 이를 위반하거나 준수하지 아니한 때]에 각각의 죄로 처벌토록 규정하고 있다. 따라서 정당한 명령이란 적법한 명령을 의미하므로 적법한 명령을 부여받았을 경우에만 군형법상의 복종의무가 있다할 것이다.[278]

그러나 군인복무규율 제23조 제1항에서는 [부하는 상관의 명령에 복종하여야 하며, 명령받은 사항을 신속·정확하게 실행하여야 한다]고 규정하고 있어 자칫 군인복무규율에 의하면 부하는 어떠한 명령에도 절대 복종하여야 된다고 해석할 수 있다. 그렇지만 군인복무규율 제22조 제1항에서는 [발령자는 건

---

277) G.Schwarzenberger, International Law, vol. Ⅱ (London : Stevens & Sons Limited, 1968), p.535.
278) 군형법 제44조 및 제47조의 「정당한」 명령이란 「적법한」 명령 모두를 의미하며 명령이 적법한 경우에는 그것이 정당하든지 불당하든지 이에 불응하면 항명죄가 성립한다(大法院 1967. 3. 21. 63도 4 判決 參照).

전한 판단과 결심하에 적시적절한 명령을 내려야 하며 직무와 관계가 없거나 법규 및 상관의 정당한 명령에 반하는 사항 또는 자기권한 밖의 사항 등을 명령하여서는 안된다]고 발령자의 책임을 명시하고 있어 군인복무규율의 명령 역시 [정당한 명령]임을 전제하고 있다고 해석하여야 할 것이다.

군인복무규율은 대통령령으로서 그 상위규범인 군형법에 저촉되는 것은 효력이 없으므로, 군인복무규율 제23조 제1항의 [부하는 상관의 명령에 복종하여야 한다]라는 사항은 법률적으로는 아무런 의미가 없고, 군조직의 특성상 명령의 절대성을 강조한, 단지 선언적인 규정에 불과하다는 견해가 있다. 이 견해에 따르면 상관의 위법한 명령에는 복종의무가 없어 이에 복종하지 아니하더라도 항명죄로 처벌할 수 없을 뿐만 아니라 군인복무규율로 징계처벌도 할 수 없다고 주장하고 있는데 타당한 견해라 생각된다.[279)]

군조직에서 명령과 복종관계는 매우 중요한 사안이므로 군형법에서와 같이 군인복무규율상에도 명령이행에 대한 오해의 소지가 없도록 [정당한] 명령임을 명시할 필요가 있다 하겠다.[280)]

■ 의 견 ■

상기 세 가지 원칙들에 대해 미국 및 이스라엘, 독일에서는 항변사유가 되는 명령은 명백히 불법적인 것이어서는 안되며 피고인은 그 명령의 불법성에 대한 개인적 지식을 가져서도 안된다는 제한책임설의 원칙을 주장하고 있으며 영국과 프랑스에서는 상관명령의 항변이 사실상 부인되어졌던 세계 제2차대전

---

279) 수명자는 그 명령이 명백하게 위법이 아닌 한 그 적법성에 관하여 의문을 제기함이 없이 절대적으로 복종하여야 하며 따라서 상관의 명령은 그것이 군사적 의무의 수행을 요구하는 것이라면 명백히 위법한 것이 아닌 한 적법한 것으로 추정된다.(軍法會義 判例 73.6.30. 陸軍 73 高軍刑抗 298.)

280) 趙東陽, 前揭論文, p.88.

후 N renberg 재판의 영향하에 완전책임설이 수용되었으며 러시아(구소련) 경우는 상관책임설에 서있으나, 일반적으로 오늘날 상관명령의 항변에 대한 학자들의 견해는 대체로 제한책임설의 입장에 서있다. 다만 그 기준의 설정과 설명에 있어서는 각각 차이가 있다. 결국 세 가지 설들에 대한 제 논의를 통해 볼 때 제한책임설이 가장 타당한 견해라고 본다.[281]

참고로 미 야전교범 제509항은 다음과 같이 규정하고 있다.

【제509항 a】 – "군사적 또는 비군사적 고위당국자의 명령에 따라 전쟁법을 위반하였다는 사실은, 명령된 행위가 위법임을 피고인이 알지 못하였거나 또는 합리적으로 판단하여 알고 있었음을 기대할 수 없는 경우가 아니고는, 문제된 행위의 전쟁범죄적 성격을 없애거나 피고인의 재판에서 항변이 될 수 없다. 또한 명령이 전쟁범죄라는 주장에 대한 항변으로 제출된 것이 아닌 모든 경우에는, 개인이 명령에 따라 행동했다는 사실은 형의 감경사유로 고려될 수 있다."

【제509항 b】 – "상관명령이 유효한 항변이 되느냐를 결정함에 있어서는 법원은 적법한 군사적 명령을 준수하는 것이 전 부대원의 의무라는 점, 전쟁의 상황이라는 군기하에서는 수령된 명령의 법률적 시비를 일일이 따져 볼 수 없다는 점, 그리고 전쟁범죄에 해당할 만한 행위가 복구조치로서 받은 명령의 복종으로 수행될 수 있다는 점등을 고려하여야 한다. 동시에 군대구성

---

281) 영국의 경우 1958년 H. Laurerpacht와 G.I.A.D Draper에 의하여 현행의 군법교범으로 개정되었다. 동 교범의 상관명령에 관한 규정은 다음과 같다. "군사적 또는 비군사적 혹은 국내법률 또는 규정에 의해서든지, 본국정부 및 상관의 命令에 대한 복종은 전쟁범죄를 범하는 기소에서 항변이 되지 않는다. 그러나 형의 감경사유로 고려될 수 있다." Great Britain. The Manual of Military Law. Part London, 1958). para. 627.

원은 오직 적법한 명령에 대해서만 복종하게 되어 있다는 점을 유념하여야 한다."[282]라고 전쟁상황하에서의 상관명령에 관해 규정하고 있다.

## 3. 위법한 명령에 대한 국제법상의 입장 [283]

상관의 위법한 명령에 관하여 국제법의 입장은 자기의 정부나 상관의 명령에 따라 행동한 전쟁 범죄자의 처벌과 관련하여 언급하고 있다. 과거 대부분의 국제법학자나 각국 군사교범 등은 군대란 명령에 대한 엄격한 복종을 요구하는 곳이며 더구나 전쟁중에는 명령의 합법성을 심사숙고할 시간적 여유도 없으므로 상급자의 위법한 명령에 복종한 하급자는 그 결과에 대하여 책임이 없으며 단지 명령을 내린 상급자만이 책임을 진다고 주장하였다.[284]

그러나 세계 제2차 대전 이후에는 위법한 상관의 명령에 대한 복종행위는 절대적 면책사유가 될 수 없다는 주장이 제기되었으며, 특히 1945년에 구성된 Nurenberg 국제군사재판소 헌장 제8조에는 "상관명령에 대한 복종이 절대적 면책사유가 될 수 없으며 단지 필요한 경우 처벌감경사유로는 고려될 수 있다"고만 규정되어 있는 등 위법명령에 대한 부하책임의 인식이 변화되어 왔다. 따라서 본절에서는 전쟁범죄 등과 관련하여 위법

---

282) U.S. Army, supra note 4. pp. 182-183, para. 509.
283) 任德圭, 前揭論文, pp. 90-106 參照.
284) Oppenheim-Lauterpacht, International Law, vol. , 7th ed.(London··Longman Co., 1952), p. 568. 1914년 판 영국군법교범, 동년 판 미국야전교범 등, 단 1872년 독일군형법은 상급자 명령내용이 범죄에 해당하는 것을 알고도 그에 복종한 하급자는 면책되지 않음을 규정하고 있다.

명령이 국제법상 어떻게 규제되어 왔는지에 대해 살펴보고자
한다.

## 1) 국제입법

상관의 명령에 의한 행위의 책임여부에 관하여 국제법적으로
규정하고 있는 것은 주로 전쟁범죄로 기소된 적군의 처벌문제
와 관련하여 언급하고 있는데 정부나 상관의 명령에 따라 전쟁
범죄를 저지른 전쟁범죄자의 처리관할에 대하여 국제법은 전쟁
법과 관습에 반하는 특정한 활동을 처벌할 것을 예정하고 있기
때문에 전쟁범죄를 범하는 자들은 그들을 체포하는 어떤 나라
의 관할에도 복종할 의무가 있게 된다[285]고 규정하고 있다. 또한
전범자의 처벌을 위한 국제조약 규정사항으로는 베르사이유 조
약[286]에 [개전자의 책임과 형벌집행에 관한 위원회]의 보고서에
서 "민간 및 군사지도자들은 그들의 상급자가 동일한 범죄로 기
소되었다는 단순한 사실만으로 책임에서 면제될 수 없으며 재
판소는 상관명령의 항변으로 책임추궁 되어진 자를 사면하는데
충분한 지의 여부를 결정하여야 할 것이다"라고 언급하고 있다.
한편 국제군사재판소헌장[287]에는 정부 또는 상관의 명령에
의한 부하의 행동에 대해 "피고가 그의 본국 정부 또는 상관의

---

285) 「제네바」 제1협약 제49조(벌칙)는 다음과 같이 규정하고 있다. "체약국은 본 협
약에 대하여 다음 조에 정의하는 중대한 위반행위를 범하였거나 또는 범할 것을 명하
한 자에 대한 유효한 형벌을 규정하기 위하여 필요한 입법조치를 취할 것을 약정한다.
각 체약국은 중대한 위반행위를 범하였거나 범할 것을 명령한 혐의가 있는 자를 수사
할 의무를 지며 이러한 자는 국적여하를 불문하고 자국의 재판소에 기소되어야 한다.
또한 각 체약국은 희망하는 경우 또한 국내법의 규정에 따라 이러한 자를 다른 관계 체
약국에서 재판을 받도록 인도할 수 있다."
286) 전범자에 대한 국제적 처벌을 위해 1919년 「파리」에서 개최된 회의결과 체결된
조약으로 상관명령에 관한 문제에는 언급이 없고 개전자의 책임에 대해 언급하고 있다.
287) 1945년 8월 London에서 체결된 「유럽주축국 주요전쟁범죄자 기소 및 처벌에
관한 협정」에 부속된 헌장임.

명령에 따라 행동했다는 사실은 책임으로부터 면제되지 않는다. 그러나 만일 재판소가 정의의 요구상 그렇게 결정한다면 형벌의 감경을 고려할 수 있다"고 언급하고 있다. 반면에 Nurenberg원칙[288]의 제4원칙은 상관명령에 관하여 "사실상 도덕적 선택(moral choice)이 가능하였을 경우 개인이 그의 본국 혹은 상관의 명령에 따라 행동하였다고 하더라도 국제법상의 책임으로부터 면책사유가 될 수 없다"고 규정하고 있으며 [제네바]제 협약 제1추가 의정서 초안 제77조[289] 1, 2항에서는 "제 협약 및 동 의정서 규정의 중대한 위반을 구성하는 본국 정부 혹은 상관의 명령에 대해서 복종하기를 거부하는 자는 처벌되지 않는다"(제77조 1항)라고 규정하고 또한 "피고가 당시의 상황에서 제협약 혹은 동 의정서 규정의 중대한 위반을 범했다는 것을 이성적으로 알았어야만 했고, 또 그 명령에 복종하는 것을 거부할 가능성을 가졌었다고 입증된다면 그의 본국 정부 혹은 상관의 명령이라서 행하였다는 사실은 형사책임으로부터 면제사유가 되지 않는다"라고 규정하고 있다. 또한 국제형사법 위원회 보고서[290]에는 모든 사람은 범죄를 구성하는 행위에 개입되는 경우에 있어서 그가 불법이라는 것을 모르거나 혹은 명백히 자신에 대해서는 불법이 아닌 군 복무상에 있어 상관명령을 집행한데 지나지 않을 때는 정당화된다고 하여 상관명령에 의한 부하의 행위책임문제를 주장하였다.

---

288) 국제법 위원회가 1950년에 국제군사재판소헌장(charter of the International Military Tribunal) 및 국제군사재판소 판결에서 승인된 국제법 원칙을 7가지로 요약한 원칙임.
289) J.H.W. Verzijl, International Law in Historical Perspective, vol.(Alphen aan den Rijn··Sijthoff & Noordhoff, 1978),p.461.
290) 1986.8.24~30까지 서울에서 개최되었던 세계국제법협회 제62차 회의에서 국제형사법위원회(International Criminal Law Committee)의 보고서는 상관명령을 정당방위나 긴급피난과 함께 정당화 사유(justifications)로 기술하였다.

## 2) 국제판결

상관의 위법명령에 관한 범죄의 문제가 본격적으로 국제적 처벌의 대상에 오르기 시작한 것은 제1차 세계대전 이후의 일이다. 독일 대법원은 영국 병원선을 파괴한 사례와 전쟁범죄인을 재판하면서 상관명령에 대한 항변과 책임문제를 언급하고 있다.

### ● Dover Castle 事件[291]

의료목적을 위해 활동하는 병원선은 보호되어야 한다는 헤이그협약 규정에도 불구하고 1917년 영국 병원선 [Dover Castle]이 독일군에 의해 침몰되었다.

이에 대해 재판소는 "하급자가 상관의 명령에 복종하게 되어 있는 것은 군사원칙이다. 복종의무는 형법의 관점에서 매우 중요하다. 해군 참모부는 피고의 최상급기관이다. 그러므로 그는 복무를 함에 있어서 그들의 명령에 복종할 의무가 있다. 따라서 그는 명령에 의해 병원선을 침몰시킨 데 대하여 책임을 질 수 없다"고 판시하였다.

### ● Lland overy Castle事件[292]

영국의 병원선인 Llandovery Castle은 1918년 6월 부상병

291) 1917년 5월 26일 피고인 U보트의 사령관 Karl Neumann은 Tyrrhenian해에서 잠수함을 지휘하던 중 영국병원선 Dover Castle을 격침하였다. 이 사건에 대한 재판에서 U보트사령관은 독일해군성 훈령에 따라서 임무를 수행했다는 항변을 제출하였다. 그 훈령에 의하면 연합국의 병원선들이 실질적으로 군사목적을 위해 사용되고 있다는 것이다. 그는 1921년 6월 4일 Leipzig법정에서 무죄판결을 받았다. Judgement in the case of commander Karl Neumann, 16A.J.I.L(1992), pp. 704-708 참조.

292) Llandovery Castle은 258명의 사람이 승선하고 있었는데 독일 U보트 사령관 patzig의 명령에 의해 격침되고 24명만 남고 사살된 사고로 법원은 동승했던 부관 Dithmar과 예비역 장교 Boldt에 대하여 유죄판결을 내렸다. Judgment in case of Lieutenants Dithmar and Boldt, 16A. J. I. L.(1922), pp. 708-724 참조.

수송을 마치고 [캐나다]로부터 영국으로 귀환중 독일군의 공격에 의해 격침되었고, 격침 후 구조선으로 옮겨 탄 사람들에게 독일군이 사격하여 사살한 사건에 대한 판결을 다음과 같이 언급하여 유죄를 인정하였다.

"구명정에 사격한다는 것은 국제법에 반한 범죄이다, 만일 상관의 명령이 민사 및 군사법의 위반을 포함하고 있다는 것을 알았다면 명령에 복종한 하급자는 처벌된다. 해군직업장교로서 방어능력이 없는 사람을 살해한다는 것이 불법이라는 것을 그들은 잘 알았었다. 그러므로 그들은 사령관의 명령에 거부했어야 했다. 그렇게 하지 못한데 대해서 그들은 처벌받아야 한다."[293]

위 사항 이외에 제2차 세계대전이 끝난 후 전쟁범죄인을 재판하면서 상관명령에 관해서 판결한 대표적 사항을 살펴보도록 하겠다.

### (1) 미군사재판소 판결

독일최고사령부에 대한 재판(German High Command trial, 1948, Case No. 119)에서 다음과 같이 판결하였다.[294]

"명백한 범죄의 명령을 수령한 피고들은 이 사건에서 난처한 처지에 있었다. 그러나 즉각적으로 위협받지 않는 처벌이나 어떤 불이익에 대한 공포 때문에 명백히 범죄의 명령에 굴욕적인 복종을 한 것은 항변으로 승인될 수 없다."

---

293) 그러나 동 판결은 이어서 다음과 같이 언급하였다. "잠수함을 지휘하는 사령관에게 불복종한다는 것은 매우 예외적이기 때문에, 피고가 불복종으로 나오리라고 기대한다는 것은 인간적인 견지에서 가능하지 않다. 물론 그것은 무죄로 만들지는 않는다. 또 그들은 군의 상관에게 복종하는 습관을 갖고 있었다. 그 사실도 배제할 수 없다. 이것들은 처벌을 결정함에 있어서 정상참작을 가능하게 한다." Ibid, pp. 722-723.
294) 같은 미군 군사재판소의 또 다른 판결(Hostages trial, 1948, No.215)에서는 다음과 같이 판시하고 있다. "만일 명령의 불법성이 하급자에게 알려지지 않았고 그가 그 불법성을 아는 것이 합리적으로 기대될 수 없었다면, 범죄의 실행에 필요한 불법의 의도는 존재하지 않으며 하급자는 보호될 것이라는 것이 당 법원의 견해이다."

## (2) 영국군사법원 판결[295]

"만일 피고가 그 명령이 불법한 것을 알았거나, 주어진 상황을 고려하였다면 불법한 것을 알았어야만 그는 유죄가 된다."고 하여 명령의 불법사실에 대한 인식여부를 중요시하였다.

## (3) 벨지움 국내재판소 판결[296]

"인도주의라는 상위 원칙의 명백한 위반과 극도의 불법적 성격을 갖는 명령을 수행했을 때 그 행위는 정당화되지 않는다."고 하여 인도주의라는 원칙에 명령수행의 기준을 두고 있다.

# 3) 의견

상기한 제 군사법원에서 나온 판결 등을 통하여 볼 때 상관의 위법한 명령에 대한 부하의 항변이 성립하기 위해서는 상관명령의 불법성에 대한 부하의 주관적 인식 및 객관적 인식가능성이 없어야 한나는 점을 공통적으로 확인할 수 있다.

또한 20세기 들어와서 몇 차례의 세계대전과 국지전에서 드러난 전쟁의 참상과 비인도적인 행위들은 비록 전쟁에서일지라도 몇 가지 인간세계에 있어서의 가장 기본적인 원칙들은 시켜져야 한다는 자연법상의 정언명령을 다시 한 번 상기시켰으며, 그에 따라서 상관의 명령을 수행하였다는 부하의 항변이 모든 행위를 완전히 면책시킬 수는 없다는 것을 분명하게 보여주고 있다.

---

295) Buck and Others, 1946, No.122.
296) Muller and Others, 1949, No. 144.

# 제3절 위법한 명령을 발한 상관의 형사책임

일반적으로 상급자의 지시는 모두가 다 명령이라고 생각하여 이에 대해 수명자는 반드시 복종해야 할 의무가 있는 명령이라고 생각하는 경향이 있으나 전술한 바와 같이 상관의 명령은 항상 정당한 명령이어야 하고 그에게 가능한 명령권의 한계 내에서 이루어져야 한다. 즉 명령권을 행사함에 있어서는 반드시 법치국가적 명령권의 한계와 국제법적 명령권의 한계를 지켜야하며, 위법한 명령에 의하여 부하의 행위가 범죄행위로 야기된다면 특별한 정당화 및 면책사유가 없는 한 위법한 명령을 발한 상관에게 책임이 지워진다. 여기서 상관은 그 위법명령이 형벌법규 위반인 경우에는 형법 제34조 2항의 특수교사의 책임을 지게 될 것이며, 수명자의 행위가 책임조각사유로 인하여 면책되는 경우에는 형법 제34조 제1항의 간접정범의 죄책을 지게 될 것이다.[297]

---

297) 「軍法槪論」(陸軍士官學校 1986), p. 158 參照.

# 1. 명령권자로서의 의무

명령권자는 명령을 발함에 있어서 그 명령이 형식적 요건을 갖추고 있으며 과연 정당한 내용의 명령인가를 항상 고려하여야 하며, 명령이 시행완료되는 때까지 그 명령에 대한 다음과 같은 책임을 다해야 한다.

## 1) 명령의 정확성과 신속성

군인복무규율에는 [명령의 하달은 문서, 구술 또는 신호로써 이루어지며 정확신속해야 한다. 또한 발령자는 명령을 해당 부하에게 철저히 알릴 책임이 있으며, 수명자는 그 임무를 확인할 의무가 있다.]고 규정되어 있다. 따라서 발령자는 자신의 명령이 의도하는 대로 차질 없이 전달될 수 있도록 적절한 방법을 강구하여 명확하고 신속하게 하달될 수 있도록 하여야 한다.

## 2) 지휘계통에 의한 명령

[명령은 지휘계통에 따라 하달하여야 한다. 그러나 부득이한 경우는 지휘계통에 따르지 아니하고 하달할 수 있으며 이 경우 발령자와 수명자는 지체없이 각각 이를 지휘계통의 중간 지휘관에게 알려야 한다.]고 규정되어 있다.[298]

즉 지휘계통의 혼선을 방지하고, 명령의 중복으로부터 빚어지는 업무의 비효율성을 제거하기 위해 명령의 계통을 중시하

---

298) 「軍人服務規律」, 第3章 服務, 第2節 命令 및 服從, 第20條 命令系統.

여야 하나, 급박한 상황이나 명령을 직접 전달하여야 하는 중대한 사유 등이 있다면 지휘계통을 생략하고 명령을 하달할 수 있으며, 이러한 경우 가급적 사후에라도 신속하게 이를 중간지휘관에게 알려야 한다.

### 3) 명령의 정당성과 시행가능성 여부 판단

명령권자는 직무와 무관하거나 법규 및 상관의 정당한 명령에 반하고 자기권한 밖의 사항들을 명령하여서는 안된다. 즉 건전한 판단과 결심하에 심사숙고하여 가장 합리적이고 적시 적절한 명령을 내려야 한다.

### 4) 명령의 하달 및 실행을 감독·확인

[발령권자는 명령의 하달 및 실행을 감독·확인하여야 한다. 또한 발령자는 자신이 내린 명령의 실행결과에 대하여 책임을 진다.][299]고 규정되어 있으므로 발령자는 자신이 내린 명령이 하급 제대에 정확하게 전달되었는지 또는 실제로 시행되고 있는지 감독하고 확인해야 한다.

### 5) 부하의 의견을 수용

[명령권자인 상관은 명령을 하달할 때 부하의 건의를 경시하거나 소홀히 다루어서는 아니 되며, 부하의 의견이 유익하거나

---

299) 「軍人服務規律」, 第3章 服務, 第2節 命令 및 服從, 第22條 發令者의 責任, 2-3項.

정당하다고 인정될 때에는 이를 받아들여 필요한 조치를 하여
야 한다.]고 군인복무규율은 규정하고 있다. 즉 명령권을 지닌
상관은 건의의 권리와 의무를 지닌 부하의 의견을 묵살하거나
소홀히 해서는 안되고 자신의 의견과 다르고 자신의 이익에 반
한다는 이유로 무시해서는 안된다.


## 2. 위법한 명령을 발한 상관의 형사책임

### 1) 특수교사의 책임

교사범이란 타인으로 하여금 범죄를 결의하게 하여 이를 실
행하게 한 자를 말하고 있어, 형법은 [타인을 교사하여 죄를 범
하게 한 자는 죄를 실행한 자와 동일한 형으로 처벌한다.]고 규
정하고 있다.[300] 또한 [자기의 지휘·감독을 받는 자를 교사 또
는 방조하여 범죄행위의 결과를 발생하게 한 자는 정범에 정한
형의 장기 또는 다액의 2분의 1까지 가중한다.]고 명시, 특수교
사죄에 의하여 처벌토록 별도 규정하고 있다.

일반적으로 지휘·감독을 받는 자는 그 근거가 법령에 규정
된 경우에 한하지 않으며 사실상 지휘·감독을 받고 있는 자이
면 족하다. 따라서 상관이 부하의 복종관계를 이용할 때는 물론
공장주가 직공을 이용하거나 주인이 가정부를 이용하는 경우도
모두 이에 해당한다.[301]

---

300) 刑法 第31條 1項.
301) 李在祥, 「刑法總論」(博英社, 1995), p. 455.

이처럼 특수교사죄를 가중하여 처벌하는 이유는 타인을 지휘, 감독할 지위에 있는 자가 그 지위를 남용하여 범행을 한 것은 더욱 비난가능성이 크다는 데 있다. 따라서 엄정한 명령과 충실한 복종을 요구하는 군조직에서는 명령을 발한 상관이 명령의 내용이 형벌 법규에 위반한 위법명령인 줄 인식하고서도 범죄의 결의가 없는 수명자로 하여금 복종을 요구토록 한다면 명령권자에게는 특수교사의 책임이 있다 하겠다.

## 2) 간접정범의 책임

간접정범이란 타인을 도구로 이용하여 범죄를 실행하는 것을 말한다. 형법 제34조 1항은 [어느 행위로 인하여 처벌되지 아니하는 자 또는 과실범으로 처벌되는 자를 교사 또는 방조하여 범죄의 결과를 발생케 한 자는 교사 또는 방조의 예에 의하여 처벌된다]라고 하여 간접정범을 규정하고 있다. 따라서 위와 같은 방법에 의해 부하에게 위법한 명령을 발하였을 경우, 수명자의 행위는 형법상 긴급피난, 강요된 행위, 책임무능력 등의 면책사유로 인하여 책임이 조각되나 명령을 발한 상관에게는 간접정범의 죄책을 물어야 할 것이다.

## 3. 부하의 위법행위에 대한 상관의 책임 [302]

---

302) 任德圭 外, 前揭書, pp.752-755 參照.

여기서 상관의 책임이란 일반적으로 상관의 명령이 없었음에
도 불구하고 부하에 의하여 행하여진 위반행위에 대하여 그의
상관이 지는 형사 또는 징계책임을 말하는 것으로 '지휘책임'
(Command responsibility)이라고 하며 이에 관하여는 세 가지
입장[303]이 있는데 전쟁법 위반의 예를 중심으로 상관의 책임을
살펴보겠다.

첫째, 상관은 자기가 명령한 행위에 대해서만 책임을 진다는
견해이며 둘째는 그의 명령의 유무를 불문하고 부하의 모든 위
법행위에 책임을 진다는 견해이며 셋째는 중간적인 입장에서
상관은 자기가 명령한 행위와 허가, 묵인 및 간과한 행위에 대
해서 책임을 진다는 견해이다.

상관은 부하의 모든 위법행위에 대하여 그의 명령의 유무에
상관없이 책임을 진다는 원칙을 '절대지휘책임의 원칙'
(principle of absolute command responsibility)이라 한다. 이
원칙은 일본군 사령관 야마시다의 재판에서 지휘책임 원칙으로
적용되었다고 하여 소위 [야마시다 원칙]이라고도 부른다.[304]

야마시다 사건(In Re Yamashita)에서 야마시다는 그의 형사
책임을 부인하였다. 그는 대부분의 잔학행위들은 지리적으로나
혹은 지휘계통에서 멀리 떨어진 예하부대나 지휘관들에 의하여
행하여졌으며, 그러한 잔학행위에 대해 그는 아는 바가 없었다
고 주장하였다.[305]

---

303) 橫田喜三郎, 「戰爭犯罪論」(有裴閣, 1974), pp. 142-143.
304) Ricard B. Lillich and John Norton Moore(ed.), Reading in International Law
from the Naval War College Review 1947-1977(Newport··Naval War College
Press. 1980) pp. 405-412.
305) Ibid, p. 399·· "나는 발생한 사건에 대해 한번도 듣지 못했고, 또 그들이 일으킬
지도 모른다는 것을 미리 알지도 못했다. …나는 우세한 미국군에 대한 반격을 계획하
거나 연구하거나 실천하는데 몰두하고 있었다. …나는 내가 모르고 또 그 특징이나 능
력에 능통하지 못한 부하를 지휘하여 우세한 미국군과 대결하도록 강요를 당했다. 일본
의 군체계의 비능률적인 결과로 나는 지휘를 통일할 수가 없었다. 나의 직무는 매우

그러나 미국 대법원은 군사법원에서 확정된 야마시다에 대한
사형판결을 승인하면서 다음과 같이 판시하였다.[306]

　[지휘관에 의한 명령 또는 노력에 의하여 통제되지 않는 과
도한 행위를 한 부대의 군사작전 행동은 거의 대부분 전쟁법이
금지하고 있는 위반행위라는 결과를 가져온다. 민간인 및 전쟁
포로를 야만적 행위로부터 보호하려는 법의 목적은 침략군의
지휘관이 그들을 보호하기 위한 적절한 조치를 안일하게 무시
한다면 심각하게 파괴될 것이다. 따라서 전쟁법은 하부병력에
대하여 어느 정도 책임이 있는 지휘관에 의한 군사 작전의 통제
를 통하여 위반행위를 회피할 수밖에 없다고 전제한다.]

　당시 군사법원의 관할관이었던 맥아더 장군도 야마시다에 대
한 사형판결을 지지하였다. 재판에 의하여 밝혀진 야마시다의
군인으로서의 의무위반은 군인이라는 직무를 더럽히는 것이며,
문명의 오점이고, 결코 잊을 수 없는 수치와 불명예를 구성하는
것이라고 맥아더는 선언하였다.[307]

---

복잡했다. 군단은 흩어지게 되고 일본과의 연락망은 극히 빈약했다.
…그와 같은 상태 하에서 내가 할 수 있는 최선을 다했다고 나는 확신한다. 나는 어떠한
학살도 지령하지 않았다." David Bergamimi, 문일영 역, 「Japan's Imperial
Conspiracy(천황의 음모) 제5권」서울··태극출판사, 1970), p. 109.
306) Leon Fredman(ed.0, The Law of War··A Document History, Vol. (New
York··Random House, 1972), p. 1605.
307) 맥아더는 야마시다에 대한 군사법원의 사형판결이 미국 대법원에 상소되어지고,
다수 투표로 대법원에서 확정되자 대법원의 소수의견을 의식하여 다음과 같은 유명한
그 자신의 옹호성명을 발표하였다. "군인이란, 그가 자기편이든 적이든, 약한 사람들
이나 무장하고 있지 않은 사람을 보호할 의무가 있다. 이것이야말로 군인이 존재하는
참다운 본질과 이유이다. 그가 이 신성한 의무를 더럽혔을 때, 그는 자기의 모든 신앙을
저버릴 뿐만 아니라 참다운 국가 사회조직을 위협하게 된다. 전사의 전통은 영원하고
명예로운 것이다.
그것은 가장 고상한 인간의 특성, 곧 희생에 기초한다. 책임에 합당한 권위를 포함한 높
은 지휘권이 부여된 이 장교(야마시다)는 이러한 바꿀 수 없는 규범에 위반하였으며,
그의 부대, 그의 조국, 그의 적 및 인류에 대한 의무에 위반하였다.
그리고 무엇보다도 군인으로서의 신앙을 저버렸다. 재판에 의하여 밝혀진 야마시다의
군인으로서의 의무위반은 군인이라는 직무를 더럽히는 것이며, 문명의 오점이고, 결
코 잊을 수 없는 수치와 불명예를 구성하는 것이다." Richard L. Lael, The Yamashita

한편 야마시다원칙을 절대지휘책임의 원칙과 동일시하는데 반대하는 유력한 견해도 있다.[308]

야마시다에 대한 판결은 전술한 제한책임설과 동일하다는 것이다. 야마시다의 형사책임에 관하여는 지금까지도 찬반 논의가 계속되고 있다.[309]

상관이 자기가 명령한 행위와 허가, 묵인 및 간과한 행위에 대해서 책임을 진다는 원칙을 '제한지휘책임의 원칙'(principle of limited command responsibility)이라고 하는데[310] 세계 제2차대전 후 Nurenberg후속재판에서는 제한 지휘책임의 원칙을 분명히 하였다.[311]

즉 지휘관은 부하들의 범죄를 알고 묵인 혹은 참가하거나, 혹은 범죄행위를 중지하는데 형사상 태만이 있어야 한다고 판시하였다.[312]

이러한 전쟁범죄에 관한 원칙은 세계 제2차대전 후 각국의 선생재판에서,[313] 그리고 일부 구가의 국내입법[314] 및 야전교범에서 수용되고 있다. 예컨대 미국 육군야전교범 제501항에서는 다음과 같이 규정하고 있다.

Precedent .. War Crimes and Crimes and Command Responsibility Wilmington .. Scholarly Resources Inc., 1982), p.118

308) Lillich and Moore(ed.), supra note 58, pp. 405–412.

309) Richard L. Lael. supra note 61. p. vⅱ;Frederick B. Wiener, "Comment .. The Years of Macarthur, volume .. Macarthur Unjustifiably Accused of Meting our Victor's Justice in War Crimes Cases", Military Law Review, Vol. 113(U.S. Department of the Army, 1986), pp.203–218.

310) Lillich and Moore(ed.), supra note 58, p.405.

311) Ibid.

312) Leon Friedman(ed.), The Law of War··A Document History, vol. (New York··Random House, 1972), p.1451.

313) Oppenheim–Lauterpacht, Oppenheim's International Law, vol. 7th ed. (London··Longman. Green & co., 1952), p.573.

314) 예컨대 캐나다, 네덜란드 및 불란서 등의 國家는 戰爭犯罪의 규제에 관한 法規를 갖고 있다. Ibid., p. 573, note 2 參照.

[군대지휘관은 부하들 혹은 자신의 통제 하에 있는 기타의 자가 행한 전쟁범죄에 대하여 책임을 지는 경우가 있다. 예를 들면 부대원이 점령지역 내의 민간주민 또는 포로에 대하여 학살 또는 잔학한 행위를 행하였을 경우, 행위자(가해자)뿐만 아니라 지휘관도 문책될 수 있다. 상기 행위가 지휘관의 명령에 의하여 행하여졌을 때에는 지휘관은 직접 이에 대하여 문책된다.

또한 지휘관은 부대원 또는 자신의 통제하에 있는 기타의 자가 전쟁범죄를 행하려고 하거나 또는 이미 행하였다는 사실을 실제로 알고 있었음에도(has actual knowledge)불구하고, 혹은 보고나 기타 수단을 통하여 당연히 알고 있어야 함에도 (should have knowledge) 전쟁법을 준수토록 하거나, 또는 위반자를 처벌하기 위한 필요하고도 합리적인 조치를 취하지 않았을 경우도 이에 해당된다.][315)고 명시하고 있다. 이러한 견해는 미 공군 발간 팜플렛의 내용과도 일치한다.[316)

또한 제네바협약의정서도 대체로 상기 제한지휘책임의 원칙을 반영하여 [제네바 제협약 및 본 의정서의 위반이 부하에 의하여 행하여졌다는 사실은 경우에 따라 부하가 그러한 위반을 행하고 있는 중이거나 행하리라는 것을 알았거나 또는 당시의 상황에서 그렇게 결론지을 수 있을 만한 정보를 갖고 있었을 경우, 그리고 권한 내에서 위반을 예방 또는 억제하기 위하여 실행가능한 모든 조치를 취하지 아니하였을 경우에는 그 상관의 형사 또는 징계책임을 면제하지 아니한다.]라고 규정하고 있다.

---

315) U.S. Department of the Army, supra note 4. pp.178-179.
316) U.S. Air Force, supra note 3, pp.15-30.

# 4. 의견

명령권자로서 상관이 명령을 발할 때에는 그 명령은 반드시 직무상의 지위와 그 권한범위 내에서 하달하여야 한다. 즉 근거되는 법규범의 한계와 국제법적 명령권의 한계 내에서 명령을 내려야 한다.

따라서 위법한 명령을 공포한 상관은 그에게 특별한 사정이 없으면 그는 위법하고 유책한 것이다.

그러나 상관이 구속적 위법 명령을 부하에게 하달한 경우 명령을 실행한 부하가 정당화되느냐 면책되느냐에 따라서 책임이 결정된다. 즉 부하가 이를 전혀 받아들이지 않거나, 승낙했으나 이를 실행하지 않을 경우에는 위법성조각설의 입장에 의하면 간접정범의 문제가 되어 형법 제34조에 의한 처벌조항이 적용되지 않으므로 상관에게는 아무런 책임을 물을 수가 없는 반면 책임조각설에 의하면 상관은 교사책임으로서 처벌되게 된다.

그러나 부하의 위법행위에 대한 상관의 책임문제는 일종의 지휘책임이라 생각되며 지휘태만으로 발생될 수 있는 문제를 예방하기 위해 [야마시다 사건]처럼 절대지휘책임을 지울 수도 있으나 이는 지휘관에게 너무 많은 부담을 지우는 것으로 적합하지 아니하며 오늘날 다수설인 제한책임원칙이 타당하다 생각한다.

# 제4절 위법한 명령에 의한 행위의 형사책임

앞서 언급한 바와 같이 상관의 명령이란 정당(적법)한 명령을 의미하므로 헌법이나 법률, 국제법 및 군의 복무규정 등에 반하는 명령에 대해서는 복종할 필요가 없다.

그러나 군대라는 특수한 조직하에서 상관의 명령이 위법한 것이라도 이에 복종하는 경우가 있으며 이러한 경우에 과연 수명자에게 형사책임을 물을 수 있는가 하는 문제가 생긴다.[317]

과연 상관의 위법한 명령에 따랐을 때 부하의 책임은 배제될

---

317) 독일에서는 위법한 명령에 따른 행위의 책임한계에 관한 규정으로서 군법 (Soldatengesctz) 제11조II의 2, 군형법(Wehrstrafgesetz) 제5조, 연방공무원에 의한 공권력 시행에 있어서 직접강제에 관한 법(Gesetz ber denunmittelbaren Zwang bei Aus bung ffentlicher Gewalt durch Vollzugsbeamte des Bundes) 제7조 II의 2 등이 있으며, 독일학자들은 흔히 이러한 규정들을 토대로 하여 명령에 따른 행위에 관한 이론을 전개한다. 위에서 든 규정들 중에서 수명자의 책임의 한계를 가장 구체적으로 밝히고 있는 것은 군형법 제5조이다. 이에 따르면 제1항은 "부하가 명령에 의거하여 형법상의 구성요건을 실현하는 위법한 행위를 범하는 경우에는, 그가 그 행위의 위법함을 알았거나 그가 알고 있던 정황에 의하면 이러한 사실이 명백할 때에만 유책하다"고 규정하는 한편, 제2항은 부하가 명령수행시에 처했던 특별한 입장을 고려하여 그 책임이 경할 때에 법원은 형법 제49조(특별한 법률상의 감경사유) 제1항에 따라 형을 감경할 수 있고 1년 이하의 징역이나 벌금형에 해당하는 경한 범죄(Verbrechen)일 경우에는 형을 면제할 수 있다고 규정하고 있다.
반면, 우리나라는 국가공무원법, 군형법등에 명령복종의무와 그 위반시의 제재에 대하여서는 규정하고 있으나 수명자의 책임한계에 대하여서는 아무런 규정을 두고 있지 아니하다.(李炯國, 前揭書, p. 29 參照).

수 있는가? 이에 대하여는 사후적으로 판단하기에 명령이 적법한 것으로 판단된다면 그 명령을 이행한 부하의 행위는 형법 제20조의 정당행위에 해당되어 당연히 위법성이 조각된다. 그러나 문제가 되는 것은 사후적으로 판단하기에 위법한 것으로 인정된 명령을 부하가 이행하였을 경우 그의 책임은 인정되는가의 여부이다.

군대조직에서 명령·복종관계는 전투에 있어서의 기민하고 통일된 행동을 위한 것으로 한번 결정된 상관 명령의 급격한 변경은 곤란한 일이다. 따라서 상관으로부터 위법한 명령을 이행할 것을 요구받았을 때 수명자의 복종여부는 많은 갈등을 초래할 수 있다.

그러므로 통설[318]과 판례[319]는 상관의 위법한 명령에 의한 부하의 행위는 위법성을 조각하지 아니하고 다만 절대적 구속력을 가진 명령의 경우에는 책임이 조각될 수 있을 뿐이라고 한다.

그러나 구속력이 없는 위법한 명령에 복종한 행위는 위법성은 물론 책임도 조각되지 않고, 상관의 명령이리 할지라도 범죄를 저지르라는 지시는 직무상의 명령의 범위를 일탈한 것이므로 이에 대하여 부하는 복종할 의무가 없다고 한다.[320]

따라서 상관의 위법한 명령에 대해 수명자의 책무는 무엇이며 명령에 따라서 위법행위를 행한 경우의 형사 책임은 무엇인지에 대하여 검토할 필요가 있다.

---

318) 劉基天, 「刑法學總論」(一潮閣, 1991), p. 192; 鄭榮錫, 「刑法總論」(法文社, 1987), p. 14; 黃山德, 「刑法總論」(法文社, 1982), p. 148.
319) 大判 1961. 4. 15, 4290 형상 201(總).
320) 大判 1955. 1. 28, 4287 형상 230. 「군인이라 하더라도 상관의 불법명령에 복종할 의무는 없는 것이므로 상관의 명령에 따라 범죄행위를 하였다 하여 그 책임을 면할 수 없는 것이다」 同旨··大判 1967. 1. 31, 66도 1581; 大判 1966. 1. 25, 65도 997.

한편 명령에 대한 복종은 단순히 상관에 대한 복종이라기 보다는 그것을 통하여 전달되는 조직의 목표와 정의에 대한 복종이라 할 수 있다. 특히 군인은 어느 계층의 직업윤리보다 더욱 차원 높은 윤리의식과 조직에 대한 의무감속에서 출발하여야 하는 것이다. 따라서 군대에서의 적법한 명령은 군 조직유지의 생명체로서, 명령의 수행은 반드시 형식적으로는 법령에 근거하고 있어야 하며, 그 집행방법도 적법한 것이어야 할 것이다.

　일반적으로 군에서 상관의 명령은 절대적인 권위를 가지는 것이고, 군인의 복종의무 또한 필수적인 것이기 때문에 명령의 강도나 내용, 기타사정을 종합하여 결정될 문제이지만 복무상의 사항에 관한 명령에 의하여 행해진 행위는 책임이 조각되는 경우가 많을 것이다.[321]

　그러나 우리 대법원의 판례는 위법한 명령에 따른 행위가 형법 제12조(강요된 행위)에 해당하지 않는 것으로 보고, 초법규적 책임조각사유로도, 면책적 긴급피난으로도 인정하지 않으며 위법명령에 따른 행위는 처벌해야 한다는 것이 일관된 입장이다.[322]

　이와 같은 부하의 책임 배제의 이론으로는 행위요소 결여설[323] 인적처벌 조각사유설, 위법성 조각사유설, 책임조각설 등이 있

---

321) 판례는 "보초근무중 동료로부터 위병중사가 오란다는 말을 전해듣고 정식절차를 밟지 않고 보초근무교대를 하였을 경우, 엄격한 상명하복관계에 있는 군대조직에 있어 그러한 상관의 명령에 복종하지 않을 것을 기대하는 것은 불가능한 것으로서 다른 적법행위에 대한 기대가능성이 없는 행위"라고 하여 상관의 명령에 대해서는 행위자에게 기대가능성이 없다고 했다(70. 12. 1. 陸軍 70 高軍刑項 967). 이와 同旨의 判例로는 67. 7. 28. 陸軍 67 高軍刑項 223··70. 7. 9. 陸軍 70 高軍刑項 302 등이 있다.
322) 휘발유 등 군용물의 불법매각이 상관인 부대장이나 인사계 상사의 지시에 의한 것이라 하여도 그 같은 지시가 저항할 수 없는 폭력이거나 자기 또는 친족의 생명·신체에 대한 위해를 방어할 방법이 없는 협박에 상당한 것이라고 인정되지 않는 이상 강요된 행위로서 책임이 조각된다고 할 수 없다(大判 1983. 12. 13. 83도 2543;大判 1986. 5. 27. 86도 614;大判 1986. 9. 26. 86도 1547 參照).
323) Binding, Lehrbuch des deutschen Strafrecht, Besonder Teil, Bd. , p. 771.

으나 현재 위법성 조각사유설[324])과 책임조각설 등의 이론이 통설로 다루어지고 있다. 따라서 이하에서는 이러한 관점에서 제2장에서 언급한 바 있는 명령의 위법성 및 정당성 등과 관련하여 위법한 명령의 이행에 대한 부하의 형사책임 등에 대하여 구속력 여부를 기준으로 차례로 검토하기로 한다.

## 1. 구속력 있는 위법명령에 따른 행위

전술한 바와 같이 상관의 명령자체가 법령에 근거를 둔 적법한 명령이라면 여기에 따른 복종행위는 정당성이 있으며 형법 제20조의 정당행위에 해당하여 당연히 위법성이 조각된다 할 수 있다. 그러나 적법한 상관의 명령이라 하더라도 복종행위가 정당성의 한계를 벗어나면 위법행위가 된다. 따라서 상관은 건전한 판단과 결심히에 적시적절한 명령을 내려야 하며, 법규에 위배되거나 자기권한 외의 사항을 명령해서는 안된다. 이하에서는 구속력이 있는 위법명령에 따른 부하행위의 형사책임에 관한 견해를 살펴보겠다.

### 1) 위법성이 조각된다는 견해

위법명령의 구속성에 관한 학설에서 언급한 바와 같이 위법한 상관의 명령이라 하더라도 상명하복 관계에 구속성

---

324) Deike, Der rechtverbindende Befehl, u.s.w

(Verbindlichkeit)이 있고 경미한 위법행위(질서위반행위 등 경범죄)에 해당하는 명령인 경우는, 이에 복종하는 행위는 정당화 사유로 인정되어 위법성조각사유가 인정된다. 그러나 위법한 명령을 한 상관이 불법을 적법으로 변화시킬 수 있게 되는 것은 아니다.

이에 반하여 명령에 따른 행위가 형법상의 범죄행위, 인간존엄성 침해행위 등과 같이 중한 위반인 경우에는 가벌적이 되며 형법적으로 보호되는 법익을 침해하는 위법한 명령은 처음부터 구속력이 없는 것이 된다는 견해가 독일의 유력설로 구속적 위법명령의 개념을 긍정하는 입장에서 주장되며 그 논거는 다음과 같이 다양하게 제시되어 있다.

## 가. 법적 의무설

구속적 위법명령의 복종을 법적의무의 실현으로 보아 법적의무의 실현은 정당화된다고 보는 견해이다.[325]

이 견해에 따르면 "법적으로 구속적인 명령의 경우에는 복종의무 자체는 항상 필요한 것이고 그것은 법적의무이다. 그러므로 하나의 법적의무가 존재하는 한 그에 기한 행위는 결코 위법할 수가 없다."고 한다.[326]

## 나. 주관적 인식기준설

이 설은 부하의 주관적 인식여부에 따라서 부하행위의 적법성을 인정하고 있다. 즉 "위법한 군사적 직무명령의 실행은, 상관의 명령이 범죄를 목적으로 하고 있지 않다면, 그것은 적법한 행위이다."[327] 라고 주장한다. 이러한 견해에 의하면 부하는

---

325) Ammon, p. 80;Girginopper, 34;Stratenwerth, p. 168, 182, 204;Schmidhouser p. 248;Jescheck(1812), p. 81.
326) Griginopp, p. 26.
327) 獨逸 MSeG 第47條 等의 規定 參照.

그가 상관의 명령에 따라 하는 행위가 범죄를 저지르게 된다는 것을 알았거나 알 수 있었을 경우를 제외하고, 부하의 명령복종 행위는 적법하게 된다. 그러나 독일과 같은 구체적 법조문이 없는 우리나라의 경우에는 받아들이기 어려운 이론이다.

## 다. 이익교량설

위법성조각설에서 주류를 이루고 있는 견해로서, 일정한 위법명령에 대한 복종의무지시를 하나의 이익교량에서 찾으려고 하는 견해이다. 즉 "하나의 적법한 명령의 신속정확한 실행의 이익에 대해서 위법한 명령의 회피에 대한 이익은 경우에 따라서 양보해야만 한다."는 주장으로 이에 의하면 복종행위는 정당화된다고 할 수 있다. 따라서 의무의 충돌이 있을 경우 법질서 전체의 입장에서 교량 조절해서 판단하여야 한다는 견해도 같은 입장인 것으로 해석된다.

## 라. 긴급피난설

이 설은 Roxin의 견해[328]로서 그에 의하면 구속적 위법명령에서는 위법행위를 하지 말아야 할 부작위의무와 명령에 복종해야 할 작위의무가 충돌하는 경우가 있으므로 이것은 작위의무만의 충돌을 내용으로 하는 의무의 충돌이라기보다는 오히려 정당화적 긴급피난의 일종이라고 보아야 한다는 견해로써, 명령의 복종행위에 정당성이 인정되려면 본질적 우월성이 인정되

---

328) 예컨대 군의 위법적인 명령(Rechtswidrigkeit eines miritarischen Befehls)의 경우로서 장교가 운전병에게 과속으로 운전을 명령하였을 경우를 생각해 보자. 특히 그 위법적인 명령이 작전상의 명령인 경우는 교통법규 위반행위와 상충하였을 때 어느쪽의 의무가 우선하는가? Roxin은 이러한 경우를 단순한 의무의 충돌보다는 독일형법 제34조의 정당화적 긴급피난에 준하여 설명하고 있다(Roxin, Strafrecht, Allgemeiner Teil, Band 1, 1992. S. 501).

어야 하나 복종의무가 약간의 우월성을 갖는 때에는 면책적 긴급피난에 해당되어 다만 책임이 조각될 뿐이라고 주장한다.[329]

## 마. 위법성 조각설의 입장을 보인 판례

앞에서 이미 논의한 바와 같이 위법한 명령에 복종한 행위에 대해 위법성을 조각한다는 것은 논리적으로 타당하다고 볼 수 없다. 다음의 판례는 위법명령에 복종한 행위에 대해 위법성 조각을 인정한 대표적 판례 중 하나이다. 이하에서 이에 관해 검토해본다.

### ■ 판　례

[소속 중대장의 당번병이 중대장의 지시에 따라 관사를 지키고 있던 중 중대장과 함께 외출 나간 그 처로부터 비가 오고 밤이 늦어 혼자 귀가할 수 없으니 우산을 들고 마중을 나오라는 연락을 받고 당번병으로서 당연히 해야 할 일로 생각하고 그 지점까지 나가 동인을 마중하여 그 다음날 01:00경 귀가하였다면 위와 같은 당번병의 관사이탈행위는 중대장의 직접적인 허가를 받지 아니하였다 하더라도 당번병으로서의 그 임무범위 내에 속하는 일로 오인하고 한 행위로서 그 오인에 정당한 이유가 있어 위법성이 없다고 볼 것이다.][330]

### ■ 법적 소견

본 판례는 명령에 의한 행위의 형법적 처리를 보여주는 사례이다. 형법 제20조는 위법성조각사유에 관한 일반규정으로서

---

329) 金日秀教授는 긴급피난의 일종으로 본다. 다만 충돌하는 양이익 사이의 본질적 우월성을 인정할 수 없는 경우에는 면책적 긴급피난에 해당되어 책임이 조각된다고 해석한다.(韓國刑法Ⅰ, p. 688).
330) 1986. 10. 28. 第1部 判決 86도 1406,(無斷離脫).

정당행위를 규정하고 있는 바 그 예로서 ① 법령에 의한 행위, ② 업무로 인한 행위의 두 가지 경우를 명시하면서 보다 일반적인 정당행위의 근거로서 ③ 기타 사회상규에 위배되지 않는 행위를 들고 있다. 본 판례에 나타난 사례는 위 ①의 법령에 의한 행위의 한 분야를 차지하는 명령에 의한 행위와 관련되고 있다. 따라서 구체적인 행위가 법령에 의한 행위로서 위법성이 조각되려면 그 행위의 근거가 되는 권한이나 명령이 적법하여야 한다. 그 적법성은 ① 추상적 권한이 있을 것, ② 구체적 권한이 있을 것, ③ 적법한 절차에 따를 것 등의 요건을 갖출 때 비로소 인정된다.

본 사안에서 사병은 밤중에 관사를 떠나서 중대장의 처의 마중을 나가고 있다. 사병의 행위는 일견 중대장의 허가 없이 근무장소를 이탈한 것으로 생각되지만, 중대장의 관사에서 중대장의 집안 일을 처리헤 오던 그 동안의 활동에 비추어 보면 관사이탈에 대한 포괄적인 허가나 명령이 있었던 것으로 볼 여지가 있다. 그런데 군대의 구성원인 사병에게 중내장이 자기의 사사로운 집안 일을 처리하도록 지시하는 명령은 적법한 명령이라고 말할 수 없다. 더욱이 그 명령이 중대장이 직접 지시한 것이 아니라 중대장의 처가 내린 것이라면 그 명령의 불법성은 더욱 명확해진다. 여기에서 우리는 사병의 근무지 이탈행위가 위법명령을 수행한 것임을 알게 되는데 그 형법적 처리가 문제된다.

위법명령의 수행행위를 형법적으로 처리함에 있어서는 이 문제를 위법성조각사유의 전제사실에 관한 착오로 취급하는 것이다. 즉 적법한 명령이 없었음에도 불구하고 적법한 명령이 존재하는 것으로 착오하였다고 보는 것이다.

그런데 본 판례의 경우를 살펴보면 원심법원은 피고인이 중대장의 처를 마중 나간 행위가 피고인이 당번병으로서 그 임무범위 내에 속하는 것으로 오인한 행위로서 그 오인에 [정당한 이유]가 있다고 하면서도, 그 법적 효과에 대해서는 [위법성이 없다]는 결론에 이르고 있다. 여기에서 우리는 대법원이 위법명령의 수행행위를 금지착오의 문제가 아니라 독자적인 위법성조각사유로 파악하고 있음을 알 수 있다.

적법한 명령의 수행행위가 정당행위로서 위법성이 조각됨은 물론이지만 위법한 명령의 수행행위까지 위법성이 조각되는 이유는 무엇이며 또 위법성이 조각되는 위법명령의 수행행위는 그 한계가 어디까지인지가 문제가 된다.

군대조직이나 경찰조직은 효율적으로 맡은 바 임무를 수행하기 위하여 일사불란한 명령 복종체계를 갖추고 있다. 특히 유사시 긴급상태하에서 국토방위의 임무를 수행하여야 하는 군대의 경우에는 완벽한 명령복종체계가 필수적이다. 이러한 조직상의 특성 때문에 군대 내에서는 부하가 상관의 명령에 대하여 이의를 제기할 수 없게 하고 또 위법한 상관의 명령을 수행하더라도 일정한 범위 안에서 이를 법질서가 용납하게 된다. 따라서 본 판례에서 원심법원과 대법원의 무죄판단은 사병이 처하고 있던 이와 같은 특수사정을 감안하였기 때문이라고 생각된다.

그런데 위법명령의 수행행위에 대하여 위법성을 조각하게 되면 즉시 다음과 같은 반론이 제기된다. 법질서가 어떠한 상관의 명령을 위법하다고 판단하면서 동시에 그 명령의 수행행위를 위법하지 않다고 허용하는 것은 이율배반이 아닌가 하는 지적이 그것이다. 여기에서 적법·위법에 대한 통일적 판단과 군대 등 상명하복의 원리에 따르는 조직의 특수성 고려라는 두 가지

상반된 요청을 조화시켜야 할 필요를 느끼게 된다. 이와 관련하여 우리 대법원은 다음과 같은 두 가지 해결책을 제시하고 있다.

**첫째**, 부하가 적법하다고 오인한 상관의 위법명령이 중대한 불법을 그 내용으로 하고 있음이 명백할 때에는 위법성이 조각되지 않는다.

**둘째**, 부하는 상관의 위법명령을 쉽사리 적법한 것으로 오인하여서는 안 된다. 위법명령을 적법한 명령으로 오인하는 데는 [정당한 이유]가 존재하지 않으면 안 된다. 본 판례는 바로 이 점을 분명하게 보여주고 있다. 위법명령의 수행에 있어서 정당한 이유가 존재하는가 하는 문제는 결국 구체적 사정을 고려하여 법원이 판단하여야 할 사항이다. 본 판례에 있어서 법원은 사병 임○한이 그 동안 계속적으로 수행해 오던 당번병으로서의 업무내용과 당번병을 사사로운 가사업무의 조력자로 이용하던 당시 군대내의 일반화된 관행을 정당한 이유의 인정자료로 고려한 것이 아닌가 생각된다. 그러나 이러한 사실관계가 지금의 사회에서 재현될 경우 또다시 [정당한 이유]가 있다고 긍정될 것인가 하는 물음을 던진다면 극히 회의적이지 않을 수 없다.

## 2) 위법하지만 면책된다는 견해

상관의 명령에 의한 행위라도 [위법한 명령은 위법할 뿐]이라는 견해로서, 비록 구속력이 있는 명령이라도 위법명령은 적법하게 될 수는 없으며, 다만 상명하복관계의 구속성 때문에 적법행위의 기대가능성이 없는 경우에는 책임이 조각(면책사유)된다는 것이다.[331]

---

331) 이용식, "상관의 違法한 命令에 따른 行爲"(판례월보, 1996. 1), p. 35.

만일 위법한 상관의 명령에 따른 행위가 적법한 것이 된다면 상관은 불법한 내용의 명령을 부하를 통하여 적법하게 실현할 수 있다는 점을 근거로 한다. 이 견해는 특히 명령수행 행위에 대한 제3자의 정당방위가 인정되어야 한다는 관점에서 주장되고 있다. 따라서 위법한 명령에 따른 행위에 대하여 정당방위를 할 수 있으려면 그 위법명령에 따르는 행위에 위법성이 인정되어야 한다.[332]

이 설은 우리나라의 통설적 견해[333]이고 독일의 소수설이다.[334]

이 같은 책임조각설도 책임조각의 근거가 무엇인가에 관하여는 다음과 같은 학설상의 대립이 있다.[335]

---

332) 이용식, 上揭論文, p. 36;趙東陽, 前揭論文, p. 92. 再引用.
333) 黃山德, 「刑法總論」 p. 148;劉基天, 「刑法學(總論講義)」 p. 143;李建鎬 外, 「刑法總論」 p. 273;李在祥, 「刑法總論」, p. 258;李炯國, "違法한 命令에 따른 行爲와 그 刑事責任"(考試界, 1980. 4), p. 29-30.(李炯國 敎授는 수명자가 부득이 위법한 명령에 복종한 행위는 강요된 행위의 요건(형법 12조)을 충족할 때에는 책임이 조각되나 강요된 행위에 해당하지 아니할 때에는 기대불가능성에 근거를 두고, 초법규적 책임조각사유로 보아야 한다고 설명하고 있다).
334) Hegler, p. 215;Battenberg, p. 91, Sauer, "Grundl. D. Strafr." p. 322, 642, Mezger, p. 303;Baumann AT § 21 Ⅱ, 8, a;Blei, AT, §42, Ⅱ ;Dreher/Trondle, STGB ⁴, Vor
§ 32;Maurauch/Zipf, AT/1, § 29 Rdhr, 8.
335) 黃山德敎授는 상관의 직무상의 명령에 복종해야 할 의무가 있는 자에게는 그 명령이 위법할지라도 부하구속을 하는 힘이 있는 것으로 보고 부하의 책임조각문제를 논의해야 한다고 주장하며(黃山德, 前揭書, p. 150). 李建鎬敎授는 명령은 적법하기 때문에 구속력이 있는 것으로 그것이 위법한 경우에는 수명자가 복종할 필요가 없으며 이에 따른 부하의 행위는 가벌적인 것이라고 하여 위법한 구속명령의 개념자체를 부인하는 주장도 있으나 실제문제로서 많은 위법구속명령이 있음을 부인할 수 없다는 의견을 표시하고 있다(8人共著/李建鎬, 前揭書, p. 274). 한편 Mezger는 상관의 명령에 따른 행위를 다음과 같이 三分하여 그 책임문제에 결부시킨다. ① 적법하고 구속적인 명령에 따른 행위는 위법하지 아니하고 ② 위법하나 구속적인 명령에 따른 행위는 책임이 조각되며 ③ 위법하고 비구속적인 명령에 따른 행위는 불법과 책임이 모두 조각되지 아니한다(Mezger, a.a.O., S. 121);李炯國, 前揭論文, p. 25, 脚註 9 參照).

## 가. 법질서 자체에 문제점이 있다는 견해[336]

이 견해를 주장하는 학자는 메츠거(Edmund Merzger)이다. 그에 의하면 명령자체의 내용이 위법인 한 복종자의 행동은 이론적으로 적법일 수 없으나 법질서가 이러한 명령을 구속적으로 만들었다면 적어도 여하한 비난(Vorwurf)도 제기할 수 없다고 한다.

## 나. 금지의 착오이론(禁止의 錯誤理論)[337]

면책의 범위를 행위자가 위법한 명령을 적법한 것으로 잘못 알았을 경우로 국한하려는 입장에서는 위법한 명령에 따른 행위의 책임조각 근거를 금지착오의 이론에서 찾는다. 즉 허용되지 않는 행위를 허용되는 것으로 오인하였을 때, 그 오인에 정당한 이유가 있으면 책임을 면한다는 금지의 착오의 원리를 적용하여서 위법한 명령에 대해 수명자의 과실, 무지, 기타 사유로 인해 적법한 것으로 오인하여 명령을 수행한 경우에 그 오인에 성당한 이유가 있으면 책임을 면한다는 것이다.

위법성 조각사유설의 주관적 인식기준설과 유사하나 이는 위법성을 조각한다는 점에서 차이가 있다.

## 다. 기대불가능성 이론[338]

기대가능성이란 행위시의 구체적 사정으로 보아 행위자가 범죄행위를 하지 않고 적법행위를 할 것을 기대할 수 있는 가능성

---

336) Mezger, a.a.O., S.122.
337) Sehoke/Schroder/Lencker, Stratgesetzbuch, Kommentar, 19. Aufl.
338) 독일학자들은 일반적으로 이를 인정하지 않는 경향을 보이고 있으나 독일의 경우와는 달리 위법한 직무상의 명령에 따른 행위의 책임한계에 관한 규정이 없고 기대불가능성에 근거한 책임조각적 긴급피난의 규정도 없는 우리나라에서는 제한적으로나마 기대불가능성에 기한 초법규적인 책임조각을 인정하지 아니할 수 없다고 생각한다.

을 말한다. 이러한 기대가능성이 없을 때에는 행위자를 비난할 수 없고, 따라서 책임이 없다고 하는 것이 기대불가능성의 이론이다. 위법한 명령에 따른 행위를 명령과 복종의 전반적인 성격에 비추어 적법행위로 나올 기대가능성이 없기 때문에 책임이 조각되는 것으로 인정하는 견해로, 일찍이 Liszt와 Schmidt에 의하여 시사되었고, 오늘날 우리나라에서는 지배적인 견해로 되어 있다.[339]

행위자의 입장에서 판단하였을 때 행위자의 의무선택의 갈등이 극복하기 곤란한 경우 적법행위의 기대가능성이 없다고 보아 그 책임을 면한다는 것이다. 기대불가능성의 이론은 이와 같이 기대가능성이 없는 경우에 책임이 조각된다고 하는 의미에서 형법상 중요성을 갖는다.

## 라. 절충성 이론

마우라하(Maurach)와 치프(Zipf)는 위법한 명령에 따른 행위를 행위자가 그 위법함을 몰랐던 경우와 알았던 경우로 나누어 설명한다. 그리하여 전자의 경우에는 금지착오에 해당하고 후자의 경우에는 강요된 행위 내지 책임조각적 긴급피난에 통용되는 원리인 기대불가능성이 문제된다고 한다. 마우라하와 치프는 이처럼 원리적인 면에서는 금지착오와 기대불가능성의 두 가지를 다 인정하고 있지만, 위법한 명령에 따른 행위가 기대불가능성에 입각하여 초법규적으로 책임이 조각되느냐에 관하여서는 부정적인 태도를 보이고 있다.

---

339) 大判 1961. 4. 15. 4290. 형상 201.

## 마. 독자성 이론

예쉑(Hans-Heinrich Jescheck)에 의하면 직무상의 명령에 따른 행위의 책임이 조각되는 것은 피할 수 없는 금지착오의 한 변형으로서가 아니라 독자적 성격의 책임조각사유이기 때문이라고 한다. 그는 관청 기구나 군사적 조직 내부의 명령복종관계에 있어서는 제시된 명령의 사실적 타당성의 문제는 원칙적으로 상관의 책임으로 돌아가는 반면 부하에게는 상관의 권위와 복종의 관습에 대한 신뢰가 결정적이라고 보면서 직무상의 지시에 따른 가치적 행위가 면책되는 근거는 과잉방어나 책임조각적 긴급피난의 경우처럼 행위불법과 책임내용이 본질적으로 감소되는데 있다고 주장한다.

## 바. 기대불가능성설의 입장을 보인 판례[340]

기대불가능성 이론을 적용할 때 문제되는 것 중의 하나가 그 기대가능성 존부를 누구의 입장에서 판단할 것인가 하는 점이다. 행위자 개인의 주관적 입장에서 판단할 것인가 아니면 법관의 사후적 판단에 의하여 객관적으로 판단할 것인가 또는 행위자가 알았던 사정과 알 수 있었던 사정을 종합한 절충적 입장에서 판단할 것인가가 실제적으로 사안의 적용에 있어서 중요한 문제이다. 아래의 판례는 그 점에 대한 대법원의 입장을 보여준다.

### ■ 판 례

공무원이 그 직무를 수행함에 있어 상관은 부하에 대하여 범죄행위 등 위법한 행위를 하도록 명령할 직권이 없는 것이고, 부하는 소속상관의 적법한 명령에 복종할 의무는 있으나 그 명

---

340) 申東雲,「判例百選 刑法總論(上)」,(經世院, 1995), pp.274-278 參照.

령이 참고인으로 소환된 사람에게 가혹행위를 가하라는 등과 같이 명백한 위법 내지 불법한 명령인 때에는 이미 벌써 직무상의 지시명령이라 할 수 없으므로 이에 따라야 할 의무는 없다. 또한 설령 대공수사단 직원은 상관의 명령에 절대 복종하여야 한다는 것이 불문율로 되어 있다 할지라도 국민의 기본권인 신체의 자유를 침해하는 고문행위 등이 금지되어 있는 우리의 국법질서에 비추어 볼 때 그와 같은 불문율이 있다는 것만으로는 고문치사와 같이 중대하고 명백한 위법명령에 따른 행위가 정당한 행위에 해당하거나 강요된 행위로서 적법행위에 대한 기대가능성이 없는 경우에 해당하게 되는 것이라고는 볼 수 없다.[341]

### ■ 법적 소견

본 판례는 소위 성고문 사건과 함께 5공화국 정권의 붕괴를 가져온 박종철씨 고문치사사건에 대한 대법원 판결이다. 국가 공권력의 도덕성을 땅에 떨어지게 하여 급기야 정권교체까지 몰고 온 이 유명한 사건에서 변호인들은 사건의 정치적 중요성에 걸맞게 법률적으로 여러 가지 쟁점들을 상고이유로 제시하고 있다. 여기에서 본 판례에 나타난 법률적 논점들을 정리해 보면 다음과 같다.

**첫째**로 ① 위법성 조각의 관점에서 볼 때, 부하 강○규 등의 행위는 상관의 명령에 의한 행위로서 정당행위에 해당한다. ② 책임조각의 관점에서 볼 때, 부하 강○규 등의 행위는 상관의 명령에 의하여 어쩔 수 없이 행해진 것이므로 강요된 행위에 해당한다. ③ 또 책임조각의 관점에서 볼 때, 대공업무에 종사하는 직원

---

341) 1988. 2. 23. 제3부 判決 87도 2358,(特定犯罪加重處罰法에 관한 法律違反).

은 상관의 명령에 절대 복종하는 것이 불문율이므로 부하 강○
규 등에게 달리 적법행위에 대한 기대가능성이 없다는 상고논지
에 대하여 대법원은 몇 가지 중요한 법리를 제시하고 있다.

즉 명령에 의한 행위가 정당행위가 되기 위한 요건과 관련하
여, 대법원은 첫째로 공무원이 그 직무를 수행함에 있어서 상관
은 하관에 대하여 범죄행위 등 위법한 행위를 하도록 명령할 직
권이 없다는 점과 하관은 소속상관의 적법한 명령에 복종할 의
무는 있으나 그 명령이 명백한 위법 내지 불법한 행위인 때에는
이는 벌써 직무상의 지시명령이라 할 수 없으므로 이에 따라야
할 의무가 없다는 점을 밝히고 있다.

**둘째**로 강요된 행위의 주장에 대하여, 대법원은 본 사안에서
위법한 명령이 피고인들에게 대하여 저항할 수 없는 폭력이나
방어할 방법이 없는 협박에 상당한 것이라고 인정되지 않는다
고 판시하였다. 대법원은 이와 관련하여 설령 특수영역에 종사
하는 공무원들의 절내직 명령복종관계가 불문율로 인정된다 하
더라도 그 구속력의 정도는 고문행위 등을 금지하는 우리의 국
법질서와 관련 지워 판단해야 함을 강조하고 있다.

**셋째**로 기대가능성의 주장에 대하여 대법원은 "피고인들(부
하들)이 그 당시 그와 같은 위법한 명령을 거부할 수 없는 특별
한 상황에 있었기 때문에 적법행위를 기대할 수 없었다"는 상고
인의 주장을 "그와 같이 볼 만한 아무런 자료도 찾아 볼 수 없
다"는 이유를 들어 배척하고 있다. 이 부분은 기대불가능성에
대한 법리의 규명을 제시한 것이 아니라 이 법리의 운용을 위한

사실관계의 부존재를 확인한 것에 불과하여 이론적으로 별다른 의미는 없다. 그러나 본 판례에서 대법원이 기대불가능성의 이론을 책임조각사유의 하나로 인정하고 있다는 점과, 기대가능성의 판단에 있어서 피고인의 심리적 내면상태만이 아니라 [국민의 기본권인 신체의 자유를 침해하는 고문행위 등이 금지되어 있는 우리의 국법질서]를 참조하도록 요구한 점은 특히 주목할 필요가 있다고 생각된다. 이 후자 부분은 기대가능성의 판단기준과 관련하여 대법원이 행위자 중심의 주관설을 지지하지 않겠다는 태도를 밝힌 것이라고 해석하여도 무방할 것이다. 즉 대법원은 객관설에 가까운 입장인 것으로 보인다.

## 사. 강요된 행위 이론을 적용한 판례

형법 제12조는 [저항할 수 없는 폭력이나 자기 또는 친족의 생명, 신체에 대한 위해를 방어할 방법이 없는 협박에 의하여 강요된 행위는 벌하지 아니한다]라고 하여 강요된 행위를 규정하고 있다. 구법하에서 이른바 초법규적 책임조각사유로 인정되어 온 것을 명문화한 것으로, 기대불가능성을 이유로 한 책임조각사유의 한 유형이다(통설). 만약 기대가능성이 없는 행위가 형법 제12조의 [강요된 행위]의 요건을 만족하고 있다면 기대불가능성이라는 초법규적 책임조각사유 이전에 강요된 행위 이론을 적용하여야 할 것이다. [강요된 행위] 역시 기대불가능성론의 전형적 예에 불과하기 때문이다.

형법 제12조의 강요된 행위는 원래 독일 구형법 제52조에서 유래하는 것으로, 그 성질상 긴급상태 하에서 위난을 피하기 위한 행위라는 점에서 긴급피난과 유사한 점이 있다. 그러나 반드시 현재의 위난을 전제로 하지는 않는 점, 이익의 충돌은 있으나 이익교량은 문제되지 않는 점등에서 제22조의 긴급피난과는 차이가 있다.

■ 판 례

우리나라에서는 북한공산치하에서 부득이하게 한 부역행위, 남북 어부가 납북되어 있는 동안에 한 정보제공행위 등 국가보안법, 반공법 등 위반 사건에 관하여 강요된 행위를 인정한 판례가 다수 있다.

다음의 판례는 법원이 위법 명령에 복종한 행위의 책임을 면하는데 있어서 '강요된 행위' 이론을 적용할 수 있다는 것을 인정한 판례이다.

- 다수의 승객, 승무원들이 탑승, 운항중인 국제 민간항공기를 이른바 '남조선 해방과 조국통일' 이라는 정치적 목적달성을 위하여 폭파, 희생적인 범행의 실행에 직접 가담하여 실질적인 임무를 분담, 수행하고 그로 인하여 귀국 중이었던 다수의 해외근로자와 항공기 승무원 등 115명의 인명이 살상되었다면 이는 극단의 비윤리적 행위로서 국제협약에서도 이를 엄중한 형벌로 다스리도록 되어 있으며, 결국 대한민국의 존립, 발전 또는 기능을 침해 내지 위협하기 위한 것이었음에 비추어 피고인에게 사형을 선고한 제1심 판결의 형이 너무 무거워 부당하다고 인정되지 않는다.[342]

■ 법적 소견

본 판례는 북한 대남공작원 김현희에 의해 자행되었던 KAL

---

342) 1990. 3. 27. 제2부 判決 89도 1670.(航空機爆破事件).

기 폭파사건으로 형법 제12조의 강요에 의한 불법 명령의 수행행위의 처리문제를 보여주는 사례이다. 이 사건은 피고인이 북한공작원으로서 강요된 명령에 의해 자행된 것이라고 주장하고 강요된 행위의의 법리는 자신의 행위가 구성요건에 해당하고 위법함을 알면서도 특수한 부수사정 때문에 행위자가 위법한 행위로 나아갈 수밖에 없는 이례적인 상황, 즉 기대 불가능성을 그 적용대상으로 하고 있다.

위 사건에 대해서는 다음과 같은 판결이유를 설명하여 상고를 기각하였다. "피고인이 강요된 행위라는 주장에 대하여 피고인이 북한에서 대남공작원으로 선발되어 항공기의 폭파지령을 받고 그 범행을 실행할 당시까지 그와 같은 선발을 위한 소환이나 명령을 거절 회피한다는 것은 도저히 있을 수 없는 일로 생각하여 왔다"고 진술하고 있다.

그러므로 피고인의 위와 같은 생각은 피고인이 북한이라는 폐쇄적 사회에서 출생하고 다시 격리된 공간 등에서 약 7년 8개월 동안 김일성에 대한 무조건적인 충성심을 고취하는 사상교육을 받은 결과임을 인정할 수 있기는 하나, 피고인은 제1심 판시와 같이 이 사건 범행을 피고인에게 주어진 당의 크나큰 신임과 배려로, 최고의 영광으로, '남조선 해방과 조국통일'을 위한 것으로 생각하고, 한 점의 회의도 없이 신념에 가득 차, 이를 수행하려고 노력한 사실을 인정할 수 있어, 피고인이 저항할 수 없는 폭력 또는 생명, 신체에 대한 협박에 의하여 강요되어 이 사건 범행에 이른 것으로 볼 수는 없고, 또한 그와 같은 잘못된 확신이 그의 자유의지에 반하는 성장 교육과정에서 형성되었다 하더라도 그에 기초한 이 사건 범행을 강요된 행위라거나 기대가능성이 없는 행위이어서 벌할 수 없는 행위로 볼 수는 없다고 판단하였다.

또한 기록에 비추어 볼 때 원심의 위 사실 인정은 옳고 위 원심 인정사실과 원심이 유지한 제1심 판결이 적법하게 인정한 사실 가운데 피고인이 대남공작원으로 선발됨에 있어서도 남조선 해방을 위하여 투쟁하게 된 것을 영광스럽게 생각하였다는 사실 등에 미루어 보면, 원심이 피고인의 이 사건 범행을 강요된 행위로 볼 수 없다고 한 판단은 이를 수긍할 수 있다.

또한 형법 제12조에서 말하는 강요된 행위는 저항할 수 없는 폭력이나 생명, 신체에 위해를 가하겠다는 협박 등 다른 사람의 강요행위에 의하여 이루어진 행위를 의미하는 것이지 어떤 사람의 성장 교육과정을 통하여 형성된 내재적인 관념 내지 확신으로 인하여 행위자 스스로의 의사결정이 사실상 강제되는 결과를 낳게 하는 경우까지 의미한다고 볼 수는 없는 것이므로 원심의 판단에 형법 제12조에 정한 강요된 행위나 기대가능성에 관한 법리오해의 위법이 있다고 할 수 없다 하여 논지 이유 없다고 판시하였으며, 이에 따라 상고를 기각하였고 할 수 있다.

## 3) 의견

위법한 명령의 수행행위가 위법성을 조각한다는 것은 논리석 명제가 아니다. 현행 형법 제20조의 정당행위 조항의 [법령에 의한 행위]에서의 법령은 적법한 법률과 명령을 뜻한다는 것이 판례와 통설의 태도이다. 따라서 위법한 명령에 따른 행위의 위법성을 조각한다는 견해에는 찬동할 수 없다.

그러나, 상관의 명령을 충실하게 이행한 수명자의 행위책임은 가능한 한 배제되어야 한다는 것이 대부분의 견해이고 또 타당한 바, 그 이론구성은 책임조각설을 취하는 것이 옳을 것 같다. 그러므로 범죄가 성립하기 위해서는 행위자에게 비난가능성이 있어야 하는데, 명령수행의무와 법질서 준수의무간의 충돌에 있어서 행위자로서는 선택의 가능성이 극히 제한적이고, 그 경우 아주 예외적인 경우[343)를 제외하고는 법질서 준수의무를 수행할 것을 기대하는 것이 쉽지 않을 것이다. 따라서, 적법행위의 기대가능성이 희박한 곳에서 그 책임을 묻는 것은 가혹한 일이라고 하지 않을 수 없는 것이다.

한편, 금지의 착오의 원리의 경우에 그 면책의 범위를 적법한 명령으로 오인하고 수행한 경우에 한한다고 하나 위법성을 인식한 경우에도 명령수행의 중요성에 대한 착오에 의하여 행위한 경우를 상정할 수 있고, 이 경우에도 행위자의 적법행위 기대가능성이 없다고는 할 수 없으므로 이론적용에 난점이 있다. 그러므로 기대불가능성 이론을 중심으로 금지의 착오의 원리를 결합한 절충설이 타당할 것 같다.

## 2. 구속력 없는 위법명령에 따른 행위

구속력 없는 위법명령이라 함은 상관의 명령이 형법상의 범죄를 저지르게 하거나 명확히 인간의 존엄성을 침해하는 경우

---

343) 비인도적 행위(양민학살, 포로에 대한 불공정한 처우) 등 자연법상의 기본정신을 위배하는 명령의 경우 선택의 갈등이 심하다고는 할 수 없을 것이다.

또는 직무상의 명령이 아닌 경우 및 국제법상 일반적으로 인정된 규율에 위반되는 명령을 의미한다. 따라서 이러한 구속력 없는 위법한 명령에 따른 복종행위는 위법이며 물론 책임도 조각되지 않는다고 한다.[344]

그러나 이 경우에도 수명자에게 이러한 위법명령에 대하여 항거할 것을 기대할 수 있었는가 하는 문제가 제기되고 있어, 위법하지만 책임이 조각된다는 견해[345]와 위법도 책임도 조각될 수 없다고 보는 견해[346]등이 주장되고 있다. 그러므로 만약 부하에게 형법 제12조의 강요된 행위(Notingsstand : 독일형법 제52조 1항)의 요건이 충족되어진다면 그에게는 책임이 조각된다.[347]

반면에 강요된 행위에 준할 정도의 강제상태 하에서 부득이

---

344) 이에 관한 독일의 판례를 몇 가지 소개한다. 「지방자치단체에 근무하는 공무원이 한 주민을 체포하라는 시장의 명령이 위법함을 알면서도 이를 행하였을 때에는 체포감금죄(Freiheitsberaubung)에 해당한나」(RGSt 6, 432{440}).
또한 「위법한 파업을 관철할 목적으로 열차운행책임자가 열차를 출발하지 못하게 하는 것은 월권(Zust ndigkeits berschreitung)이므로 이에 따르는 부하의 행위는 면책되지 아니한다」(RGSt 56, 412{418})고 판시한 사례가 있으며「군대의 상관이 사적 감정으로 한 민간인을 체포하여 경찰에 넘기라고 명령하는 것은 직무상의 목적의 범위를 넘어선 것이므로 구속성이 없고 이를 알면서 따른 부하는 면책되지 아니한다」(RGSt 71, 284)라는 판례가 있다.
345) 상명하복 관계의 구속성은 적법한 명령의 경우에만 인정된다. 위법한 명령에 대해서는 원칙적으로 구속성이 인정되지 않는다. 그러나 위법한 명령(rechtwidrig Befehl)에 복종할 수명자(Befehlsempf nger)의 행위는 위법하지만 책임조각사유(Schuldausschliessungsgrund)는 인정된다(Baumann/Weber, Strafrecht, A. T., 9. Aufl., S. 340);李在祥,「刑法總論」p. 258;金日秀,「刑法學原論」p. 588.
346) Jescheck는 拘束性이 없는 違法한 상관의 指示에 服從한 行爲는 免責事由 (Entschuldigungsgrund)가 인정된다. 그리고 이러한 免責事由는 免責的 緊急避難이나 過剩防禦(Notwehruberschreitung)의 경우처럼 行爲의 行爲不法과 責任의 內容 (Schuldgehalts)이 本質的으로 감소(wesentlichen Minderung)되는데 있다. 따라서 이러한 免責事由는 독일적인(eigener Art)責任阻却事由라고 하고 있다.(Jescheck, a.a.O, S. 446-447).
347) 「강요된 행위」에 대하여 독일에서는 긴급피난의 특수한 경우로 취급하여 긴급피난과는 별개의 조문에 의하여 그 면책을 인정해 오다가 신형법에서는 책임조각사유로서의 긴급피난(독형법 제35조)에 포함하여 불가벌로 하고 있다. 또한 미국모범형법전 (M.P.C 제209조)에서는 「강요」에 의한 면책행위라고 규정하고 있다.

한 경우에는 명령의 불복종에 대한 기대가능성의 여부에 따라 문제를 해결하고 있다. 따라서 사실상 거부할 수 없는 사정에 의하여 상관의 위법한 명령을 실행하여 범죄행위로 나아간 수명자에게는 강요된 행위로서 책임이 조각될 수 있을 것이며[348] 상관의 명령을 거부할 경우 부하가 파면, 좌천, 사살될 것이 두려운 나머지 위법한 명령을 수행했다면 면책적 긴급피난이 될 수 있을 것이다.[349]

또한 상관의 명령행위와 복종행위가 서로 공범관계에 있는 경우에는 공동정범, 교사범, 종범 등의 책임을 구성하게 되며 위법한 상관의 명령을 적법한 것으로 착각한 경우에는 금지의 착오로서 이해함이 타당하다고 생각된다.[350]


## 3. 구속력 있는 위법명령에 반한 행위

우리 군형법은 적법한 명령에 대한 불복종만을 처벌하고 있

---

348) 상관은 부하에 대하여 범죄행위를 하도록 명령할 직권이 없을 뿐 아니라, 부하 역시 상관의 범죄명령에 대하여 복종할 책임이 없다 할 것인 바, 직무에 관하여 제공된 자동차 승차를 상관이 명하였다 하더라도 하관으로서 이에 복종할 직무가 없을 뿐 아니라 하관인 피고인이 상관의 출장에 동행하여야 할 관행이 있었다 하더라도, 그 관행자체가 범죄행위에 해당한 때에는 역시 그 관행에 따를 의무가 없다 할 것이므로, 피고인의 위와 같은 직무에 관하여 제공된 자동차의 승차행위가 명령이나 관행에 따른 데 불과하다 하더라도 이는 위법조각사유가 될 수 없다 할 것이다(大法 61. 4.1 5 判 4290 형상 201호).
349) 金日秀, 「韓國刑法II」(博英社, 1992), p. 155.
350) Scho nke/Schr der/Lenckner, Strafgesetzbuch, Kommentar, 19. Aufl., 1978;S. 446. Lenckner는 직무상의 명령에 따른 행위가 금지착오의 문제임을 전제하면서 위법한 명령을 이행한 부하의 책임한계를 규정한 독일군형법(WStG) 제5조 1항, 군법 제11조 II의 2 등을 독일적 책임조각의 근거라기보다는 착오의 특별규정으로 보고 있다.
351) 軍刑法 第44條(抗命罪);軍刑法 第47條(命令違反罪).

기 때문에[351] 원칙적으로 위법한 명령을 공포한 상관은 그에게
특별한 사정이 없으면 그는 위법한 명령을 내릴 권한이 없다.[352]

따라서 위법한 명령에 대하여는 복종할 필요도 없고 복종해
서도 안된다. 그러나 명령의 내용이 위법하더라도 구속성이 있
는 명령은 적법한 명령처럼 위법성이 조각된다는 견해[353]도 있
어 이러한 경우에 있어 부하의 불복종책임이 문의되는지의 여
부가 문제된다.

우리 군대의 현행 명령복종체계 아래서는 이러한 경우에 있
어서의 부하행위에 대한 위법성 여부는 아직 명쾌하지 않다.[354]

그러나 [위법성이 배제된다]고 하는 것은 어떤 법규칙의 위
반을 통해서 법규칙을 준수함으로써 보존할 수 있는 가치보다
더 큰 가치를 보존한 경우이다. 즉 어떤 법규칙을 위반함으로써
보존된 가치가 그 법규칙을 보호하고 있는 가치보다 비중이 클
때는 위법성 배제사유가 된다.[355]

따라서 구속력 있는 위법명령에 대한 불복종문제는 위와 같
은 법익의 경중을 엄격히 검토하여야 될 것이며, 명령자체가
'명백한 위법성'을 지니고 있다면 명령에 대한 불복종은 당연

---

352) Ammon, "Der bindende rechtwidrige Befehl" 1926, p. 103.
353) Jescheck은 부하의 복종의무가 구속성 명령에 기인한다고 전제하고 구속성 명령
에 따르는 부하는 구속의무 때문에 비록 그 명령의 내용이 법질서에 위배된다고 하더라
도 적법하다고 주장하면서 법질서에 위배되는 예로써 명령의 이행이 경범죄 또는 허용
되지 않는 행위에 해당하는 경우를 제시한다(Jescheck, a. a. O., S.400). 그리고 책임
조각의 문제는 오직 비구속적 직무상의 명령을 따랐을 경우에만 논의될 수 있다고 본다
(a. a. O).
354) 명령의 위법여부는 결국 사후적 판단에 의하여 결정되는 것이다. 따라서, 사후적
으로 위법한 명령에의 불복종이 문제가 된다면 그 경우 위법한 명령에의 불복종은 사실
상 논의의 여지가 없게 된다. 왜냐하면 위법한 명령에의 법적 구속력은 인정될 수 없기
때문이다. 즉 이 경우 문제되는 것은 명령의 위법성 여부 그 자체이지 일단 위법하다고
판단되면 그에 대한 불복종의 문제는 발생할 여지가 없게 된다.
355) 曹升玉閔庚吉 譯, 前揭書, pp. 226~231.
356) 군인이라 하더라도 상관의 불법명령에는 복종할 의무는 없는 것이므로 상관의 명
령에 따라 범죄행위를 하였다 하여 그 책임을 면할 수 없는 것이다(大法 55.1.28. 판
4287, 형상 230호 大法院 904집 140면;大法 55.4.15 판 4288 형상 9호 대법원 905
호 p. 68;大法 56.8.14 판 4289 형상 91, 대법원 913집 p.99. 各 參照).

히 정당화될 수 있다 하겠다.[356)

## 4. 상관의 위법한 명령에 대한 대처방안

앞에서 살펴본 바와 같이 군형법 및 군인복무규율의 명령복
종에 관한 제반규정의 해석 및 대법원 판례에 의하면, 상관의
위법한 명령에 대해서는 복종의무가 없으며, 오히려 위법한 명
령에 따라 범죄행위를 범한 경우에는 형사처벌을 면하기 어려
운 실정이다. 따라서 상관으로부터 명령을 하달 받은 수명자는
명령의 수행에 앞서 그 명령의 적법성 여부를 반드시 판단해야
한다.

그러나 우리 군조직에 있어서는 군인복무규율 제23조제1항
에 규정된 바와 같이 부하가 상관의 명령에 대하여 신속하게 수
행하는 것을 최고의 미덕으로 여기기 때문에 사실상 상관 명령
의 적법성 여부를 판단해 볼 겨를도 없다. 또한 임관 후 10년 이
상이 경과한 중견 간부들의 대다수는 "임무수행을 위해서는 법
과 규정을 어느 정도 무시하는 요령이 필요하다"거나 "상관의
지시가 불합리하더라도 복종해야 한다"는 가치관을 가지고 있
기 때문에 상관의 명령에 대해 무조건적인 수용의 자세를 취하
기 쉽다.

이처럼 경직된 상명하복의 체계하에서는 상관 스스로 항상
적법한 명령만을 내릴 수 있도록 평소 소양을 쌓아야 한다. 이
에 따라 우리 군인복무규율 제22조에서도 발령자의 책임에 관
한 몇 가지 규정을 두고 있다.

하지만 아직도 법치주의가 완전히 확립되지 아니한 우리 군의 현실에 비추어 보면, 상관으로부터 위법한 명령을 받은 수명자가 이를 이행하지 아니하고 달리 대처할 수 있는 방안은 무엇인가 하는 점을 검토해 보는 것은 매우 의미있는 일인 것이다.[357]

그러나 아직은 한국군대의 현실에서 공식적으로 상관의 위법한 명령에 대한 대처 방안이 모색된 바가 없을 뿐만 아니라, 이러한 문제에 대한 언급 자체가 매우 조심스러운 실정이라 할 수 있다.

먼저 상관의 위법한 명령에 대한 합법적인 대처방안으로 단순한 거부, 건의, 긴급피난으로서의 범법행위, 전역 등을 생각해 볼 수 있다. 단순한 거부는 법적으로는 당연한 방법이지만 이로 인해 상관과의 갈등을 초래하여 다른 문제를 파생할 우려가 있다. 그리고 긴급피난으로서의 범죄행위, 예컨대 상관의 위법한 명령을 회피하기 위해 군무이탈을 하는 경우는 궁극적인 해결수단이 될 수 없을 뿐더러 매우 위험한 발상이라 할 것이다. 또한 상관의 위법한 명령을 피해 전역하는 방안 역시 비현실적인 수단이라 할 것이다.

이에 비해서 건의는 파생되는 문제점을 최소화하면서 상관의 위법한 명령을 시정하는 적극적인 방안으로서 가장 바람직하다고 할 것이다.

군인복무규율 제24조에서도 부하의 건의권한과 상관의 수용의무에 관해 규정하고 있다. 그러나 상관이 부하의 정당한 건의를 수용하지 아니하는 경우에 있어서도 군인복무규율은 부하의

---

357) 이에 대하여 Richard A. Gabriel은 첫째, 사임. 둘째, 저항의 표시로서 구제요청. 셋째, 상급지휘관에 대한 간청. 넷째, 거부 등을 들고 있다.

복종의무만을 강조할 뿐, 다른 유효한 방안을 제시하지 못하고 있어 건의제도는 필연적으로 한계에 봉착하게 된다. 따라서 이러한 경우에도 합법적, 평화적으로 해결할 수 있는 방안을 검토해 볼 필요가 있을 것이다.


## 5. 의견

형법 제20조에 의해 정당하고 적법한 명령에 복종한 행위는 정당행위로서 당연히 처벌할 수 없는 것이다. 반면 위법행위를 행하도록 요구하는 상관의 명령에 대해서도 복종의 의무를 인정하는 것이 법률상 타당한지 여부가 논의되고 있다.

이에 대하여 구속력 없는 위법명령의 경우에는 명백히 위법한 것으로써 책임도 조각되지 않아 처벌되나 구속력 있는 위법명령에 따른 행위에 대하여는 위법성 조각설과 책임조각설을 주장하여 처벌을 감경 또는 면제하고 있는데, 이는 세계 주요국가 대부분의 입장이며 통설이라 할 수 있다.

그러나 M.E. Mayer와 같은 학자는 "법을 거역하여 행동해야 할 법적 의무"라는 것은 명백히 모순된 개념이기 때문에 구속력 있는 위법명령이라는 개념에 대하여 이를 부정하고 있다. 반면에 다른 학자들은 군인의 행동은 신속하고 효율성이 요구되기 때문에 부하의 입장에서 상관의 명령에 대해 합법성과 불법성을 판단한다는 것은 결국 상명하복의 지휘체계가 훼손되고 군기유지에도 저해가 되기 때문에 위법하더라도 구속력이 있는 명령에 대해서는 이를 용인하고 있다. 개인적인 견해로는 불법행위를 하도록 요구하는 명령이 구속력을 가지고 있다는 것은 한 행위가 법적으로 금지되는 동시에 강제된다는 것으로 모순된 개념이기 때문에 타당하지 않다고 생각한다. 따라서 명령이 설령 조직임무의 완수라는 이익 때문에 비중이 적은 다른 이익들의 희생을 정당화한다 하더라도, 수명자의 객관적 기준에 의거 그 명령이 명백한 위법명령으로써 합법적인 명령으로 추정되지 않는 한 구속력 있는 위법명령에 대한 불복종 행위자는 명령의 정당한 권위를 위해서도 처벌되어야 하며 복종한 행위에 대하여는 감경 또는 면제되어야 한다고 생각한다. 이에 관하여 입법론적으로도 구체적인 단서조항이 군형법 등 관계법규에 규정되어야 할 필요가 있다.

# 관련 판례
## (關聯判例)

THE COMMAND RELATIVISM

## ▼ 제44조 항명 ▼

### ● 항명죄의 구성요건

항명죄는 그 객체인 [정당한 상관의 명령]은 당해 명령을 할 수 있는 직권을 가진 장교인 상관이 특정의 군법 피적용자 (개인 또는 특정할 수 있는 다수인)에 대하여 군무에 속하는 특정 사항에 관하여 하명(구두, 서면, 전화, 전선 등의 방법으로 직접 또는 기타자를 통하여 전달하는 명령)된 명백히 불법한 내용이라고는 보여지지 않는 명령(작위 또는 부작위를 요구하는 명확하고 구체적인 의사표시)을 이르는 것이고(따라서 전술한 바와 같은 명령적 규범들은 본죄의 객체가 되지 않는다) 그 행위인 [고의로 불복종]이란 위와 같은 하명을 받은 군법 피적용자가 그 명령의 내용을 인식하였음에도 불구하고 고의적으로(주관적 요건) 이에 복종하지 아니하는 행위(객관적 요건)를 말하는 것이라고 제한적으로 해석하여야 할 것이다.(67. 3. 21. 대법원 63 도 4)

### ● 명령의 의미

군형법 제44조 소정의 명령이라 함은 수명자에 대하여 특정의 작위 또는 부작위를 요구하는 상관의 의사표시로서 군사상의 필요에 의하여 발하여지는 [작전 또는 교육훈련 및 이와 직접적인 관련이 있는 병력통솔에 관한 사항]이 이에 해당한다 할 것이고, 그 명령이 발하여진 구체적인 상황, 그 명령의 군사적 필요성, 이를 거부하였을 경우의 군의 위계질서에 미치는 영향 및 개인의 기본적 인권보장과를 비교 교량하여 해당여부를 결정하여야 할 것인 바, 원심은 피고인들의 소초장의 음주제한 명령이 위 설시에서와 같은 사항에 해당되는 명령인지 여부, 음주제한 명령이 발하여진 때의 구체적인 상황, 해안경계에 임하는 소속대에서 위 제한 명령을 발할 당시에 과연 이와 같은 내용의 명령이 군사상 필요하였는지 여부에 관하여 심리를 다하지 아니하여 판결에 영향을 미친 위법이 있다 할 것이다.(85. 2. 26. 육군 84 항 337)

## 1. 항명죄를 인정하지 아니한 예

### ● 가혹행위를 거부한 것

총검술훈련의 휴식시간 중 깍지끼고 팔굽혀펴기, 브리지(일명 한강철교)등과 함께 선착순 구보를 시킨 것은 가혹행위를 강요한 것이라 보아야 할 것이고 그 선착순 구보 명령에 따르지 않았다 하여 군형법 제44조 소정의 항명죄를 구성한다고는 볼 수 없다 할 것이다.(1989. 2. 10. 육군 88 항 346)

### ● 중대장의 구타금지 교육을 받은 것만으로는 항명죄에서 말하는 상관의 정당한 명령을 받은 것이라 볼 수 없다.

군형법 제44조 소정의 항명죄의 명령이라 함은 군사에 관한 의무를 부과하는 것으로서 그 내용이 특정되어 있어야 하고, 수명자에게 개별적으로 하달되어 복종을 요구하는 것이어야 하며, 단순한 충고나 희망, 요구와는 구별된다 할 것인바, 이 사건 구타 금지 명령을 군사상의 의무와 무관한 일상적 의무에 관한 명령이라 할 것이고 위 중대장 대위 오충주 작성의 진술서(수사

기록 제 95정) 및 동인 작성의 지휘관의견서(수사기록 제 76
정)의 각 기재에 의하면 위 중대장은 평소 구타 및 가혹행위예
방에 관한 교육을 실시한 바 있고, 88. 2. 25. 08:30부터 약 한
시간 동안 구타사고사례(사례집 인용) 및 경험담을 이야기하면
서 구타 및 가혹행위는 중대에서 없어야 한다고 전 중대원을 대
상으로 내무반에서 교육하였다는 사실은 인정할 수 있으나, 위
와 같은 교육은 그 교육시간, 교육대상, 교육내용 등에 비추어
위와 같은 항명죄의 개별적으로 하달된 군사에 관한 의무를 부
과하는 내용의 복종을 요구하는 것으로서의 명령이라고 보기는
어렵다 할 것이다.(1988. 7. 20 육군 88 항 122)

● 애로사항의 건의는 그 표현방법이 반항적이고 다소
불량하더라도 항명 행위에 해당하지 않는다.

피고인은 71. 7. 14 17:40경 소속 중대장의 "소속중대 분대
장 및 향도는 각기 담딩교육과목(피고인은 제식훈련 담당함)에
대하여 동년 7. 17. 연구 발표할 것 및 경계 강화를 위하여 하사
관으로 순찰조를 편성하여 외곽선 경계보초를 순찰하라"는 명
령 사항을 전달하는 선임하사 한흥섭 중사에 대하여 7. 17.은
공휴일이 아니냐, 그리고 주 4회의 야간 순찰은 과하지 아니하
느냐, 7. 17.에는 출근할 수 없다는 등의 불만을 토로한 사실을
인정할 수 있고 이 언사가 불손하여 위한 중사로부터 "그런 애
기는 나에게 할 것이 아니고 중대장에게 하라, 나는 전달 할 뿐
인데 왜 나에게 대어드느냐"라고 말하면서 피고인을 태도가 불
량하다는 이유로 몇 차례 구타한 사실도 인정할 수 있다. 따라
서 위에서 본 바와 같은 피고인의 소위는 전달된 중대장 명령에

대한 단순한 시정건의, 또는 애로사항의 건의로서 볼 것이며, 다만 표현방법이 반항적이고 불량하였음은 인정되나 그렇다고 하여 위 행위가 군형법 제 44조 소정의 항명행위에 해당된다고 할 수 없으므로 원심 판결은 동조의 법리를 오해한 위법이 있고 논지는 이유 있다.(72. 1. 11 육군 71 고군형항 634)

## ● 재량 범위내에 속하는 직무수행

피고인에 대한 원심판시 항명죄 부분에 관하여 살펴보건대, 일건 기록에 의하면, 원심은 피고인 김승곤은 1976. 11. 1. 18:00부터 같은 달 5일 08:00까지 중대 주번 사관 근무명을 받은 자로서 같은 해 10. 25경을 비롯하여 수차에 걸쳐 중대장 대위 강우원으로부터 인원장악을 제대로 하라는 중대장의 명령을 받고도 같은 해 11. 3. 13:00경 외출시간이 지나 외출을 허가할 수 없음에도 불구하고 하사 이창호, 김석철 등을 외출시켜 위 명령에 복종하지 아니하였다는 사실을 인정하였는바, 생각하건대 위와 같이 인원 장악을 제대로 하라는 중대장의 명령이 있은 후 상피고인 이창호 등으로부터 영외에 나가서 라면 한 그릇씩 사먹고 오겠다는 외출허락 요청을 받고 피고인이 이를 허락하여 준 것은 주번사관으로서의 재량범위내에 속하는 하나의 직무수행이라 할 것이며 단지 22:00이후에 외출허락을 한 사실만을 가지고는 상관의 정당한 명령에 반항하거나 복종하지 아니하였다고는 보기 어려움에도 불구하고, 원심이 피고인에게 항명죄를 인정하였음은 항명죄에 대한 법리를 오해하였거나 아니면 사실을 오인하여 판결에 영향을 미친 위법을 범하였다고 할 것이다.(77 .7 20 육군 77 고군형항 29)

● 군 교도소 수형자의 집총훈련 명령은 정당한 명령이라 볼 수 없다.

군형법 제44조 본문의 규정에 의하면 상관의 정당한 명령에 반항하거나 복종하지 아니한 자에 대하여는 동조 각호에 의거 정한 바에 따라 처단한다고 되어 있는 바, 한편, 군행형법시행령 제 97조의 규정에 의하면 수형자의 훈련에는 참모총장이 필요하다고 인정할 때를 제외하고는 집총 기타 무기에 의한 훈련은 이를 과하지 못하게 되어 있음이 분명하니 그렇다면 원심 판시와 같이 피고인들이 그 판시 교관들의 집총명령에 반항하였다고 하여 처벌하려면, 동집총명령이 위 군행형법시행령에서 정한 참모총장의 필요성 인정에 따른 정당한 명령이라야 할 것이다.

따라서 원심으로서는 마땅히 수형자인 피고인들에 대한 집총 훈련에 대한 참모총장의 필요성 인정사실의 유무를 가려 피고인들이 군형법 제44조 위반자 인지의 여부를 판단하였어야 할 것이어 늘 기록상 그리한 사실이 있었다고 볼만한 자료가 있음을 찾아볼 수 없는 이 사건에 있어서 피고인들에 대하여 집총을 명령한 상관의 명령에 반항하였다는 사실만을 가지고 군형법 제44조 제 3호에 해당한다고 하여 처단한 제1심 판결을 그대로 유지하였음은 필경 군행형법시행형 제 97조의 법리를 오해하였거나 심리를 다하지 아니함으로써 판결에 영향을 미친 위법을 범하였다는 비난을 면하기 어렵다고 할 것이다.(77. 7. 12 대법원 77 도 1457)

● 소대장의 일상적 지시

다음 원심이 법리 오해였다는 점에 관하여 살펴건대 군형법

제44조 항명죄 소정의 명령이란 수명자에 대하여 특정의 작위 또는 부작위를 요구하는 상과의 의사표시로서 군사상의 필요에 의하여 발하여지는 작전 또는 교육훈련 및 이와 직접적인 관련이 있는 병력통솔 등에 대한 군사에 관한 의무부과를 내용으로 하는 사항으로서 군의 내무규정을 집행하기 위한 일상 생활상의 의무의 부과와는 다르다고 할 것인바(1985. 2. 26 선고, 고군 84항 337판결 참조) 본 건의 소대장의 일어나라는 지시는 항명죄의 상관의 명령에 해당하지 않는다 할 것이다. 그렇다면 위와 같은 법리를 간과하고 유죄로 인정한 원심은 이건 범죄의 법리를 오해함으로써 판결에 영향을 미친 위법이 있다.(86. 12. 9. 육군 86항 280)

## 2. 항명죄를 인정한 예

● 집단행동을 자제하라는 명령도 항명죄에서 규정한 정당한 명령에 해당한다.

피고인들의 훈육관인 중위 정도진이 소속대 2학년 학생에 대한 폭행사건의 보고를 받은 피고인들에게 지휘계통에 보고하여 적법하게 처리할 테니 피고인들은 군학교 학생의 신분으로서 집단적인 행동을 해서는 아니 됨으로 하사관 후보생 내무반에 몰려가서 항의하는 행동을 하지 말라는 취지의 명령을 한 이상 이는 군형법 제44조 소정의 상관의 정당한 명령에 해당한다 할 것이고, 피고인들이 몰려갔다면 이는 무단이탈죄와는 별도로 항명죄의 구성요건에 해당한다 할 것이므로 법률위반을 내세우는 피고인 김연태의 변호인의 위 항소는 이유 없다.(1986. 2. 3. 공군 85 고군형)

● 전임자의 예에 따라 작전명령을 변경한 경우도 항명 죄에 해당한다.

피고인은 중대장으로부터 1/20의 병력으로 매복 근무하라는 명령을 받았음에도 불구하고 소대장조와 선임하사조로 나누어 매복근무에 임한 것이 전임자의 예에 따른 것이라 할지라도 사실상의 편의를 위하여 수명자의 임의로 편성운행 한 것이므로 그 자체로써 상관의 정당한 명령에 복종하지 아니한 행위의 면책 사유가 되지 못한다.(72. 9. 19. 국방부 72 고군형항 16-1. 2)

● 침묵도 항명이 될 수 있다.

살피건대 상관의 정당한 명령을 따를 의무가 있는 자가 그 명령에 반항하거나 복종하지 아니함으로써 항명죄는 성립된다 할 것이고 그 방법이 비록 침묵이라 하더라도 전후의 행동과 당시의 피고인의 태도 등에 비추어 보아 명령에 복종하지 아니하였음이 명백하다면 본 죄가 성립된다 할 것이므로 본 건에 있어서 피고인의 행위는 이를 인정하기에 충분하며, 또한 상관면전모욕의 점에 있어서도 본 건 전후의 피고인의 행위로 미루어 볼 때 이를 인정하기에 충분하므로 이를 비난하는 주장은 모두 이유 없어 받아들이지 아니하기로 한다.

● 종교상의 이유로 집총을 거부하는 것은 항명죄를 구성한다.

헌법상 모든 국민은 법률이 정하는 바에 의하여 국방의 의무를 지고 있으므로 병역법이 정하는 바에 의하여 병역에 복무할 의무를 가지고 있는 바, 한편 헌법상 모든 국민은 종교의 자유를 가진다고 하여서 그 자유 속에는 같은 헌법에 의한 의무인 병역의무를 거부할 수 있는 자유를 포함한 것은 아니라고 할 것이다. 그리고 병역의 의무중에는 징집으로 군에 입대하여 복무하며 집총훈련을 받을 의무가 있다 할 것이므로 피고인이 [제7일 안식일 예수재림교]를 신봉한다고 하여 징집으로 군에 입대한 피고인이 소속 중대장의 집총훈련을 받으라는 정당한 명령을 거부할 수는 없다고 할 것이다.(65. 12. 21. 대법원 63 도 894)

## ▼ 제47조 명령위반 ▼

### 1. 고의

● 명령의 존재를 알고 있어야 한다.

군형법 제47조의 명령위반자는 고의범으로서 피고인이 그 명령의 존재를 알고서도 이를 위반한 경우에 성립한다고 할 것인 바, 원심판결도 인정하는 바와 같이 피고인은 이 건 복귀명령이 발부되었을 당시 교도소 안에서 수형생활을 하였던 점을 인정할 수 있고 이러한 상태하에서는 복귀명령을 알았다고 주장하기 어려우며 또한 명령을 복종할 상태에 있었다고도 보여지지 아니함에도 불구하고, 원심이 피고인에게 명령위반죄를 인정하였음은 명령위반죄에 대한 법리를 오해한 위법이 있으며 이는 판결에 영향을 미친 위법이라고 할 것이다.(78. 3. 8. 육군 77고군형항 822)

● 고의의 추정

항소이유 요지는 군형법 제47조의 명령 위반죄는 명령을 준수할 의무 있는 자가 명령의 존재와 그 내용을 알고서 이를 위반한 경우에 비로소 성립된다 할 것인데 피고인은 이건 참모총장의 복귀명령을 알지 못하였다고 변소하고 있으며 원심의 모든 증거를 검토하여도 피고인이 위 명령의 존재 및 내용을 알았다고 인정할 만한 자료가 없음에도 불구하고 원심이 피고인에게 위 명령의 존재와 내용을 인식한 것으로 추정한 것은 판결에 영향을 미친 사실오인의 위법이 있다고 함에 있는바 살피건대, 매 3년마다 각 군 참모총장은 군무이탈자에 대해서 복귀명령을 발하고 있는 사실, 동 복귀명령은 신문, 라디오 등 각종 통신수단을 통하여 보도되어지고 있는 사실은 당군법회의에 현저한 사실인데 위 명령이 각종 통신수단에 의하여 전국 각 지역에 보도되어지는 경우라면 특별한 사정이 없는 한(예컨대 해외거주, 절해고도에서의 은기생활 등) 피고인은 위와 같은 명령 사실을 알았다고 추정한 것이 경험법칙상 온당하다고 판단되는 바이므로(1972. 1. 28. 72 도 2164호 대법원 제2부 판결 참조) 변호인의 논지는 이유 없다.(73. 9. 18. 공군 73 고군 23)


● 미국체류로 인하여 명령을 알지 못하는 경우

군형법 제47조의 명령위반죄로서 처벌하려면 피고인이 당해 명령이 있었음을 알았음에도 불구하고 그에 불응 위반하여야 할 것인바, 기록에 의하면 원판시 육군참모총장의 복귀명령이 있을 당시에는 피고인은 미국에서 체류하고 있었음이 분명하고 달리 피고인이 동 명령이 있었음을 알았다고 볼만한 아무런 자료도 찾아볼 수 없음에도 불구하고 원심이 위와 같이 피고인이 동명령에 불응 위반하였다고 하여 위 법조에 의거 처단하였음은 필경 동법조의 명령위반죄에 관한 법리를 오해하였거나 증거 없이 사실을 인정한 위법을 범하였다는 비난을 면할 도리가 없다고 할 것으로서 같은 취지의 논지는 이유 있고 원심판결은 파기되어 마땅하다 할 것이다.(77. 7. 26. 대법원 77 도 2058)

## 2. 명령의 형식이나 요건은 중요하지 않다.

살피건대 원심은 그 판결문에서 위 육군참모총장의 복귀신고 명령은 일일명령, 전투명령 그밖에 회보, 각서, 회장 등의 형식을 갖추지 아니하였으므로 그리고 동 공고문은 단순히 내부적으로 결정된 사항을 외부에 알리는 공시에 불과하기 때문에 피고인이 이에 위반하였다 하여도 명령위반이라고 할 수 없다고 하였다.

군형법 제47조의 명령이라 함은 명령권자가 이행의무가 있는 자에게 그 권한사항 내에서 의무를 과함으로써 성립하는 것이요 달리 그 형태에 있어서 요건이 필요치 않다고 보아야 할 터이니 따라서 상관의 구두명령이나 기타 여하한 형식이건 간에 이를 구별하지 아니한다고 할 것이다.

더욱 원심은 이 참모총장의 신고명령을 단순한 내부적 결정 사항을 외부에 표시한 공시에 불과하다고 하여 명령이 아니라고 하고 있으나 명령이란 내부적으로 하급자에게 과할 의무내용을 결정하고 이를 수명자에게 도달하도록 공시 또는 기타 전달방법으로 전달시키면 되는 것이고 수명자에게 전달이 있을 때에 즉시 그 효력이 발생하는 것이라 볼 것인즉 위 명령을 참모총장의 하급자인 군무이탈자에게 전달하는 방법으로서 각 시, 군, 읍, 면의 게시판이나 벽보 등에 게재하고 또는 신문, 라디오 등을 통하여 전언한 것이 단순한 공시라고 하여 명령의 개념 범위에서 제외시킨 원판결은 법령을 오해하여 이를 적용하지 않은 위법이 있고 이는 명백히 판결에 영향을 주었다 할 것이다.(64. 12. 4. 육군 64 고군형량 374)

## 3. 정당한 명령에 해당하는 경우

### ● 군수품관리법 제15조의 규정

군수품관리법 제15조의 규정을 위반한 때에는 군형법 제 47조의 명령위반죄가 성립한다 할 것이다.(64. 4. 25. 대법원 67도 419)

### ● 사격장 규정

원판결이 유지한 제1심판결이 확정한 사실에 의하면 피고인은 제2사단 17연대 7중대 선임하사직에 있는 자로 제2사단장으로부터 사격장에서는 통제관의 명령 없이는 탄착지점에 들어가지 못하며 고철수집도 하지 못하도록 명령하였음에도 불구하고 피고인은 1967. 7. 11. 17:00경 종합사격장에서 사격후 위 명령을 준수하지 아니하고 통제관의 명령없이 고철수집의 목적으로 출입이 금지된 57미리 무반동총 탄착지점에 소대원 상병 "갑"을 인솔하고 들어감으로써 명령을 위반하였다는 것이므로 군형법 제47조의 명령위반죄가 성립한다 할 것이다.(68. 3. 19. 대법원 68도 21)

## ● 참모총장의 군무이탈자 자수명령

병역법 제26조 및 같은 부칙 30조와 군복무 이탈자의 복무규정 제1조 및 2조의 규정에 의하면 현역병으로서 1961. 5. 17 이후에 그 복무에서 이탈한 자는 그 이탈기간 중에도 현역병의 신분을 상실하는 것이 아니라 할 것인 바 원판결에 의하면 원심은 육군 현역 일등병인 피고인이 위 일자 이후에 군무로부터 이탈자인 사실을 인정하면서도 이 사건에서 문제로 되어있는 육군 참모총장의 "군무이탈병은 1967. 2. 1부터 1967. 2. 28.까지의 사이에 헌병대에 자수하라"는 취지의 명령이 공고된 당시 (1967. 1. 26.)는 피고인이 이미 군무이탈 상태에 있었으니 위 명령을 준수할 의무가 없는 자라고 보아야 한다고 판시하고 있다. 그러나 이미 위에서 본 바에 의하면 피고인은 위 명령 공포 당시 비록 군무로부터 이탈한 상태에는 있었으나 현역병의 신분을 유지하고 있었다 할 것이며 위 명령은 그 내용에 비추어 볼 때 피고인과 같은 군무이탈 현역병을 수령자로 하는 그 직속 상관이 내린 군형법 제 47조 소정의 정당한 명령이라 할 것이니 피고인은 이를 준수할 의무가 있는 것이라 할 것이다. 원심은 군형법 제47조 소정의 명령위반에 관한 법리를 오해한 위법이 있는 것이라고 아니할 수 없다.(68. 5. 28. 대법원 68도 372, 68. 7 16. 대법원 68도 660동지)

## ● 디엠지(D.M.Z) 운영내규

디엠지(D.M.Z) 지대의 혹한기 동계근무계획에 따른 지피초소의 야간 경계근무는 밀어내기식으로 한다는 것은 군내규에 규정된 것으로 소속대장도 이를 변경할 수 없음을 알 수 있을

뿐 아니라 또 내규는 군의 통수작전상 필요한 중요하고도 구체
성 있는 특정사항에 관하여 발하여진 것이라 할 것이며 그리고
디엠지(D.M.Z) 운영내규에 지피소대장 및 선임하사관은 야간
순찰근무를 수행하여야 한다는 규정 역시 위와 같은 군의 통수
작전상의 필요에 의하여 발하여진 것이므로 군형법 제47조에
서 말하는 정당한 명령이라 할 것이다.

● 지오피(G.O.P) 지역에서의 중대장의 명령

피고인은 지오피(G.O.P) 근무중인 소속 소대 소대장으로서,
1983. 9. 11. 13:20경 소대 내무반 선임하사실에서 상황근무자
일병 양영포로부터 일병 양기석이 내무반에서 보이지 않아 주
위의 취사장이나 급수장 등에서 찾아보았는데도 행방을 알 수
없다는 보고를 받고 소대원을 집합시켜 확인해 본 결과 12:40
경 취사장에서 병장 최정규가 양치질하는 것을 목격한 이후에
는 본 사람이 없다는 사실을 알게된 바, ㄱ와 같은 상황에 접한
피고인으로서는 소속 소대가 맡고 있는 지오피(G.O.P) 근무의
특수성으로 인하여 담당구역 내에서 일체의 단독 행동이 금지
될 뿐 아니라 세면이나 용변을 위한 내무반 출입까지도 상황병
이 확인하고 있는 실정 하에서 약 40분이라는 상당한 시간동안
위 양기석의 행방이 묘연하다면 이는 적진으로의 도주나 후방
지역으로의 탈영등 인원보안 사고임이 당연히 예상되므로 이러
한 경우 직속상관인 11중대장 대위 이만호가 1983. 9. 8.
20:00경 지휘소대로는 감당할 수 없는 도주로차단 등의 조치가
상급부대에서 취해질 수 있도록 하여야 한다는 것을 알고 있음
에도 불구하고 약 70분 후인 14:00경에야 중대장에게 지면보

고 하여 위 양기석의 적진으로의 도주를 차단하는 지피(G.P) 차단계획 등의 조치가 취해지지 못하게 함으로써 정당한 이유 없이 상관인 11중대장 대위 이만호의 명령을 위반한 것이다.(84. 4. 10. 육군 83 고군형항 417)

4. 정당한 명령에 해당하지 않는 경우

(1) 군형법 제47조 소정의 명령위반죄에 있어서의 정당한 명령 또는 규칙이라 함은 통수권을 담당하는 기관인 국회가 위임한 통수작용상 필요한 중요하고도 구체성이 있는 특정의 사항에 관한 것을 그 내용으로 하는 것이므로 육군규정 141-5의 제6조(탄약 및 폭발물 취급) 및 동 410의 제6조(탄약처리안전)등은 각 그 규정 및 규칙들의 성질로 보아 통수작용상 필요하고도 중요한 사항에 관한 것이라고는 인정할 수 없다.(87. 7. 30. 육군 87항 123)

(2) 명령위반죄에 있어서의 "정당한 명령"이라 함은 통수권을 담당하는 기관이 입법기관인 국회가 동조로서 위임한 통수작용상 필요한 중요하고도 구체성 있는 특정의 사항에 관한 명령 또는 규칙을 말하는 것(대법원 1969. 2. 18 판결 68도 1846)이라고 풀이되는 바, 이건 판시사실중에 적시된 육군규정 403-10(예비군 보급지원 규정) 제26조, 동규정 141-4(총기 안전 관리규정), OO군단 내규 5-19(예비군 교육 및 훈련장 관리내규) 제19조, 제OOO지단 내규 제6장(안전) 제3조등은 그 각 규정 및 규칙들의 성질상 위 대법원 판례에서 말하는 통수작용상 필요하고도 중요한 사항에 관한 것이었다고 인정되지 않는 바이니 원심판결이 위 명령을 위 군형법 제47조 소정의

"정당한 명령"이었다 하여 그 규정 및 규칙들을 위배한 피고인의 위 판시와 같은 행위는 동조에 위반한 행위라고 단정한 조치는 위 법조에 관한 법리를 오해한 위법이 있다 할 것이다.(83. 11. 15. 육군 83 고군형항 190).

● 일반명령 제37호

육군참모총장의 일반명령 제37호(1979. 12. 22. 구타엄금)는 육군참모총장이 구타행위에 관한 육군의 공론을 통일하여 이를 금할 것을 강조하면서 구타 및 가혹행위를 한 자의 계급에 따라 가할 제재조치에 관하여 일반적 지침을 시달한 것에 불과하므로 군형법 제 47조 소정의 명령에 해당한다고 볼 수 없다.(1984. 5. 15. 대법원 84도 250판결)

● 해군규정 중 보안 업무규정

군형법 제47조의 "명령 또는 규칙"이 통수권을 담당하는 기관인 국회가 위임한 통수작용상 필요하고도 중요한 구체성 있는 특정의 사항에 관하여 발하는 본질적으로는 입법사항인 형벌의 실질적 내용에 해당하는 사항에 관한 것을 그 내용으로 하는 것이므로 해군규정 제230호 보안업무규정(전ㆍ평시용) 제27조 제4호의 규정은 군형법 제47조의 "명령"에 해당하지 않는다고 할 것이다.(81. 6. 30. 해군 81 노 7)

● 육군참모총장의 음주에 관한 명령

피고인은 1967. 11. 10. 육군참모총장이 발한 지휘각서 제13호의 내용을 준수할 의무가 있음에도 불구하고 1970. 2. 8.과

1970. 6. 6. 탁주를 2되 내지 3되 가량 마심으로써 정당한 명령을 위반하였다고 보고, 여기에 군형법 제47조를 적용하여 징역형(1년 간 집행유예)을 선고하고 있다. 그러나 군형법 제47조가 규정하고 있는 명령이라 함은 위에서 본 바와 같은 육군참모총장의 음주에 관한 명령 따위는 성질상 포함되지 아니하고 통수작용상 필요함과 동시에 중요한 사항에 관한 내용의 명령만을 포함하는 것이다. 그렇다면, 원심이 피고인의 위에서 본 바와 같은 음주행위에 대하여 군형법 제47조를 적용한 것은 군형법의 법리를 오해하였다 할 것이다.(1970. 12. 29. 대법원 70도 2130판결, 1971. 2. 11. 선고 69도 113판결 참조)

● 사단장의 야외훈련장에서의 화기단속에 관한 명령

명령위반죄에 있어서의 "정당한 명령"이라 함은 통수권을 담당하는 기관이 입법기관인 국회가 동조로써 위임한 통수작용상 필요한 중요하고도 구체성 있는 특정의 사항에 관하여 발하는 본질적으로는 입법 사항인 형벌의 실질적 내용에 해당하는 사항에 관한 명령을 말하는 것이라고 풀이되는바, 위 판시중의 사단장, 중대장 및 소대장의 야외훈련장에서의 화기단속에 관한 명령은 그 명령내용인 사항의 성질상 대법원 판례에서 말하는 통수작용상 필요하고도 중요한 사항에 관한 것이었다고는 인정되지 않는 바이며 원판결이 위 명령을 위 군형법 제47조 소정의 "정당한 명령"이었다 하여 피고인들의 위 판시와 같은 행위를 동조에 위반되는 행위라고 단정한 조치는 위 법조에 관한 법리를 오해한 위법을 면치 못 할 것이다.(78. 6. 8. 육군 78 고군형항 256)

● 디엠지(D.M.Z) 지대에서의 화목 등 채취를 금하는 대 대장의 명령

원심은 판시사실 중 피고인이 화목을 채취하기 위하여 디엠 지(D.M.Z)에 출입한 행위를 대대장 중령 강창구가 단위대장 회 의석상에서…… 디엠지(D.M.Z) 지대에서는 작전상 필요한 수 색, 매복, 작전도로 정찰 및 방책보수작전 외에는 화목이나 모래 등의 채취 등을 일체 엄금한다는 명령에 위반한 것으로 의율하 고 있는 바, 이런 대위명령은 군형법 제47조의 소위 정당한 명 령 즉 통수권을 담당하는 기관이 국회의 동조로서의 위임에 의 하여 통수작용상 필요한 중요하고도 구체성 있는 특정의 사항 에 관하여 발하는 본질적으로는 입법사항에 속하는 형벌의 실 질적 내용에 해당하는 명령(69. 2. 18 선고 68도 1846 대법원 판례 69도 91 등)에 해당하지 아니한다 할 것이므로 원심은 이 점에 관하여 명령위반죄의 법리를 오해한 잘못이 있어 판결에 영향을 미쳤다 할 것이다.(73. 4. 12. 육군 72 고군형항 508)

● 기대가능성이 없어 명령위반죄를 인정하지 아니한 예

피고인의 항소이유의 요지는 피고인이 사단장 준장 박학선의 명령에 위반하지 아니할 기대가능성이 없다고 주장하므로 살피 건대, 원심 및 당심에서 조사한 제반증거를 모아보면 본 건 사 고당시 피고인이 1, 7, 15 초소를 단초로 운영한 사실은 인정되 나 피고인이 경계하는 디엠지(D.M.G) 내의 초소는 모두 8개이 고, 피고인의 소대병력은 22명인바, 실제로 야간에 초소에 배치 할 수 있는 병력은 상황병 3명, 취사병 2명, 주간 3개초소 3명, 관망대 2명을 제외한 12명에 불과하고 이 12명을 8개초소에

모두 보초로 운용할 수 없다는 것은 숫자상 명백한 것임을 간취할 수 있고, 이러한 사정을 피고인이 중대장에게 보고하여 인원 보충을 요구한 사실을 인정할 수 있다. 이러한 경울 피고인에게 위 명령을 준수할 것을 기대한다는 것은 오인의 경험법칙상 도저히 불가능하다고 할 것임에도 불구하고 원심은 이 점에 관하여 판단을 유탈함으로써 판결에 영향을 미친 소송법규를 위배한 잘못이 있다.(73. 3. 21. 육군 72 고군형항 643)

## ▼ 박종철 고문치사사건 ▼

● 양손을 뒤로 결박당하고 양 발목마저 결박당한 피해자의 양쪽 팔, 다리, 머리 등을 밀어 누름으로써 피해자의 얼굴을 욕조의 물 속으로 강제로 찍어누르는 가혹행위를 반복할 때 욕조의 구조나 신체구조상 피해자의 목 부분이 욕조의 턱에 눌릴 수 있고, 더구나 물 속으로 들어가지 않으려고 반사적으로 반항하는 피해자의 행동을 제압하기 위하여 강하게 피해자의 머리를 잡아 물 속으로 누르게 할 경우는 위 욕조의 형태에 피해자의 목 부분이 눌려 질식현상 등의 치명적인 결과를 가져올 수 있다는 것은 우리의 경험상 어렵지 않게 예견할 수 있다.

● 공무원이 그 직무를 수행함에 있어 상관은 하관에 대하여 범죄행위 등 위법한 행위를 하도록 명령할 직권이 없는 것이고, 하관은 소속상관의 적법한 명령에 복종할 의무는 있으나 그 명령이 참고인으로 소환된 사람에게 가혹행위를 가하라는 등과

같이 명백한 위법 내지 불법한 명령인 때에는 이미 벌써 직무상의 지시명령이라 할 수 없으므로 이에 따라야 할 의무는 없다.

● 설령 대공수사단 직원은 상관의 명령에 절대 복종하여야 한다는 것이 불문율로 되어 있다 할지라도 국민의 기본권인 신체의 자유를 침해하는 고문행위 등이 금지되어 있는 우리의 국법질서에 비추어 볼 때 그와 같은 불문율이 있다는 것만으로는 고문치사와 같이 중대하고 명백한 위법명령에 따른 행위가 정당한 행위에 해당하거나 강요된 행위로서 위법행위에 대한 기대가능성이 없는 경우에 해당하게 되는 것이라고는 볼 수 없다.
더욱이 일건 기록에 비추어 볼 때 위와 같은 위법한 명령이 피고인들이 저항할 수 없는 폭력이나 방어할 방법이 없는 협박에 상당한 것이라고 인정되지 않을 뿐 아니라 같은 피고인들이 그 당시 그와 같은 위법한 명령을 거부할 수 없는 특별한 상황에 있었기 때문에 적법행위를 기대할 수 없었다고 볼 만한 아무런 자료도 찾아 볼 수 없으므로 같은 취지로 위 피고인들의 주장을 배척한 원심의 조치는 정당하고, 논지는 이유 없다.

## ▼ KAL기 폭파사건 ▼

형법 제12조에서 말하는 강요된 행위는 저항할 수 없는 폭력이나 생명, 신체에 위해를 가하겠다는 협박 등 다른 사람의 강요행위에 의하여 이루어진 행위를 의미하는 것이지 어떤 사람의 성장교육과정을 통하여 형성된 내재적인 관념 내지 확신으로 인하여 행위가 스스로의 의사결정이 사실상 강제되는 결과를 낳게 하는 경우까지 의미한다고 볼 수 없다. 피고인이 그 성장교육과정과 그 후 밀봉교육에서의 사상주입으로 사실상 인간도구화 된 하수인이 되었고 귀국 후 참회하고 있으며, 이 사건 진상을 증명할 수 있는 유일한 생존 증인이더라도 다수의 승객, 승무원들이 탑승, 운항중인 국제 민간항공기를 이른바 "남조선 해방과 조국통일"이라는 정치적 목적완성을 위하여 폭파, 희생시킨 범행의 실행에 직접 가담하여 실질적인 임무를 분담, 수행하고 그로 인하여 다수가 살상되었다면 이는 극단의 비윤리적 행위로서 국제협약에서도 이를 엄중한 형벌로 다스리도록 되어 있으며, 결국 대한민국의 존립, 발전 또는 기능을 침해 내지 위협하기 위한 것이었음에 비추어 피고인에게 사형을 선고한 제1심 판결의 형이 너무 무거워 부당하다고 인정되지 않는다.

● 법률적 논점

본 판례는 북한대남공작원 김현희에 의해 자행되었던 KAL기 폭파사건으로 형법 제12조의 강요에 의한 불법명령의 처리 문제를 보여주는 사례이다. 이 사건은 피고인이 북한공작원으로서 강요에 의해 자행된 것이라고 주장하고 강요된 행위의 법리는 자신의 행위가 구성요건에 해당하고 위법함을 알면서도 특수한 부수사정 때문에 행위자가 위법한 행위로 나아갈 수밖에 없는 이례적인 상황, 즉 기대불가능성을 그 적용대상으로 하고 있다. 따라서 위 사건에서 다음과 같이 판결이유를 설명하고 상고를 기각하였다. "피고인이 강요된 행위라는 주장에 대하여 피고인이 북한에서 대남공작원으로 선발되어 항공기의 폭파 지령을 받고 그 범행을 실행할 당시까지 그와 같은 선발을 위한 소환이나 명령을 거절 회피한다는 것은 도저히 있을 수 없는 일로 생각하여 왔다고 진술하고 있고, 피고인의 위와 같은 생각은 피고인이 북한이라는 폐쇄된 사회에서 출생하고 다시 격리된 공간 등에서 약 7년 8개월 동안 김일성에 대한 무조건적인 충성심을 고취하는 사상교육을 받은 결과임을 인정할 수 있기는 하나, 피고인은 제1심 판시와 같이 이 사건 범행을 피고인에게 주어진 당의 크나큰 신임과 배려로, 최고의 영광으로, "남조선 해방과 조국통일"을 위한 것으로 생각하고 한 점의 회의도 없이 신념에 가득 차, 이를 수행하려고 노력한 사실을 인정할 수 있어 피고인이 저항할 수 없는 폭력 또는 생명, 신체에 대한 협박에 의하여 강요되어 이 사건 범행에 이른 것으로 볼 수는 없고, 또한 그와 같은 잘못된 확신이 그의 자유의지에 반하는 성장교육과정에서 형성되었다 하더라도 그에 기초한 이 사건 범행을 강요된 행위라거나 기대가능성이 없는 행위이어서 벌할 수 없는 행위로 볼 수는 없다고 판단하였다.

기록에 비추어 볼 때 원심의 위 사실 인정은 옳고 위 원심인 정사실과 원심이 유지한 제1심 판결이 적법하게 인정한 사실 가운데 피고인이 대남공작원으로 선발됨에 있어서도 남조선 해방을 위하여 투쟁하게 된 것을 영광스럽게 생각하였다는 사실 등에 미루어 보면 원심이 피고인의 이 사건 범행을 강요된 행위로 볼 수 없다고 한 판단은 이를 수긍할 수 있으며 또한 형법 제12조에서 말하는 강요된 행위는 저항할 수 없는 폭력이나 생명, 신체에 위해를 가하겠다는 협박 등 다른 사람의 강요행위에 의하여 이루어진 행위를 의미하는 것이지 어떤 사람이 성장교육 과정을 통하여 형성된 내재적인 관념 내지 확신으로 인하여 행위자 스스로의 의사결정이 사실상 강제되는 결과를 낳게 하는 경우까지 의미한다고 볼 수는 없는 것이므로 원심의 판단에 형법 제12조에 정한 강요된 행위나 기대가능성에 관한 법리오해의 위법이 있다 할 수 없다 하여 논지 이유가 없다고 판시하였으며 이에 따라 상고를 기각하였다.

## ▼ 12·12 사태 및 5·18 민주화운동 관련 판결 ▼

상명하복이 철저히 요구되는 군조직 구성원들에 의해 행하여진 사례를 살펴보고, 명령복종의 행위책임을 검토하여 본다.

### 1. 군사반란과 내란의 가별성

피고인들의 변호인들은 이 사건 피고인 전두환 등에 대한 공소사실이 반란과 내란에 해당한다고 하더라도 피고인들이 그러한 반란과 내란의 과정을 거쳐 확고히 정권을 장악하고 헌법개정절차 등을 통하여 구법질서를 무너뜨리고 새로운 법질서를 수립하는 데에 성공하였으니 피고인들의 행위를 새로운 법질서 아래에서는 처벌할 수 없는 것이라고 주장한다.

생각건대 우리나라는 제헌헌법의 제정을 통하여 국민주권주의 자유민주주의 국민의 기본권보장 법치주의 등을 국가의 근본이념 및 기본원리로 하는 헌법질서를 수립한 이래 여러 차례에 걸친 헌법개정이 있었으나 지금까지 한결같이 위 헌법질서를 그대로 유지하여 오고 있는 터이므로 피고인들이 공소사실과 같이 이 사건 군사반란과 내란을 통하여 폭력으로 헌법에 의하여 설치된 국가기관의 권능행사를 사실상 불가능하게 하고 정권을 장악한 후 국민투표를 거쳐 헌법을 개정하고 개정된 헌법에 따라 국가를 통치하여 왔다고 하더라도 피고인들이 이 사건 군사반란과 내란을 통하여 새로운 법질서를 수립한 것이라고 할 수는 없다.

우리나라의 헌법질서 아래에서는 헌법에 정한 민주적 절차에 의하지 아니하고 폭력에 의하여 헌법기관의 권능행사를 불가능하게 하거나 정권을 장악하는 행위는 어떠한 경우에도 용인될 수 없는 것이다.

그러므로 피고인들이 내세우는 바와 같이 새로운 법질서를 수립하였음을 전제로 한 주장은 받아들일 수 없다.

다만 피고인 전두환 등이 이 사건 내란을 통하여 정권을 장악한 다음 헌법을 개정하고 그 헌법에 따라 피고인 전두환이 대통령에 선출되어 대통령으로서의 직무를 행하였고 다시 그 헌법에 정한 절차에 따라 헌법을 개정하고 그 개정된 헌법(현행 헌법)에 따라 피고인 노태우가 대통령에 선출되어 그 임기를 마치는 등 그 동안에 있었던 일련의 사실에 비추어 마치 피고인들이 새로운 법질서를 형성하였고 나아가 피고인들의 기왕의 행위에 대하여 이를 처벌하지 아니하기로 하는 국민의 합의가 이루어졌던 것처럼 보일 여지가 없지 아니하나 국회는 헌정질서파괴범죄에 대하여 형사소송법상의 공소시효의 적용을 전면적으로 배제하는 헌정질서파괴범죄의 공소시효 등에 관한특례법(이하 [헌정질서파괴범죄특례법]이라 한다)과 바로 그 헌정질서파괴범죄에 해당하는 이 사건 군사반란과 내란행위를 단죄하기 위한 5·18민주화운동 등에 관한 특별법(이하 [5·18특별법]이라고 한다)을 제정하였으며 헌법재판소는 5·18특별법이 합헌이라는 결정을 함으로써 피고인들이 이 사건 군사반란과 내란을 통하여 새로운 법질서를 수립한 것이 아님을 분명히 하였을 뿐만 아니라 헌법개정 과정에서 피고인들의 행위를 불문에 붙이기로 하는 어떠한 명시적인 합의도 이루어진 바가 없었으므로, 특별법이 제정되고 그에 대한 헌법재판소의 합헌결정이 내려진 이상 피고인들은 그들의 정권장악에도 불구하고 결코 새로운 법질서의 수립이라는 이유나 국민의 합의를 내세워 그 형사책임을 면할 수는 없는 것이라고 할 것이다.

이 점에 관한 원심판결의 이유설시에 적절하지 아니한 점이 없는 것은 아니나 이 사건 군사반란과 내란행위가 처벌의 대상이 되는 것으로 본 원심의 결론은 정당하고 거기에 상고이유로 지적하는 바와 같은 법리오해 또는 이유모순의 위법이 있다고 할 수 없다.

## 2. 공소시효의 완성 등

### 가. 5·18특별법 제2조가 위헌이므로 적용되어서는 안 되고 공소시효가 완성되었다는 주장

5·18특별법 제2조는 그 제1항에서 그 적용대상을 [1979년 12월 12일과 1980년 5월 18일을 전후하여 발생한 헌정질서파괴범죄특례법 제2조의 헌정질서파괴범죄행위]라고 특정하고 있으므로 그에 해당하는 범죄는 위 법률 조항의 시행 당시 이미 형사소송법 제249조에 의한 공소시효가 완성되었는지의 여부

에 관계없이 모두 그 적용대상이 됨이 명백하다고 할 것인데 위 법률조항에 대하여는 헌법재판소가 1996년 2월 16일 선고 96헌가2, 96헌마7, 13 사건에서 위 법률 조항이 헌법에 위반되지 아니한다는 합헌결정을 하였으므로 위 법률 조항의 적용범위에 속하는 범죄에 대하여는 이를 그대로 적용할 수밖에 없다고 할 것이다.

그런데 위 피고인들에 대하여 공소가 제기된 군사반란에 관한 범죄 내란에 관한 범죄 및 내란목적살인죄(이하 [이 사건 헌정질서파괴범죄]라 한다)는 1979년 12월 12일과 1980년 5월 18일을 전후하여 발생하였고 이들은 헌정질서파괴범죄특례법 제2조에서 헌정질서파괴범죄로 규정하고 있는 형법 제2편 제1장 내란의 죄 또는 군형법 제2편 제1장 반란의 죄에 해당하는 범죄로서 5·18특별법 제2조의 적용범위에 속하는 범죄임이 명백하므로 이에 대하여는 위 법률 조항을 그 시행 당시 이미 형사소송법 제249조에 의한 공소시효가 완성되었는지의 여부에 관계없이 적용할 수밖에 없다고 할 것이다.

한편 5·18특별법 제2조는 그 적용범위에 속하는 범죄에 대하여는 1993년 2월 24일까지 그 공소시효의 진행이 정지된 것으로 본다고 규정하고 있으므로 이 사건 헌정질서파괴범죄에 대하여는 1993년 2월 25일부터 그 공소시효가 진행한다고 할 것인데 이 사건 헌정질서파괴범죄는 모두 형사소송법 제249조 제1항 제1호에서 규정하고 있는 [사형에 해당하는 범죄]로서 그 공소시효의 기간이 15년이고 그 중 이른바 12·12 군사반란에 관련된 부분의 공소는 1996년 2월 28일에, 이른바 5·18 내란에 관련된 부분의 공소는 1996년 1월 23일과 1996년 2월 7일에 각 제기되었음이 기록상 분명하므로 모두 그 공소시효가 완성되기 전에 공소가 제기되었음이 역사상 명백하다.

이 점에 관한 원심판결의 이유설시에 적절하지 아니한 점이 없는 것은 아니나 그 공소시효가 완성되지 아니하였다고 본 원심의 결론은 정당하다.

3. 이 사건 공소제기가 공소권 남용이라는 주장에 대하여

기록에 의하면 검사가 최초에 이 사건 군사반란과 내란 사건에 대하여 불기소결정을 하였다가 그 후 위 피고인들에 대한 새로운 범죄혐의가 나타나거나 또는 국회에서 이 사건과 관련하여 특별법이 제정되는 등으로 사정이 변경되자 수사를 재기하여 그 수사 결과에 터 잡아 이 사건 공소를 제기하였음을 알 수 있으므로 검사의 위와 같은 공소제기가 공소권을 남용한 것이라고 볼 수는 없고 따라서 위 주장은 받아들일 수 없다.

## ▼ 12·12 군사반란 부분 ▼

1. 피고인 황영시 등 변호인들의 상고이유에 대한 판단
가. 정승화 육군참모총장 체포의 불법성

(1) 정승화 육군참모총장의 체포가 계엄사령부 합동수사본부의 직무상 행위로서 적법하다는 주장에 대하여 원심판결 이유에 의하면 원심은 그 내세운 증거에 의하여 1979년 12월 12일 당시 국군보안사령부 인사처장 겸 계엄사령부 소속 합동수

사본부 조정통제국장이던 피고인 허삼수가 국군보안사령부 사령관 겸 위 합동수사본부 본부장이던 피고인 전두환의 지시에 따라 위 합동수사본부 수사 제2국장 우경윤 등과 함께 대통령의 재가 없이 같은 날 18시 50분경 무장한 제33헌병대 병력을 육군참모총장 공관 주변에 배치하고 같은 날 19시 10분경 위 공관으로 들어가서 총으로 위협하는 가운데 육군참모총장 육군대장 정승화를 강제로 끌고 나와 같은 날 19시 30분경 국군보안사령부 서빙고 분실로 연행한 사실, 위 피고인들이 정승화 총장을 체포할 당시 그에 대한 강제수사가 필요하지도 아니하였을 뿐만 아니라 그 체포 목적이 그의 범죄를 수사하는 데에 있었던 것이 아니라 군의 지휘권을 실질적으로 장악하는 것을 지지 내지 동조하는 세력을 규합 확산하고 그에 대한 반대세력을 약화 동요시키기 위한 데에 있었던 사실 등을 인정한 다음 위와 같은 정승화 총장의 강제연행행위는 위법한 체포행위라고 판단하였는바 기록에 비추어 살펴보면 원심의 위 사실인정 및 판단은 정당한 것으로 수긍이 간다.

　더욱이 위 체포 당시 시행되고 있던 군법회의법에 의하면 군인인 피의자를 구속할 경우에는 검찰관이 사전에 관할관의 구속영장을 받아야 하는 것이 원칙이고(1987년 12월 4일 법률 제3993호 군사법원법으로 전문 개정되기 전의 제237조 제1.항) 긴급을 요하여 관할관의 구속영장을 발부 받을 수 없는 때에 군사법경찰관이 피의자를 구속하는 경우에는 미리 검찰관의 지휘를 받아야 하며 다만 특히 급속을 요하여 미리 지휘를 받을 수 없는 사유가 있을 때에는 사후에 즉시 검찰관의 승인을 받도록 되어있었는바(1981년 4월 17일 법률 제3444호로 개정되기 전의 제242조 제1항 제2항) 당시 범죄수사를 목적으로 육군

참모총장을 체포하는 경우에는 현행범이거나 긴급구속의 필요가 인정되는 경우를 제외하고는 사전에 검찰관이 관할관(육군참모총장을 지휘 감독할 권한이 있는 국방부장관)의 구속영장을 발부받아야 하는 것으로 해석된다.

정승화총장의 강제연행행위는 법률에 규정된 체포절차를 밟지 아니한 것으로서 위법함을 면할 수 없다고 할 것이다.

(2) 대통령의 재가에 의하여 정승화 총장의 체포행위 등이 정당화되었다는 주장

기록에 의하여 살펴보면 피고인 전두환이 1979년 12월 12일 18시 20분경 국무총리 공관에 가서 최규하 대통령에게 정승화 총장의 체포에 대한 재가를 요청하였을 때 대통령이 묵시적으로라도 이를 승낙하였다고 볼 수 있는 자료가 없고 오히려 이를 거절하였음을 알 수 있다.

대통령이 1979년 12월 13일 05시 10분경 정승화 총장의 체포를 재가하였다고 하더라도 이는 정승화 총장이 체포되고 뒤에서 보는 바와 같이 피고인들이 동원한 병력에 의하여 육군본부와 국방부가 점령되고 육군참모차장 육군중장 윤성민 수도경비사령부 사령관 육군소장 장태완 등 육군의 정식지휘계통을 이루면서 피고인들의 반란을 저지 또는 진압하려고 한 장성들이 제압된 후에 이루어진 것으로서 이는 사후 승낙에 불과하며 사후 승낙에 불과한 위 재가로 인하여 이미 성립한 피고인들의 기왕의 반란행위에 해당하는 정승화 총장의 체포행위나 병력동원 행위가 정당화될 수는 없다고 할 것이므로 위 주장은 받아들일 수 없다.

(3) 정승화 총장의 체포행위가 반란에 해당하지 아니한
다는 주장

군형법상 반란죄는 다수의 군인이 작당하여 병기를 휴대하고
국권에 반항함으로써 성립하는 범죄이고 여기에서 말하는 국권
에는 군의 통수권 및 지휘권도 포함된다고 할 것인 바 피고인들
이 대통령에게 정승화 총장의 체포에 대한 재가를 요청하였다
고 하더라도 이에 대한 대통령의 재가 없이 적법한 체포절차도
밟지 아니하고 정승화 총장을 체포한 행위는 정승화 총장 개인
에 대한 불법체포행위라는 의미를 넘어 대통령의 군통수권 및
육군참모총장의 군지휘권에 반항한 행위라고 할 것이며 원심이
적법이 인정한 바와 같이 피고인들이 작당하여 병기를 휴대하
고 위와 같은 행위를 한 이상 이는 반란에 해당한다고 할 것이
므로, 위 주장은 받아들일 수 없다.

나. 대통령을 강압하지 아니하였다는 주장

원심은 피고인 전두환이 1979년 12월 12일 20시 20분경 대
통령 경호실장 직무대리 육군준장 정동호, 대통령 경호실 작전
담당관 육군대령 고명승에게 지시하여 그들로 하여금 대통령의
승인이나 대통령 비서실과의 협의 없이 청와대 경비업무를 담
당하고 있던 제55경비대대 병력을 이끌고 당시 대통령이 사용
하고 있던 국무총리 공관으로 출동하여 같은 날 20시 40분경 위
공관의 경비업무를 담당하고 있던 대통령 특별경호대장 육군중
령 구정길과 특별경호대원들의 무장을 해제시킨 후 그곳 막사
에 억류하고, 위 제55경비대대 병력으로 위 공관을 장악하고 그

곳에 대한 출입을 통제하는 방법으로 위 공관을 점거 포위하게 한 사실, 이어서 피고인 전두환이 당시의 국방부 군수차관보 육군중장 피고인 유학성, 제1군단장 육군중장 피고인 황영시, 수도군단장 육군중장 피고인 차규헌 및 당시의 제71훈련단장 육군준장 백운택과 제1공수여단장 육군준장 박희도 등과 함께 같은 날 21시 30분경 국무총리 공관으로 가서 대통령에게 집단으로 정승화총장의 연행 조사에 대한 재가를 재차 요구하면서 대통령을 강압한 사실을 인정한 다음, 이는 대통령의 군통수권에 반항하는 행위로서 반란에 해당한다고 판단하였는바, 기록에 비추어 살펴보면 원심의 위 사실인정 및 판단은 정당하다.

그리고 원심이 적법하게 인정한 사실과 기록에 의하면 대통령이 육군참모총장 공관에서 총격사건이 있었다는 보고를 받아 이를 알고 있는 상황에서 위 정동호 등이 국무총리 공관을 점거 포위한 가운데 위 피고인 등 수도권의 군지휘관 등이 늦은 저녁시간에 갑자기 집단으로 대통령을 방문하여 1시간이 넘도록 머물면서 정승화 총장의 체포에 대한 재가를 거듭 요구하였음을 알 수 있는 바, 이러한 행위는 당시의 상황에 비추어 볼 때 대통령에 대한 강압이라고 보지 아니할 수 없으므로 이와 반대되는 주장은 받아들일 수 없다.

다. 병력동원의 불법성

(1) 피고인들의 병력동원이 적법한 행위라는 주장

피고인들이 정승화 총장을 체포한 행위가 반란에 해당함은 앞서 본 바와 같고, 한편 정승화 총장이 반란집단에 의하여 체포됨으로써 사고를 당하였으므로, 당시 시행되고 있던 국군조직법에 의하여 윤성민 차장이 정승화 총장을 대행하여 육군을 지휘 감독할 권한이 있었고 따라서 위 윤성민 차장이 앞서 본 바와 같이 정승화 총장의 석방 명령에 불응하는 피고인들의 공격에 대비하거나 피고인들을 진압하기 위하여 부대의 출동준비 또는 출동을 명령한 것은 정당한 직무집행에 해당한다고 할 것이다.

그리고 당시 시행되고 있던 수도경비사령부설치령에 의하면, 수도경비사령부는 한강 이북의 수도권 일원과 특정경비구역(국가원수가 위치하는 지역으로서 경호를 위하여 필요한 상당한 범위의 지역)의 안전질서를 유지할 목적으로 육군에 설치된 부대로서 국가원수의 경호 및 특정경비구역의 경비, 긴급사태에 있어서의 수도방위 등을 그 임무로 하게 되어 있는 바 장태완 수경사령관이 앞서 본 바와 같이 피고인들에 대하여 공격을 준비한 행위는 반란집단인 피고인들로부터 국가원수를 경호하고 특정경비구역을 경비하며 수도 서울에서 일어난 반란행위를 진압하기 위하여 한 행위라고 할 것이므로, 이는 수도경비사령부의 임무를 수행한 것으로서 정당한 직무의 집행에 해당한다고 할 것이다.

(2) 당시 육군의 정식지휘체계가 완전히 붕괴되어 윤성민 차장 등의 육군에 대한 명령과 지휘가 위법하거나 무효라는 주장

원심은 국방부장관 노재현이 1979년 12월 12일 21시 30분

경 육군본부에 도착하여 윤성민 차장 등으로부터 피고인들의
반란행위와 그 동안의 경과를 보고 받은 뒤 자체 방위능력을 갖
지 못한 육군본부로부터 방위능력이 있는 수도경비사령부로 육
군지휘부를 옮기도록 윤성민 차장에게 명령하고, 자신은 김종
환 합참의장 등과 함께 감청방지장치가 설치된 한미연합사 사
령부로 가서 그곳에서 윤성민 차장 등과 연락을 취하면서 22시
30분경에는 대통령과 전화통화까지 한 사실, 윤성민 차장 등 육
군의 수뇌부는 그 무렵 육군 지휘부를 수도경비사령부로 옮긴
뒤 국방부장관 및 예하부대와 통신축선을 유지하면서 피고인들
의 반란에 대처한 사실을 인정한 다음, 당시 육군의 정식 지휘
체계가 붕괴되어 윤성민 차장 등의 명령과 지휘가 위법하다거
나 무효인 경우에 해당한다고 할 수 없다고 판단하였는 바, 기
록에 비추어 살펴보면 원심의 위와 같은 사실인정과 판단은 정
당하다.

## 라. 지휘부를 설치 운영하지 아니하였다는 주장

원심은 피고인 전두환과 노태우가 그들을 지지하는 피고인
유학성 황영시 차규헌 최세창 등을 역시 그들을 지지하는 피고
인 장세동의 사무실인 제30경비단 단장실에 집결시켜 유사시
병력을 동원할 수 있는 지휘부를 구성하기로 결의하고, 피고인
노태우와 전두환의 연락에 따라 피고인 노태우 유학성 황영시
차규헌 최세창 장세동 등이 1979년 12월 12일 18시경 부터 같
은 날 19시경 사이에 제30경비단 단장실에 집결하여 지휘부로
기능하고, 한편 피고인 전두환은 피고인 허화평으로 하여금 당
시의 보안사령부 정보처장 권정달, 보안처장 정도영 등과 함께

보안사 상황실을 거점으로 하여 각급부대 지휘관의 전화를 도청하는 등의 방법으로 부대동향과 병력이동상황을 파악하여 수시로 위 지휘부에 보고하게 한 사실을 인정하였는바, 기록에 비추어 살펴보면 원심의 위 사실인정은 정당하다.

마. 반란의 모의 등

(1) 반란의 모의 또는 공동실행의 의사가 없었다는 주장

원심은 피고인 전두환, 노태우를 비롯하여 피고인 황영시 차규헌 최세창 장세동 허화평 허삼수 이학봉은 군의 지휘권을 장악하기 위하여 정승화 총장의 체포, 그 후의 대통령에 대한 강압 병력동원 등의 반란행위에 대하여 개별적 또는 순차적으로 모의한 것으로 볼 수 있으며, 적어도 정승화 총장의 체포를 알고 난 뒤 이를 용인하고 지지하면서 집단을 이루어 병력을 동원하거나 이에 가담한 이상, 공모하여 반란행위를 저지른 것으로 볼 수 있고, 피고인 박종규 신윤희는 위 병력동원행위가 반란행위임을 인식하고 이를 공동으로 실행할 의사를 가졌던 것으로 볼 수 있다고 판단하였는바, 기록에 비추어 살펴보면, 원심의 위와 같은 사실인정 및 판단은 정당한 것으로 수긍이 간다.

(2) 반란죄의 공동실행의 의사등에 관한 이유불비가 있다는 주장

반란죄를 범한 다수인의 공동실행의 의사나 그중 모의참여자의 모의에 대한 판시는 그 공동실행의 의사나 모의의 구체적인

일시, 장소, 내용 등을 상세하게 판시하여야만 하는 것은 아니고, 그 공동실행의 의사나 모의가 성립된 것이 밝혀지는 정도면 족하다고 할 것인바, 이유불비의 위법이 있다고 할 수 없다.

## 〈명령불복종행위의 위법성 및 책임성〉

상관의 명령에 따른 것으로서 정당행위라는 피고인 허삼수, 박종규, 심윤희 변호인들의 주장에 대하여 피고인 허삼수가 피고인 전두환의 지시를 받고 병력을 이끌고 가서 정승화 총장을 체포한 행위나 피고인 박종규가 제3공수여단장인 피고인 최세창의 지시를 받고 병력을 이끌고 가서 정병주 특전사령관을 체포한 행위 및 피고인 신윤희가 수도경비사령부 헌병단장 조홍의 지시를 받고 병력을 이끌고 가서 장태완 수경사령관을 체포한 행위는 앞서 본바와 같이 모두 상관의 위법한 명령에 따라서 범죄행위를 한 것이므로, 위 피고인들이 각자의 직근상관의 명령에 따라 위와 같은 행위를 하였다고 하여 위 피고인들의 행위가 정당행위가 된다고 할 수는 없다고 할 것이다.

위법성의 인식이 없거나 기대가능성이 없어 책임이 조각된다는 피고인 허삼수, 이학봉, 박종규, 신윤희의 변호인들의 주장에 대하여 앞서 본 바와 같이, 피고인 허삼수, 이학봉은 정승화 총장의 체포행위가 위법한 것임을 알면서도 피고인 전두환과 함께 이 사건반란을 모의하여 정승화 총장의 구체적인 체포 계획을 수립하고, 피고인 허삼수는 이를 실행하였으며, 피고인 박종규, 신윤희의 경우에도 각자의 직근상관의 명령이나 이에 따른 정병주 특전사령관 또는 장태완 수경사령관의 체포행위가 상급

상관인 위 정병주 또는 장태완 및 육군의 정식지휘계통에 반항하는 것임을 알면서도 이 사건 반란에 가담하였던 것이므로, 위 피고인들이 그 위법성을 인식하지 못하였다고 볼 수는 없다.

## 2.검사의 상고이유에 대한 판단

### 다. 피고인 박준병의 반란의 점에 대하여

원심은 육군 정식지휘계통이 제20사단을 적극적으로 장악하여 그 동원을 해보려고 시도하여 본 일이 없고, 다만 공동피고인 전두환 등 반란집단을 위하여 제20사단이 동원되는 것을 저지하려고 하였음에 불과한 점, 피고인 박준병이 적어도 불암산에 주둔하고 있는 제20사단 제62연대는 언제라도 반란집단을 위하여 동원할 수 있었음에도 불구하고 동원하지 아니한 점, 제20사단을 움직이지 못하게 한 피고인 박준병의 조치는 육군본부의 제20사단에 대한 출동금지지시와 오히려 일치한 점, 피고인 박준병이 제30경비단에 남아 있으면서도 반란집단을 위하여 뚜렷하게 기여한 바가 없었으며, 다른 피고인들과 일치된 행동을 하지 아니한 점 등이 드러나므로, 피고인 박준병이 12월 12일 저녁에 제30경비단의 모임에 참석하고 부대에 복귀하지 아니한 채 참모들에게 부대를 잘 장악하고 자신의 육성지시 없이는 부대출동을 하지 말라고 지시하였다고 하여, 이를 가지고 바로 피고인 박준병이 제30경비단에서 반란지휘부에 참여하고 반란의 범의를 가지고 육군 정식지휘계통의 제20사단 부대장악을 저지 방해함으로써 반란에 가담하였다고 보기는 어렵고, 달리 이 사건에서 채용된 증거를 종합하여도 피고인 박준병이 반란지휘부의 일원이 되어 반란에 가담하였다고 인정하기에 부족하므로, 피고인 박준병에 대한 공소사실은 그 범죄의 증명이 없는 때에 해당한다고 판단하였다.

형사재판에서의 유죄의 인정은 법관으로 하여금 합리적인 의심을 할 여지가 없을 정도로 공소사실이 진실한 것이라는 확신을 가지게 하는 엄격한 증거에 의하여야 하고, 이러한 정도의 심증을 형성하는 증거가 없다면 설령 피고인에게 유죄의 의심이 간다고 하더라도 피고인의 이익으로 판단할 수밖에 없다고 할 것이다(대법원 1993년 3월 23일 선고 92도3327 판결, 1995년 12월 12일 선고 94도2253 판결, 1996년 3월 8일 선고 95도3081 판결 등 각 참조).

위와 같은 법리와 기록에 비추어 살펴볼 때, 원심이 제5공화국전사의 증거능력을 배척한 조처나, 피고인 박준병이 반란의 범의를 가지고 이 사건 반란에 가담하였음을 인정할 만한 증거가 없다고 한 판단은 정당한 것으로 수긍이 간다.

이 점에 대하여는 대법관 천경송, 대법관 지창권, 대법관 이용훈, 대법관 이임수, 대법관 송진훈의 반대의견이 있다.


# ▼ 5.18 내란 등 사건 부분 ▼

## 〈 국헌문란의 목적 〉

(1) 비상계엄의 전국확대와 국가보위비상대책위원회의 설치가 국헌문란에 해당하지 아니한다는 주장에 대하여

원심은 형법 제91조 제2호에 의하면, 헌법에 의하여 설치된 국가기관을 강압에 의하여 전복 또는 그 권능행사를 불가능하게 하는 것을 국헌문란의 목적의 하나로 규정하고 있는데, 여기에서 [권능행사를 불가능하게 한다]고 하는 것은 그 기관을 제도적으로 영구히 폐지하는 경우만을 가리키는 것은 아니고 사실상 상당기간 기능을 제대로 할 수 없게 만드는 것을 포함한다고 해석하여야 한다고 전제하고는, 그 내세운 증거에 의하여, 피고인들이 이른바 12월 12일 군사반란으로 군의 지휘권과 국가의 정보기관을 실질적으로 완전히 장악한 뒤, 정권을 탈취하기 위하여 1980년 5월 초순경부터 비상계엄의 전국확대, 비상대책기구설치 등을 골자로 하는 이른바 [시국 수습방안] 등을 마련하고, 그 계획에 따라 같은 달 17일 비상계엄을 전국적으로 확대하는 것이 전군지휘관회의에서 결의된 군부의 의견인 것을 내세워 그와 같은 조치를 취하도록 대통령과 국무총리를 강압하고 병기를 휴대한 병력으로 국무회의장을 포위하고 외부와의 연락을 차단하여 국무위원들을 강압 외포시키는 등의 폭력적 불법수단을 동원하여 비상계엄의 전국확대를 의결 선포하게 함으로써, 국방부장관의 육군참모총장 겸 계엄사령관에 대한 지휘감독권을 배제하였으며, 그 결과로 비상계엄 하에서 국가행정을 조정하는 일과 같은 중요국정에 관한 국무총리의 통할권 그리고 국무회의의 심의권을 배제시킨 사실, 같은 달 27일 그 당시 시행되고 있던 계엄법(1981년 4월 17일 법률 제3442호로 전문개정되기 전의 것, 이하 같다) 제9조, 제11조, 제12조 및 정부조직법(1981년 4월 8일 법률 제3422호로 개정되기 전의 것) 제5조에 근거하여 국가보위비상대책위원회 및 그 산하의 상임위원회를 설치하고, 그 상임위원장에 피고인 전두환이 취

임하여 공직자 숙정, 언론인 해직, 언론 통폐합 등 중요한 국정
시책을 결정하고 이를 대통령과 내각에 통보하여 시행하도록
함으로써, 국가보위비상대책상임위원회가 사실상 국무회의 내
지 행정 각 부를 통제하거나 그 기능을 대신하여 헌법기관인 행
정 각 부와 대통령을 무력화시킨 사실 등을 인정한 다음, 피고
인들이 비상계엄을 전국으로 확대하게 하여 비상계엄 하에서
국가행정을 조정하는 일과 같은 중요국정에 관한 국무총리의
통할권과 이에 대한 국무회의의 심의권을 배제시킨 것은 헌법
기관인 국무총리와 국무회의의 권능행사를 강압에 의하여 사실
상 불가능하게 한 것이므로 국헌문란에 해당하며, 국가보위비
상대책위원회를 설치하여 헌법기관인 행정 각 부와 대통령을
무력화시킨 것은 행정에 관한 대통령과 국무회의의 권능행사를
강압에 의하여 사실상 불가능하게 한 것이므로 역시 국헌문란
에 해당한다고 판단하였는바, 구 계엄법과 구 정부조직법 등 관
계법령의 각 규정과 기록에 비추어 볼 때 원심의 위와 같은 사
실인정 및 판단은 정당하다.

(2) 시위진압행위가 국헌문란에 해당하지 아니한다는
등의 주장에 대하여

원심은 국민이 개인으로서의 지위를 넘어 집단이나 집단 유
사의 결집을 이루어 헌법을 수호하는 역할을 일정한 시점에서
담당할 경우에는 이러한 국민의 결집을 적어도 그 기간 중에는
헌법기관에 준하여 보호하여야 할 것이고, 따라서 이러한 국민
의 결집을 강압으로 분쇄한 행위는 헌법기관을 강압으로 분쇄
한 것과 마찬가지로 국헌문란에 해당한다고 전제한 다음, 이 사

건의 경우 피고인들의 국헌문란행위에 항의하는 광주시민들은 주권자인 국민이 헌법수호를 위하여 결집을 이룬 것이라고 할 것이므로, 광주시민들의 시위를 피고인들이 병력을 동원하여 난폭하게 제지한 것은 강압에 의하여 그 권한행사를 사실상 불가능하게 한 것이어서 국헌문란에 해당하며, 그렇지 아니하다고 하더라도 원래 국헌문란의 죄에 있어서 강압의 대상과 폭동의 대상은 분리될 수 있는바, 피고인들이 국헌문란행위에 항의하는 광주시민의 시위를 난폭하게 제압함으로써 헌법기관인 대통령과 국무위원들을 강압, 외포하게 하는 효과를 충분히 거두었으므로, 이러한 측면에서도 피고인들의 시위진압행위는 국헌문란행위에 해당한다고 판단하였다.

생각건대, 헌법상 아무런 명문의 규정이 없음에도 불구하고, 국민이 헌법의 수호자로서 지위를 가진다는 것만으로 헌법수호를 목적으로 집단을 이룬 시위국민들을 가리켜 형법 제91조 제2호에서 규정하고 있는 [헌법에 의하여 설치된 국가기관]에 해당하는 것이라고 말하기는 어렵다 할 것이다. 그리고 원심이 형법 제91조가 국헌문란의 대표적인 형태를 예시하고 있다고 본 것도 수긍하기 어렵다 할 것이다. 따라서, 위 법률 조항에 관한 법리를 오해하여 헌법수호를 위하여 시위하는 국민의 결집을 헌법기관으로 본 원심의 조처는 결국 유추해석에 해당하여 죄형법정주의의 원칙을 위반한 것이어서 허용될 수 없다고 할 것이다.

그러나, 원심이 적법하게 인정한 바와 같이, 피고인들이 1980년 5월 17일 24시를 기하여 비상계엄을 전국으로 확대하는 등 헌법기관인 대통령, 국무위원들에 대하여 강압을 가하고 있는 상태에서, 이에 항의하기 위하여 일어난 광주시민들의 시위는 국헌을 문란하게 하는 내란행위가 아니라 헌정질서를 수호하기 위한 정당한 행위이었음에도 불구하고 이를 난폭하게 진압함으로써, 대통령과 국무위원들에 대하여 보다 강한 위협을 가하여 그들을 외포하게 하였다면, 이 사건 시위진압행위는 피고인들이 헌법기관인 대통령과 국무위원들을 강압하여 그 권능행사를 불가능하게 한 것으로 보아야 하므로 국헌문란에 해당하고, 이는 피고인들이 국헌문란의 목적을 달성하기 위한 직접적인 수단이었다고 할 것이다.

같은 취지의 원심의 사실인정 및 가정적인 판단은 정당하므로, 결국 앞서 본 원심의 잘못은 판결에 영향이 없다고 할 것이다.

### (3) 국헌문란의 목적이 없었다는 주장에 대하여

원심은 1981년 1월 24일 비상계엄의 해제에 이르기까지, 이른바 예비검속, 비상계엄의 전국확대, 국회의사당 점거 폐쇄, 보안목표에 대한 계엄군 배치, 광주시위진압, 국가보위비상대책위원회의 설치 운영, 정치활동 규제 등 일련의 행위를 강압에 의하여 행한 사실을 인정한 다음, 피고인들이 행한 위와 같은 일련의 행위는 결국 강압에 의하여 헌법기관인 대통령 국무회의 국회의원 등의 권한을 침해하거나 배제함으로써 그 권능행사를 사실상 불가능하게 한 것이므로 국헌문란에 해당하며, 위일련의 행위에 이르게 된 동기, 그 경위 및 결과 등을 종합하여 볼 때, 피고인들이 1980년 5월 17일을 전후한 이 사건 범행 당시에 국헌문란의 목적을 가지고 있었다고 보아야 한다고 판단하였는바, 기록에 비추어 살펴보면 원심의 위와 같은 사실인정 및 판단은 정당하다.

〈폭동성관련〉

① 비상계엄의 전국확대에 폭동성이 없다는 주장

비상계엄의 전국확대 그 사실 자체만으로도 국민기본권이 제약될 수 있다는 위협을 주는 측면이 있고, 민간인인 국방부장관은 지역계엄실시와 관련하여 계엄사령관에 대하여 가지고 있던 지휘감독권을 잃게 되므로(제9조), 군부를 대표하는 계엄사령관의 권한이 더욱 강화됨은 물론 국방부장관이 계엄업무로부터 배제됨으로 말미암아 계엄업무와 일반국정을 조정 통할하는 국무총리의 권한과 이에 대한국무총리의 심의권마저도 배제됨으로써, 헌법기관인 국무총리와 국무위원들이 받는 강압의 효과와 그에 부수 하여 다른 국가기관의 구성원이 받는 강압의 정도가 증대된다고 할 것이며, 따라서 비상계엄의 전국확대조치가 내란죄의 구성요건인 폭동의 내용으로서의 협박행위가 되므로 이는 내란죄의 폭동에 해당한다고 할 것이다.

② 비상계엄 선포나 확대의 법률요건 구비 여부는 통치행위로서 사법심사의 대상이 되지 아니하므로, 이 사건 비상계엄 전국확대조치가 범죄행위에 해당하지 아니한다는 주장

대통령의 비상계엄의 선포나 확대행위는 고도의 정치적·군사적 성격을 지니고 있는 행위라 할 것이므로, 그것이 누구에게도 일견하여 헌법이나 법률에 위반되는 것으로서 명백하게 인

정될 수 있는 등 특별한 사정이 있는 경우라면 몰라도 그러하지
아니한 이상, 그 계엄선포의 요건구비 여부나 선포의 당·부당
을 판단할 권한이 사법부에 없다고 판단할 것이나, 이 사건과
같이 이 비상계엄의 선포나 확대가 국헌문란의 목적을 달성하
기 위하여 행하여진 경우에는 법원 그 자체가 범죄행위에 해당
하는지의 여부에 관하여 심사할 수 있다고 할 것이고, 이 사건
비상계엄의 전국확대조치가 내란죄에 해당함은 앞서 본 바와
같다. 그러므로, 이 점에 관한 원심판결의 이유설시에 적절하지
아니한 점이 없는 것은 아니나, 이 사건비상계엄의 전국확대조
치가 범죄행위에 해당한다고 본 원심의 결론은 정당하다.

### 〈시위진압행위에 폭동성이 없다는 주장〉

계엄군이 난폭하게 광주시민의 시위행위를 진압한 행위가 내
란의 구성요소인 폭동의 내용으로서의 폭행·협박에 해당함은
명백하고, 기록에 의하면, 피고인들이 국헌문란의 목적을 달성
하기 위하여 그러한 목적이 없는 계엄군을 이용하여 위와 같이
난폭하게 시위를 진압하였음을 알 수 있으므로, 이는 피고인들
이 간접정범의 방법으로 내란죄를 실행한 것으로 보아야 할 것
인바, 원심판단은 정당하다.

### 〈개별행위에 폭동성이 없다는 주장〉

앞서 본 바와 같이 내란죄의 구성요건인 폭동의 내용으로서
의 폭행·협박은 최광의의 폭행·협박을 뜻하는 것으로서, 이

를 준비하거나 보조하는 행위를 전체적으로 파악한 개념이라고 할 것인바, 이 사건 비상계엄 전국확대를 전후하여 취하여진 이른바 예비검속에서 시작하여 비상계엄의 해제에 이르는 일련의 개별행위는 비상계엄의 전국확대조치로 인한 폭동행위를 유지 또는 강화하기 위하여 취하여진 조치들로서 그 폭동성을 인정할 수 있다고 할 것이므로, 원심판단은 정당하다.

## 〈내란 모의와 실행행위에 가담하지 아니하였다는 주장〉

피고인들이 일련의 폭동행위 전부에 대하여 이를 모의하거나 관여한 바가 없다고 하더라도, 내란집단의 구성원으로서 전체로서의 내란에 포함되는 개개의 행위에 대하여 부분적으로라도 그 모의에 참여하거나 기타의 방법으로 기여하였음이 인정되는 이상, 하나의 내란을 구성하는 위 일련의 폭동행위 전부에 대하여 내란의 책임을 면할 수 없다고 판단하였는바, 기록에 비추어 살펴보면, 원심의 위와 같은 사실인정 및 판단은 정당하다.

## 〈내란목적살인 관련〉

살인에 대한 공동실행의 의사가 없고, 그 실행행위에 가담한 바가 없으며, 살인과 국헌문란의 목적 사이에 직접 관련성이 없다는 주장, 광주재진입작전(이른바 [상무충정작전])계획은 1980. 5. 21경부터 육군본부에서 여러번 논의를 거친후, 최종적으로 피고인 이희성이 같은 달 25일 오전에 김재명 작전참모부장에게 지시하여 육군작전지침으로 이를 완성하여, 같은 날

12:15 국방부 내 육군회관에서 피고인 전두환, 황영시, 이희성, 주영복 등이 참석한 가운데 같은달 27일 00:01 이후 이를 실시하기로 결정하였는데, 피고인 황영시는 같은 달 27일 오후 김재명 작전참모부장과 함께 광주에 내려가 전투병과 교육사령부 사령관 육군소장 소준열에게 이를 직접 전달하는 한편, 위와 같이 광주재진입작전이 논의되던 중인 같은 해 5월 23일 12:30경 김기석 전교사 부사령관에게 무장헬기 및 전차를 동원하여 시위대를 신속히 진압할 것을 지시하였고, 피고인 정호용은 광주에 투입된 공수여단의 모체 부대장으로서 공수여단에 대한 행정, 군수지원의 지원을 하는 한편, 소준열 전교사령관에게 공수여단의 특성이나 부대훈련상황을 알려주거나 재진입작전에 필요한 가발, 수류탄과 항공사진 등의 장비를 준비하여 예하부대원을 격려하는 등 광주재진입작전의 성공을 위하여 측면에서 지원하였으며, 위 작전지침에 따라 전교사령관 소준열이 공수여단별로 특공조를 편성하여 전남도청 등 목표지점을 점령하여 20사단에 인계하기로 결정하는 등 구체적인 작전계획과 작전준비를 하였고, 이에 따라 공수여단 특공조가 같은 달 26일 23:00경부터 침투작전을 실시하여 광주재진입작전을 개시한 이래 같은 달 26일 06:20까지 사이에 전남도청, 광주공원, 여자기독교청년회(YWCA)건물 등을 점령하는 과정에서 특공조 부대원들이 총격을 가하여 이정연 등 18명을 각 사망하게 한 사실을 인정한 다음, 광주재진입작전을 실시하여 전남도청 등을 다시 장악하려면 위와 같이 무장을 하고있는 시위대를 제압하여야 하며, 그 과정에서 이에 저항하는 시위대와의 교전이 불가피하여 필연적으로 사상자가 생기게 되므로, 피고인 전두환 및 위 피고인들이 이러한 사정을 알면서 재진입작전의 실시를 강행하

기로 하고 이를 명령한 데에는 그와 같은 살상행위를 지시 내지 용인하는 의사가 분명하고, 그 실시명령에는 그 작전의 범위 내에서는 사람을 살해하여도 좋다는 발포명령이 들어있었음이 분명하며, 당시 위 피고인들이 처해있는 상황은 광주시위를 조속히 제압하여 시위가 다른 곳으로 확산되는 것을 막지 아니하면 내란의 목적을 달성할 수 없는, 바꾸어 말하면 집권에 성공할 수 없는, 중요한 상황이었으므로, 광주재진입작전을 실시하는 데에 저항 내지 장애가 되는 범위의 사람들을 살상하는 것은 내란의 목적을 달성하기 위하여 직접 필요한 수단이었다고 할 것이어서, 위 피고인들은 피고인 전두환과 공동하여 내란목적살인의 책임을 져야한다고 판단하였는바, 기록에 비추어 살펴보면, 원심의 위와같은 사실인정 및 판단은 정당하다.

## 〈내란목적 살인죄가 내란죄에 흡수된다는 주장〉

특정인 또는 일정한 범위내의 한정된 집단에 대한 살해가 내란의 와중에 폭동에 수반하여 일어난 것이 아니라 그것 자체가 의도적으로 실행된 경우에는 이러한 살인행위는 내란에 흡수될 수 없고 내란목적살인의 별죄를 구성한다고 할 것이다. 같은 취지에서 광주재진입작전 수행으로 인하여 피해자들을 사망하게 한 부분에 대하여 내란죄와는 별도로 내란목적살인죄로 다스린 원심의 조치는 정당하다.

## 〈내란죄의 종료시기와 관련한 주장〉

원심은 국민의 저항과 이에 대한 피고인들의 폭동적인 진압은 제5공화국 정권이 1987년 6월 29일 이른바 6·29선언으로 국민들의 저항에 굴복하여 대통령직선제 요구를 받아들일 때까지 간단없이 반복, 계속되었으며, 따라서 그 기간중의 모든 폭동적인 시위진압은 이 사건 범죄사실란에서 폭동으로 인정한 것들을 포함하여, 포괄하여 하나의 내란죄를 구성한다고 할 것이어서, 1980년 5월 17일 비상계엄의 전국확대로 시작된 이 사건의 국헌문란의 폭동은 1987년 6월 29일의 이른바 6·29선언시에 비로소 종료되었다고 판단하였다. 내란죄는 국토를 참절하거나 국헌을 문란할 목적으로 폭동한 행위로서, 다수인이 결합하여 위와 같은 목적으로 한 지방의 평온을 해할 정도의 폭행 협박행위를 하면 기수가 되고 그 목적의 달성 여부는 이와 무관한 것으로 해석되므로, 다수인이 한 지방의 평온을 해할 정도의 폭동을 하였을 때 이미 내란의 구성요건은 완전히 충족된다고 할 것이어서 상태범으로 봄이 상당하며, 따라서 원심이 이 사건 내란죄를 계속범으로 본 조처는 적절하지 아니하다고 할 것이다.

한편, 내란죄는 다수인이 결합하여 범하는 집단범죄적 성질을 가지고 있고, 또 국헌문란의 목적이 있어야 성립되는 범죄이므로, 그 구성요건의 요소인 목적에 의하여 다수의 폭동이 결합되는 것이 통상이며, 따라서 내란죄는 그 구성요건의 의미 내용 그 자체가 목적에 의하여 결합된 다수의 폭동을 예상하고 있는 범죄라고 할 것이므로, 내란자들에 의하여 애초에 계획된 국헌문란의 목적을 위하여 행하여진 일련의 폭동행위는 단일한 내란죄의 구성요건을 충족하는 것으로서 이른바 단순일죄로 보아야 할 것이다.

이 사건의 경우, 앞서 본 바와 같이 비상계엄의 전국확대는 일종의 협박행위로서 내란죄의 구성요건인 폭동에 해당하므로, 그 비상계엄 자체가 해제되지 아니하는 한 전국계엄에서 지역계엄으로 변경되었다 하더라도, 그 최초의 협박이 계속되고 있는 것이어서, 그 비상계엄의 전국 확대로 인한 폭동행위는 이를 해제할 때까지 간단없이 계속되었다 할 것이고, 이와 같은 폭동행위가 간단없이 계속되는 가운데, 그 비상계엄의 전국확대를 전후하여 그 비상계엄의 해제시까지 사이에 밀접하게 행하여진 이른바 예비검속에서부터 정치활동 규제조치에 이르는 일련의 폭동행위들은 위와 같은 비상계엄의 전국확대로 인한 폭동행위를 유지 또는 강화하기 위하여 취하여진 조치들로서, 위 비상계엄의 전국확대로 인한 폭동행위와 함께 단일한 내란행위를 이룬다고 봄이 상당하므로, 위 비상계엄의 전국확대를 포함한 일련의 내란행위는 위 비상계엄이 해제된 1981년 1월 24일에 비로소 종료되었다고 할 것이다.

한편 기록에 의하여 살펴보아도, 피고인들이 이 사건 비상계엄 해제 이후에도 원심 판시와 같이 이에 항거하는 시위를 진압한 피고인들의 행위가 국헌문란의 목적을 가지고 한 것으로서 내란죄의 구성요건을 충족하는 폭동이라는 점을 인정하기에는 부족하므로, 6·29선언시까지 원심판시와 같은 각종 시위가 있었다고 하여 그 때까지 피고인들의 모든 시위진압이, 이 사건 범죄사실란에서 폭동으로 인정한 것들을 포함하여, 포괄하여 하나의 내란죄를 구성한다고 판단한 원심의 조처는 수긍하기 어렵다고 할 것이다.

결국 원심이 위와 같이 내란죄를 계속범이라고 본 점과 내란죄의 종료시기를 1987년 6월 29일 이른바 6·29 선언시로 본

점은 상고이유로 지적하는 바와 같이 잘못이라 아니할 수 없으나, 앞서 본 바와 같이 위 피고인들의 내란죄 등에 대한 공소시효가 5·18특별법 제2조에 따라 1993년 2월 25일부터 진행한다고 할 것이어서, 위 피고인들에 대한 내란 등 사건의 공소는 그 공소시효가 완성되기 전에 기소되었음이 명백하므로, 원심의 위와 같은 잘못은 판결에 영향이 없다고 할 것이다.

## 〈군사반란과 관련한 주장〉

원심은 위 피고인들이 피고인 전두환, 노태우와 1980년 5월 초순경 이른바 [시국수습방안]을 수립하고 내란을 모의하면서 비상계엄의 전국확대조치를 계기로 계엄군을 동원하여 국회의원과 국무위원 등을 강압하는 방법으로 반란하기로 공모하여, 1980년 5월 17일 저녁 비상계엄 전국확대 문제를 논의하기 위한 임시국무회의장에 소총 등으로 무장한 수경사의 병력을 배치하고, 같은달 18일 01시 45분경부터 무장한 제33사단 병력을 국회의사당에 배치, 점거하여 국회의원들의 출입을 통제하고 같은 달 20일경 일부 국회의원들의 출입을 저지하게 하는 등 작당하여 병기를 휴대하고 반란한 사실을 인정한 다음, 나아가 가사, 위 피고인들이 병력의 배치 등 반란의 구체적 개별적 실행행위에 직접적으로 가담한 바가 없다고 하더라도, 반란죄는 다수인이 집단을 이루어 반란이라는 하나의 행위에 나아가는 것이므로, 반란집단을 구성한 사람들 각자가 반란행위를 포괄적으로 인식, 용인하고 있는 한 직접 관여하지 아니한 개별적인 반란행위에 대하여도 반란죄의 책임을 진다고 할 것인데 위와 같이 위 피고인들이 반란하기로 공모하여 반란집단을 구성한 이상 반란죄의 죄책을 면할 수 없다는 취지로 판단하였는바, 기록에 비추어 살펴보면, 원심의 위와 같은 사실인정과 판단은 정당한 것으로 수긍이 간다.

〈위법성조각사유 등〉

① 비상계엄 전국확대조치 및 개별행위가 정당행위에 해당하여 처벌할 수 없다는 주장

위법성 조각사유로서의 정당행위가 성립하기 위해서는 먼저 건전한 사회통념에 비추어 그 행위의 동기나 목적이 정당하여야 할 것인데, 앞서 본 바와 같이 피고인들의 위 각 행위는 모두 피고인들이 국헌문란의 목적을 달성하기 위하여 행한 것이므로, 그 행위의 동기나 목적이 정당하다고 볼 수 없어 정당행위에 해당한다고 할 수는 없다고 할 것이다.

② 시위진입행위가 정당행위, 정당방위－과잉방위, 긴급피난·과잉피난에 해당하여 처벌할 수 없거나 그 형을 면제하여야 한다는 주장

정당행위가 성립하기 위해서는 건전한 사회통념에 비추어 그 행위의 동기나 목적이 정당하여야 하고, 정당방위·과잉방위나 긴급피난·과잉피난이 성립하기 위해서는 방위의사 또는 피난의사가 있어야 한다고 할 것이다.

그런데 원심은 피고인들이 국헌을 문란할 목적으로 시국수습

방안의 실행을 모의할 당시 그 실행에 대한 국민들의 큰 반발과 저항을 예상하고, 이에 대비하여 [강력한 타격]의 방법으로 시위를 진압하도록 평소 훈련된 공수부대 투입을 계획한 후, 이에 따라 광주에 투입된 공수부대원들이 시위를 진압하는 과정에서 진압봉이나 총 개머리판으로 시위자들을 가격하는 등으로 시위자에게 부상을 입히고 도망하는 시위자를 점포나 건물 안까지 추격하여 대량으로 연행하는 강경한 진압작전을 감행하였으며, 피고인들이 위 계엄군의 시위진압행위를 이용하여 국헌문란의 목적을 달성하려고 한 행위는 그 행위의 동기나 목적이 정당하다고 볼 수 없고, 또한 피고인들에게 방위의사나 피난의사가 있다고 볼 수도 없어 정당행위, 정당방위·과잉방위, 긴급피난·과잉피난에 해당한다고 할 수는 없다고 할 것이다.

〈검사의 상고이유에 대한 판단〉

가. 광주교도소의 방어 부분과 관련한 내란 및 내란목적 살인의 점에 대하여

원심은 3공수여단 11대대 병력이 1980년 5월 21일부터 같은 달 23일까지 광주교도소의 방어임무를 수행하던 중무장 시위대로부터 전후 5차례에 걸쳐 공격을 받았는데, 같은 달 22일 00시 40분경에는 차량 6대에 분승하여 광주교도소로 접근하여 오는 무장 시위대와 교전하고, 같은 날 09시경에는 2.5톤 군용트럭에 LMG 기관총을 탑재한 상태에서 광주교도소 정문 방향으로 접근하면서 총격을 가하여 오는 무장시위대에 응사하는 등 2차례의 교전과정에서 서종덕 이명진 이용충을 각 사망하게

한 사실, 당시 광주교도소는 간첩을 포함한 재소자 약 2천 7백 명이 수용된 주요 국가보안시설이었던 사실 등을 인정한 다음, **첫째**로 다수의 재소자들을 수용하고 있는 광주교도소에 무장한 시위대들이 접근하여 그곳을 방어하는 계엄군을 공격하는 행위 는 불법한 공격행위라 할 것이며, **둘째**로 피고인 전두환 노태우 유학성 황영시 차규헌 허화평 허삼수 이학봉 이희성 주영복 정 호용이 쿠데타에 의하여 군의 지휘권과 정권을 불법으로 장악 하였다 하더라도, 위와 같은 불법한 공격을 감행하는 무장 시위 대로부터 교도소와 같은 주요 국가보안시설을 방어하기 위하여 계엄군으로 하여금 총격전을 벌여 시위대를 저지하게 한 행위 는, 선량한 정부 또는 합법적인 정부가 당연히 취하였으리라고 생각되는 그러한 조치를 수행한 것으로서, 그 범위 내에서는 정 당행위라 할 것이므로, 이 부분에 대하여 위 피고인들을 내란죄 로 처벌할 수 없고, 또한 내란목적살인죄는 국헌을 문란할 목적 으로 사람을 살인한 경우에 성립하는 범죄인데, 계엄군의 위와 같은 살해행위에 대하여 피고인 전두환, 황영시, 이희성, 주영 복, 정호용에게 국헌문란의 목적이 있었음을 인정할 수 없으므 로, 위 피고인들을 내란목적살인죄로 처벌할 수도 없다고 판단 하였는바, 기록에 비추어 살펴보면, 원심의 판단은 정당한 것으 로 수긍이 간다.

## 나. 자위권발동과 관련한 내란목적살인의 점에 대하여

원심은 피해자들에 대한 총격행위의 원인으로 공소장에 적시 된 자위권 보유천명 또는 자위권발동 지시에 대하여, 피고인 전 두환은 배후에서 자위권 보유천명의 담화문을 발표하도록 지시

관여한 것으로 인정되나, 나아가 1980년 5월 21일 20시 30분 이후 육군본부로부터 2군사령부를 거쳐 광주에 있는 계엄군에게 이첩 하달된 자위권발동 지시를 내용으로 하는 전통을 발령하거나 그 다음날인 5월 22일 12시 자위권발동 지시라는 제목으로 된 계엄훈령 제11호를 하달함에 있어 이에 관여하였다고 인정할 증거가 없고, 피고인 정호용은 자위권 보유천명이나 자위권발동 결정에 관여하였다는 사실조차도 인정할 만한 증거가 없으며, 가사 피고인 전두환 황영시 이희성 주영복 정호용이 자위권 보유천명이나 자위권발동 지시에 관여한 것이 사실이라 하더라도, 시위진압의 효과를 조속히 올리기 위하여 [무장시위대가 아닌 사람들에게까지 발포하여도 좋다]고 하는 이른바 [발포명령]이 위 피고인들의 지시에 의하여 육군본부로부터 광주의 계엄군에게 하달되었다고 인정할 증거가 없으므로, 위 피해자들의 사망은 계엄군이 위 피고인들 기타의 상급자로부터 하달된 포괄적인 발포명령을 집행하여 총격행위에 나감으로써 일어난 것이라고 볼 수 없고, 더구나 피고인 전두환 황영시 이희성 주영복 정호용이 위에 나온 개개의 피해자에 대한 구체적인 살인행위를 용인하면서 이를 국헌문란목적 달성을 위한 직접적인 수단으로 삼았다고 볼 만한 증거가 없을 뿐만 아니라, 위에서 일어난 살인행위들은 그 전후의 경위에 비추어 볼 때, 폭동행위로 인정된 일련의 시위진압행위와 분리된 상황에서 그와 무관하게 실행된 것으로 볼 수도 없으며, 결국 위의 살해행위 등은 이 사건 내란을 실행하는 폭동의 와중에서 폭동행위에 수반하여 발생한 것으로서, 위 피고인들이 국헌문란의 목적이 없는 계엄군을 도구로 이용하여 실행한 내란행위의 하나를 구성하는 것이므로, 위 피고인들에 대한 내란죄에 흡수시켜 내란목적살인죄의 별죄를 구성하지 아니한다고 보아야 한다는 이유로, 위 피고인들에 대한 이 부분 내란목적살인의 점은 무죄라고 판단하였는바, 기록에 비추어 살펴보면, 원심의 판단은 정당한 것으로 수긍이 간다.

다. 반란의 점에 대하여

① 군형법상 반란죄는 군인이 작당하여 병기를 휴대하고 군 지휘계통이나 국가기관에 반항하는 경우에 성립하는 범죄이고, 군 지휘계통에 대한 반란은 위로는 군의 최고통수권자인 대통령으로부터 최말단의 군인에 이르기까지 일사불란하게 연결되어 기능하여야 하는 군의 지휘통수계통에서 군의 일부가 이탈하여 지휘통수권에 반항하는 것을 그 본질로 하고 있다 할 것인데, 기록에 의하면 위에서 본 행위들은 모두 당시 군의 최고통수권자인 대통령의 재가나 승인 혹은 묵인하에 이루어졌음을 알 수 있다.

사정이 이와 같다면, 상고이유에서 주장하는 바와 같이 군의 지휘계통인 국방부장관인 피고인 주영복과 육군참모총장 겸 계엄사령관인 피고인 이희성이 이 사건 내란과 반란에 참여하였다 하더라도, 위 피고인들의 위 각 행위는 반란에 해당하지 아니한다고 봄이 타당하다고 할 것이다.

② 원심은 피고인 이희성 주영복에 대한 이 사건 반란의 공소사실 중, 위 피고인들이 피고인 전두환 노태우 유학성 황영시 차규헌 허화평 허삼수 정호용과 공모하여 1980년 5월 17일 저

녁 비상계엄의 전국확대 문제를 논의하기 위한 임시국무회의장에 소총 등으로 무장한 수경사의 병력을 배치하고, 1980년 5월 18일 01시45분경부터 무장한 제33사단 병력을 계엄군으로 국회의사당에 배치하여 이를 점거하면서 국회의원들의 출입을 통제하고 같은 달 20일경 일부 국회의원들의 출입을 저지한 사실에 대하여는, 이에 부합하는 증거를 배척하고 달리 이를 인정할 증거가 부족하다는 이유로, 피고인 이희성 주영복에 대한 위 각 반란의 점은 무죄라고 판단하였던바, 기록에 비추어 살펴보면 원심의 위와 같은 판단은 정당한 것으로 수긍이 간다.

## ▼ 결론 ▼

위에서 살펴본 바와 같이, 원심판결에 채증법칙 위반, 심리미진, 법리오해, 판단유탈, 이유모순 등의 위법이 있다는 각 상고이유는 모두 받아들일 수 없으므로 피고인 황영시 차규헌 최세창 장세동 허화평 허삼수 이학봉 박종규 신윤희 이희성 주영복 정호용의 각 상고와 검사의 피고인 전두환 노태우 황영시 차규헌 박준병 허화평 허삼수 이학봉 이희성 주영복 정호용에 대한 각 상고를 모두 기각하고, 피고인 최세창 장세동의 상고 후 구금일수 중 일부씩을 각 본형에 산입하며, 피고인 유학성에 대한 이 사건 공소를 기각하기로 하여 주문과 같이 판결하는 바, 이 판결에는 이 사건 군사반란 및 내란의 처벌 여부에 관하여 대법관 박만호의 반대의견이, 5·18특별법의 위헌 여부와 공소시효 완성 여부에 관하여 대법관 박만호, 대법관 박준서, 대법관 신성택의 반대의견이, 피고인 박준병에 대한 판단 부분에 관하여 대법관 천경송, 대법관 지창권, 대법관 이용훈, 대법관 이임수, 대법관 송진훈의 반대의견이, 지휘관수소이탈·불법진퇴의 반란죄 흡수 여부와 5·18 관련 반란죄 중 무죄 부분에 관하여 대법관 이용훈의 반대의견이 있는 외에는 관여 대법관의 의견이 일치되었다.

# ■ 參考文獻

## I. 국내문헌

### 〈單行本〉

姜泳勳/丁玉泰, [軍事法槪論], 서울‥淵鏡文化社, 1982.

國防部, [軍法會議 判例總覽], 1996.

　　　, [美軍軍事法典(上)(下)], 1960.

　　　, [外國軍事法典(上)(下)], 1965.

　　　, [國防關係 法令解說 質議 應答集], 1996.

空軍本部, [空軍規程], 1982.

金南辰, [行政法 I〉, 서울‥法文社, 1995.

金道昶, [一般行政法論(上)], 서울‥靑雲社, 1993.

　　　, [一般行政法論(下)], 서울‥靑雲社, 1982.

金東熙, [行政法], 서울‥博英社, 1990.

金日秀, [刑法總論(全訂版)], 서울‥博英社, 1992.

　　　, [刑法學原論], 서울‥博英社, 1992.

　　　, [韓國刑法 I.II], 서울‥博英社, 1992.

金周德, [刑法總論], 서울‥法律行政硏究院, 1996.

김형모, [指揮의 挑戰], 서울‥한원, 1994.

K. 헷세/계희열 譯, [西獨憲法原論], 서울‥三英社, 1985.

劉基天, [刑法學總論], 서울‥一潮閣, 1991.

美國國防大學院 編著/백종천, 이창훈 譯, [軍隊의 倫理], 서울‥探究堂, 1989.

朴慶錫, [指揮官의 條件], 서울‥兵學社, 1982.

朴鈗炘, [最新行政法講義(上)], 서울··國民書館, 1995.

朴齋夏 外, [韓國의 軍 文化 研究], 韓國國防研究院, 1989.

裵種大, [刑法總論(改訂版)], 서울··弘文社, 1993.

法院行政處, [大法院 判例集], 1993.

徐元宇, [現代行政法論(上)], 서울··博英社, 1983.

申東雲, [判例百選 刑法總論(上)], 서울··經世院, 1993.

車鏞碩, [刑法總論講義], 서울··考試研究, 1988.

陸軍本部, [陸軍規程集], 1989.

陸軍綜合行政學校編, [懲戒業務], 1979.

李建鎬, [刑法學槪論], 서울··高大出版部, 1964.

李東熙, [民軍關係論], 서울··一潮閣, 1990.

, [現代軍事制度論], 서울··一潮閣, 1997.

李在祥, [刑法總論], 서울··博英社, 1995.

李珍雨, [軍刑法], 서울··法文社, 1973.

李尙圭, [新行政法論(上)], 서울··法文社, 1994.

, [新行政法論(上)], 서울··法文社, 1990.

李炯國, [刑法總論 研究〉], 서울··法文社, 1984.

, [刑法總論 研究〉], 서울··法文社, 1986.

, [刑法總論], 서울··法文社, 1990.

李會昌 外, [註釋 刑法各則(補訂版)], 서울··韓國司法行政學會, 1993.

任德圭 外 5人 共著, [軍事法原論], 서울··日新社, 1995.

鄭盛根, [刑法總論], 서울··法志社, 1995.

鄭榮錫, [刑法總論(第5全訂版)], 서울··法文社, 1987.

趙斗鉉 外, [軍法槪論], 서울··日新社, 1982.

니코게이저 著/曺升玉^閔庚吉 編譯, [軍隊命令과 服從], 서울‥法文社 1994.

曺升玉 外 5人 共著, [軍隊倫理], 서울‥慶熙綜合出版社, 1995.

趙彦^趙胤, [軍刑法槪說], 서울‥國防部, 1966.

존 호스퍼스 著/최용철 譯, [道德行爲論], 서울‥知性의 샘, 1994.

陳癸鎬, [刑法總論(全訂版)], 서울‥大旺社, 1991.

    , [新稿 刑法總論], 서울‥大旺社, 1984.

崔鍾庫, [法과 倫理], 서울‥經世院, 1992.

최창호, [무엇이 사람을 움직이는가], 서울‥가서원, 1996.

黃山德, [刑法總論], 서울‥博英社, 1982.

## 〈論 文〉

高 奭, "命令과 服從體系에 있어서의 部下의 異議權," [軍事法硏究], 第13輯, 1996. 3.

權奇薰, "命令違反罪 適用上의 問題点에 關한 小考," [軍事法論文集] 第9輯, 空軍本部, 1990. 5.

金南根, "抗命罪에 대한 諸考察," [軍事法硏究], 第9輯, 陸軍本部, 1991. 5.

金南振, "權力關係와 法治主義," [考試界], 1973. 9.

金利洙, "命令違反罪의 類型別 硏究," [軍事法論集], 第1輯, 陸軍本部, 1988. 5.

金日秀, "法令上 許容된 行爲," [考試硏究], 1992. 10.

金動原, "刑法에 있어서의 行爲槪念에 關한 硏究," [아산論文集], 1985. 3.

金弘葉, "軍刑法上의 諸問題에 關한 小考," [軍事法論集] 第1輯, 1983. 5.

文聖棹, "警察官 職務行爲의 正當化에 關한 小考‥許容된 危險의 原則과 制限을 中心으로," [治安論叢], 第8輯, 1985. 2.

朴相列, "抗命罪와 命令違反罪의 區別," [軍事法硏究] 第1輯, 陸軍本部, 1982. 5.

박연수, "正當한 命令과 眞正한 服從," [陸士論文集], 第50輯, 1996. 4.

徐元宇, "特別權力關係理論 再檢討," [法政], 1975. 9.

孫海睦, "違法性의 意識(不法意識)에 관한 學說," [考試硏究], 1992. 1.

, "正當行爲," [月刊考試], 1992. 4.

宋文日, "軍刑法 第47條를 批判한다," [軍事法論集], 第1輯, 陸軍本部, 1983. 2.

안영률, "現行懲戒 節次의 問題點 및 改善方向," [軍事法論集], 第2輯, 陸軍本部, 1984. 9.

李丙璘, "軍刑法 第47條는 違憲이 아닌가?," [法律新聞], 1970. 4.

李在祥, "緊急避難의 本質과 强要된 行爲와의 關係," [月刊考試], 1987. 6.

李炯國, "違法한 命令에 따른 行爲와 그 刑事責任," [考試界], 1980. 4.

, "正當行爲(上, 下)," [考試界], 1982. 8-9.

任德圭, "上官命令과 下級者 責任‥戰爭犯罪와 關聯하여," [國際法學會 論叢], 第33卷 第1號, 1988. 6.

張玉相, "軍隊文化가 組織沒入에 미치는 影響," 博士學位論文, 高麗大 大學院, 1995. 6.

趙東陽, "軍隊命令體系에 關한 問題點 檢討," [軍事法論集] 第3輯, 國防部, 1997. 5.

曺升玉,

"軍刑法上의　上官'에　關한　研究," 陸軍士官學校, 花郞臺研究所, 1995. 12.

　　　, "軍組織構造의　特徵과　上官의　地位" 陸士論文集] 第50輯, 1996. 6.

　　　, "條件附　義務로서의　服從과　義務," 花郞臺　심포지움論文集, 1989. 11.

趙　胤, "軍刑法改正論," [司法論集] 第2輯, 1972. 4.

　　　, "軍刑法　第47條와　罪刑法定主義," [司法行政], 1969. 10.

車鏞碩, "强要된　行爲의　法的性質‥緊急避難과　對比하여," [考試研究], 1987. 7.

최병순, "相異한　狀況에서의　效果的인　地位行動에　關한　研究," 博士學位論文, 延世大　大學院, 1988. 2.

한위수, "軍刑法　第47條의　諸問題와　判例動向에　對한　小考," [軍事法研究] 第2輯, 1984. 4.

# II. 외국문헌

## 〈日本文獻〉

膽牧新平, [現代軍隊論], 東京‥東海大學, 1979.

隣 藤重光, [刑法綱要(總論)], 東京‥創文社, 1990.

中山硏一, [刑法總論], 東京‥成文堂, 1983.

三原憲三, [刑法總論議義], 東京‥成文堂, 1995.

板倉 宏^船山泰範 共著, [判例ゼミ刑法總論], 東京‥學陽書房, 1995.

## 〈獨逸文獻〉

Albin Eser, Strafrecht, 3. Aufl. 1980.

, Strafrecht, 3. Aufl. 1980.

Ardnt, "Die strafrechtliche Bedeutung des Milit〈&25058〉 rischen Befehls," NZWehrr 1960. 145.

, "Grundrı des Wehrstrafrechts," 2. Auflage 1966. 58(1939) S. 238.

Eberhard Schmidh, Strafrecht, Allgemeiner Teil, 1982.

Foregger-Serini, Strafgesetzbuch, 3.Aufl. 1984.

Fritjot Haft, Strafrecht, Allgemeiner Teil, 3. Aufl. 1987.

Hans Welzel, Das Deutsche Strafrecht, Allgemeiner Teil, 1985.

Harro Otto, Grundkurs Strafrecht, 2.Aufl. 1982.

Hermann Blei, Starfrecht , 16.Aufl. 1975.

Jescheck, "Befehl and Gehorsam in der Bundeswehr," in‥Bundeswehr und Recht, 1965, S. 63.

, Lehrbuch des Strafrechts, 2nd ed. Berlin, 1972.

Johannes Wessels, Strafrecht, Allgemeiner Teil, 20.Aufl. 1990.

Krech, Crutchfield and Ballachey, Individual in Society,

(Kogakusha··McGraw-Hill, 1962)

Kristan , Strafrecht, Allgemeiner Teil, 1994.

Mayer, "Der rechtwidrige Befehl des Vorgesetzen," in··

Festschrift P. Laband, 1908, pp. 121-162.

Maurach-Zipf, Strafrecht, Allgemeiner Teil, Tb.2, 6.Aufl. 1987.

Oehler, "Handeln auf Befehl," Jus 1963. 301.

Peter Noll, Strafrecht, Allgemeiner Teil, 1, 1992.

Rudolphi/Horn/Samson, Systematischer Kommentar zum Strafgesetzbuch, 6.Aufl. 1993.

Rupprecht, Die Abwehr des Angriffs auf menschliches Leben. JZ 1973. 263.

Schirmer, "Befehl und Gehorsam," 1965.

Strafrechtlichen.

 , "Rechtsprechung in Wehrstrafsachen," 1967.

 , Wehrstrafrecht im System des Wehrrechts, 1973.

V. Ammon, "Der bindende rechtwidrige Befehl," 1926.

V. Weber, "Die strafrechtliche Verantwortlichkeit Handeln auf Befehl," MDR 1948, 34.

## 〈영미 문헌〉

American Jurisprudence, Second Ed, vol. 53 : Military and Civil Defense, The Lawyers co., N.Y.

Anlysis of contents Manual for Courts-Martial Unites States 1969.

David Bergamimi, 문일영역, Japan's Imperial Conspiracy(천황의 음모) 제 5권 서울 : 태극출판사, 1970.

Greenwalt, All or Nothing at All : The Defeat of Selective.

Headquarters Hepartment of The Army, Analysis of Contents Manual for

Courts-Martial United States 1967 Revised Edition, 1970.

Leon Friedman(ed.), The Law of War : A Document History, vol. Ⅱ(New York : Random House, 1972)

Malham M. Wakin, "The Ethics of Leadership" the American Behavioral Scientist 19, NO.5(May/June 1976), Reprinted in wakin, M.M.(ed,), war, Morality and the Military Profession(Boulder, Coro-rado : Westview Press, 1979)

Manual for Courts-Martial United States, 1969.

Nico Keijzer, Military Obediense(sijthoff & Noordhoff, 1978)

Oppenheim-Hauterpacht, Oppenheim's International Law, vol. Ⅱ 7th ed.(London : Longman, Green & co., 1952)

Peter Karsten, Law, Soldiers, and combat(Westport : Greenwoo Press, 1987)

Richard. A. Gabriel, "Legitimate Avenues of Military Protest in a Democratic Society", U.S Air Force Academy, Journal of Professional Military Ethics(April 1980), Reprinted in Military Ethics(Washington D.C. : National Defense University Press, 1987)

Selective Service System Monograph No. 11, Conscientions Objection, 1950

The Judge Aduocate General's school, Criminal Law, Charlottesuille Virginia, 1979.

The War Office, Manual of Military Law, London, Her Majesty's Stationery Office, 1956

United States Code Annotated, Title 50 : War and National Defense Appendix Code of military Justice, Chapel Hill : The Unieversity of North Carolina Press 1955

# ■ 색 인

관련판례

## ■저자

이 책의 저자 이만종(李萬鍾)은 조선대학 법정대학
법학과를 졸업 후 경상대학교 대학원에서
교육심리를 전공하였으며
이후 조선대학교 대학원에서 석사와
박사과정(형사법전공)을 마치고 법학박사학위를
수여 받았다.
주요논문으로는「환경 범죄에 관한 연구」,
「위법한 명령에 의한 행위의 형사책임」,
「군형사법개정에 관한 연구」외 다수가 있다.
그는 현역 공군 장교(사후 74기)로 주요
공군부대 헌병대대장,
국방부 합동조사단 수사과장 등을 거쳐
현재는 공군사관학교 헌병대장으로 근무하고 있으며,
한국형사법학회회원으로도 활동하고 있다.

# 명령관계론

초판인쇄 2001년 4월 10일 | 초판발행 2001년 4월 20일
지은이 이만종 | 펴낸이 조현수 | 펴낸곳 도서출판 진리탐구
주소 서울시 마포구 용강동 494-53번지
전화 02)703-6943~4 | 팩스 02)701-9352
e-mail jinlee21@chollian.net | www.plusinvest.co.kr
등록번호 제10-808호
ISBN 89-8485-016-0